建筑工程监理工作指南

北京建大京精大房工程管理有限公司　编著

中国建筑工业出版社

图书在版编目（CIP）数据

建筑工程监理工作指南/北京建大京精大房工程管
理有限公司编著.—北京：中国建筑工业出版社，
2022.9
　　ISBN 978-7-112-27491-8

　　Ⅰ.①建…　Ⅱ.①北…　Ⅲ.①建筑工程—施工监理—
指南　Ⅳ.① TU712.2-62

　　中国版本图书馆CIP数据核字（2022）第097424号

责任编辑：戚琳琳　率　琦
责任校对：赵　菲

建筑工程监理工作指南

北京建大京精大房工程管理有限公司　编著
　　　　　＊
中国建筑工业出版社出版、发行（北京海淀三里河路9号）
各地新华书店、建筑书店经销
北京点击世代文化传媒有限公司制版
北京云浩印刷有限责任公司印刷
　　　　　＊
开本：787毫米×1092毫米　1/16　印张：24½　字数：534千字
2022年7月第一版　2022年7月第一次印刷
定价：**132.00**元
ISBN 978-7-112-27491-8
　　（39549）

编委会

序

20世纪80年代末，中国在工程建设领域开始引进、推行工程监理制，自此，工程监理事业在工程建设领域应运而生并发展壮大，成为建设事业中不可缺少的组成元素。

在许多重大项目建设中，工程监理担当了举足轻重的角色，不仅在保证工程项目建设质量和进度、有效控制建设项目投资等方面发挥了巨大作用，更是为党中央提出的"走中国特色城镇化道路"发展战略贡献了力量！

作为工程建设的主体之一，工程监理是涉及多学科、多专业的系统工程。工程监理行业的技术水平主要依靠监理工程师的专业水平，监理工程师不仅要有专业知识和技能，还要具备管理与沟通能力。

本书作为监理工程师在现场提供监理服务的工作指南，依据国家法律法规与现行规范规程，结合北京地域特点，详细总结提炼了监理工程师的工作要点和工作流程，有主有次地阐述了现场监理工作必须掌握的工作技能和关键点，使监理人员有章可循，对规范监理日常工作、提升管理服务质量具有极强的针对性、指导性和可操作性，是监理工程师不可或缺的管理工作手册。

"术业有专攻，学而知不足"，在建设市场不断升级的大背景下，希望从事工程监理的人员加强业务学习，提高职业素养，在满足市场需求的同时，向着监理服务标准化、规范化、科学化目标迈进！

李维平

2022年3月

前　言

根据《中华人民共和国标准化法》，标准包括国家标准、行业标准、地方标准和团体标准、企业标准，企业可以根据需要自行制定企业标准。本书按照近年来国家与北京市颁布的各种法律、法规、规章和规范性文件，以及现行的规范、规程等技术标准编写而成，是本公司30年来技术业务管理体系的积淀，既是监理人员执行监理工作的企业标准，又是监理单位检查各项目监理工作的标尺。

由于本书部分内容按照北京市住房和城乡建设委员会的相关文件编写，适用于北京市辖区的房屋建筑工程施工阶段的监理，北京市以外的工程监理亦可以参照。

本书借鉴我公司编写并出版发行的《建设工程监理业务工作手册》一书的部分内容，是房屋建筑工程施工阶段的监理工作指导文件，内容注重实际可操作性。本书与之相比，较大的调整和补充有：

1. 第一章对施工准备阶段的监理工作内容进行了细化，增加了从项目监理机构组建到签发工程开工令的系列监理工作。

2. 第二章按照分阶段工程质量控制工作细化和补充了监理工作的方法与手段，在材料、构配件和设备质量控制中补充了主要材料构配件设备质量控制内容。

3. 第五章增加了危险性较大的分部分项工程安全生产管理的监理工作要求，细化了各项危大工程和其他安全生产管理的监理工作要点。

4. 第七章调整和补充了监理签发类、审批类表格填写实例的内容。

5. 第九章修改和补充了各类监理文件编制示例，增加了现浇混凝土结构（概要版）、混凝土工程（实操版）监理实施细则示例。

6. 附录中修改和补充了旁站监理专用表格。

本着回报社会支持，促进行业发展的一贯宗旨，我们出版本书，希望能对从事监理工作的同行有所帮助，也借此展示公司与时俱进的工作风范。请大家参考并指导。

北京建大京精大房工程管理有限公司

《建筑工程监理工作指南》编委会

2021年10月

目　录

第三章　工程进度控制 　　061

第四章　工程造价控制 　　067

第一章

监理工作启动

| 第一节　项目监理机构及相关准备工作 |

一、项目监理机构

（一）项目监理机构人员

1. 总监的授权

项目监理机构总监理工程师由公司总经理书面授权。总监理工程师的任职应考虑：资格（注册证）、水平（政策、业务、技术）和能力（综合、组织、协调）。

总监理工程师代表可根据工程项目需要配置，由总监理工程师提名，经监理单位法定代表人批准后任命。总监理工程师应以书面的授权委托书明确总监理工程师代表行使的部分职责和权利。

2. 项目监理机构的人员组成

项目监理机构的规模应根据建设工程监理合同规定的服务内容、工程的规模、结构类型、技术复杂程度、建设工期、工程环境等因素确定，监理人员选派应结合专业水平，工程经验等因素，按职称结构高级和中级合理配置，按年龄结构老、中、青合理配置。

项目监理机构的人员应由总监理工程师、总监理工程师代表（必要时）、专业监理工程师、专（兼）职安全监理人员、监理员及其他辅助人员组成，根据工程进度情况，监理人员做适当调整，以满足监理服务的需要。

3. 项目监理机构人员组成、职责及分工应于监理合同签订后书面通知建设单位。

4. 在实施监理过程中，项目监理机构主要监理人员应保持稳定，调换总监理工程师时，应征得建设单位书面同意；调换专业监理工程师时，应书面通知建设单位，同时告知施工单位。

5. 项目监理机构内部的职务分工如质量控制、进度控制、造价控制、安全监理、合同管理及信息管理等可由监理部成员兼任，但应明确分工和职责。

6. 所有从事现场监理工作的人员均应通过正式培训并持证上岗。

（二）项目监理机构图

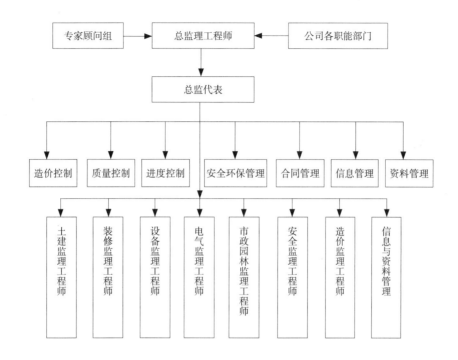

（三）房屋建筑工程项目监理机构人员配置（中国建设监理协会）

房屋建筑工程项目监理机构人员配置按照中国建设监理协会《项目监理机构人员配置标准（试行）》，该标准把房屋建筑工程分为住宅工程、一般公共建筑（Ⅰ）和一般公共建筑（Ⅱ）等三类工程，高耸构筑物工程未列入该标准系列。监理单位应结合房屋建筑工程特点，根据建设项目的建设规模、建设投资、建设工期、监理服务费用、不同施工阶段高峰期工作强度等进行项目监理机构人员配置。

1. 住宅工程

工程监理单位在按下表配置住宅工程项目监理机构人员时，应根据建设项目基础、主体结构形式，不同施工阶段，监理工作具体内容和范围等，科学合理、有效均衡地设置项目监理机构岗位、配置相应人员数量。

住宅工程项目监理机构人员配置表

总建筑面积（M：m²）		各岗位人员配置数量（人）			
区间值		总监理工程师	专业监理工程师	监理员	合计
M ≤ 60000	单栋	（1）	1	0 ~ 1	2 ~ 3
	多栋	（1）	1	0 ~ 2	2 ~ 4
60000 < M ≤ 120000		（1）	1 ~ 2	2 ~ 3	4 ~ 6
120000 < M ≤ 200000		1	2 ~ 3	3 ~ 5	6 ~ 9
200000 < M ≤ 300000		1	3 ~ 6	5 ~ 8	9 ~ 15

续表

总建筑面积（M：m²）	各岗位人员配置数量（人）			
区间值	总监理工程师	专业监理工程师	监理员	合计
300000 < M ≤ 500000	1	6 ~ 9	8 ~ 12	15 ~ 22
500000 < M ≤ 800000	1	9 ~ 12	12 ~ 16	22 ~ 29
800000 < M	建筑面积每增加 3 万 m²，需增加专业监理工程师 1 名，增加监理员 1 名			

注：总监理工程师兼职在表中用"（1）"表示。

2. 一般公共建筑工程（Ⅰ）

本标准所述一般公共建筑（Ⅰ）是指具备使用上的公共开放性、功能多样性、人流交通大量性、建筑结构复杂性、建筑风格时代性等特点的单体或群体建筑。

工程监理单位在按下表所列工程概算投资额配置项目监理机构人员数量时，应充分考虑一般公共建筑（Ⅰ）建设标准高、专业种类多、建设周期长、社会影响大、公众普遍关注等特点。

一般公共建筑工程（Ⅰ）项目监理机构人员配置表

工程概算投资额（N：万元）	各岗位人员配置数量（人）			
区间值	总监理工程师	专业监理工程师	监理员	合计
N ≤ 3000	（1）	1	0 ~ 1	2 ~ 3
3000 < N ≤ 5000	（1）	1	1 ~ 2	3 ~ 4
5000 < N ≤ 10000	（1）	1 ~ 2	2 ~ 3	4 ~ 6
10000 < N ≤ 30000	（1）	2 ~ 3	3 ~ 4	6 ~ 8
30000 < N ≤ 60000	1	3 ~ 5	4 ~ 5	8 ~ 11
60000 < N ≤ 100000	1	5 ~ 6	5 ~ 9	11 ~ 16
100000 < N	工程概算投资额每增加 1.5 亿元，增加专业监理工程师 1 名，增加监理员 1 名			

注：总监理工程师兼职在表中用"（1）"表示。

3. 一般公共建筑工程（Ⅱ）

本标准所述一般公共建筑工程（Ⅱ）是指一般状态下生产的单层和多层工业厂房建筑以及仓储类建筑。单层工业厂房建筑一般指机械、冶金、纺织、化工等行业厂房；多层工业厂房建筑一般是指为轻工、电子、仪表、通信、医药等生产和配套服务项目。

一般公共建筑工程（Ⅱ）项目监理机构人员配置表

工程概算投资额（N：万元）	各岗位人员配置数量（人）			
区间值	总监理工程师	专业监理工程师	监理员	合计
N ≤ 3000	（1）	1	0 ~ 1	2 ~ 3
3000 < N ≤ 5000	（1）	1	1 ~ 2	3 ~ 4
5000 < N ≤ 10000	（1）	1 ~ 2	2 ~ 3	4 ~ 6

续表

工程概算投资额（N：万元）	各岗位人员配置数量（人）			
区间值	总监理工程师	专业监理工程师	监理员	合计
10000 < N ≤ 30000	（1）	2 ~ 3	3	6 ~ 7
30000 < N ≤ 60000	1	3 ~ 4	3 ~ 5	7 ~ 10
60000 < N ≤ 100000	1	4 ~ 6	5 ~ 8	10 ~ 15
100000 < N	工程概算投资额每增加2亿，增加专业监理工程师1名，增加监理员1名			

（四）北京市监理人员配备数量要求

按照《北京市房屋建筑和市政基础设施工程监理人员配备管理规定》京建法[2019]12号的要求，项目监理机构的人员应根据项目性质、工程特点和专业需求配备，数量应满足不同施工阶段监理工作的需要和建设工程监理合同的约定。

新建公共建筑和市政公用工程，项目监理机构人员配置数量最低不少于3人。根据工程规模或工程投资额的增加，相应增加项目监理机构人员配备。新建公共建筑、住宅工程和市政公用工程，项目监理机构人员最低配备参考标准见下表。

新建房屋建筑和市政基础设施工程监理人员最低配备参考标准

工程类别	建设规模（m²）或工程投资（元）	监理人员最低人数	备注
公共建筑工程	建设规模 < 2万	3人	
	2万≤建设规模 < 5万	4人	
	5万≤建设规模 < 10万	5 ~ 8人	5万m²对应5人，10万m²对应8人
	10万≤建设规模 < 20万	8 ~ 12人	10万m²对应8人，20万m²对应12人
	建设规模≥20万	12人	每2万m²建筑面积不得少于1人
住宅工程	建设规模 < 10万	5人	
	10万≤建设规模 < 30万	5 ~ 15人	10万m²对应5人，30万m²对应15人，每增加2万m²增加1人
	建设规模≥30万	15人以上	每增加2万m²增加1人

二、公司对项目监理机构综合交底

建设工程监理合同签订后，由公司经营部组织召开"项目综合交底会"，会议由经营部负责人主持，总监理工程师、公司机关各职能部门经理及相关人员参加。

项目综合交底会议内容：

1. 公司主管领导对总监理工程师进行授权；

2. 经营部介绍工程项目情况、合同情况以及对客户的承诺事项；

3. 人力资源部介绍项目总监及人员编制情况；

4. 总工程师办公室根据工程特点提出工程监理过程中重点控制的内容以及建议和

意见；

5. 质量安全部提出工程监理过程中质量、安全方面的要求和注意事项；开展项目风险排查的要求等；

6. 行政部介绍项目后勤保障工作的情况。

三、项目监理机构工作准备会

项目监理机构进驻现场后，由总监理工程师主持召开监理工作准备会，介绍工程项目情况、公司和建设单位对监理工作的要求，组织监理人员学习监理人员岗位责任制和监理工作人员守则，明确项目监理机构各监理人员的职务分工及岗位职责，布置项目监理工作启动阶段的各项工作，落实责任人和完成时间等。

四、监理设施与图书资料

1. 建设单位提供监理设施

按照建设工程监理合同约定，建设单位提供监理工作需要的办公、交通、通信、生活等设施，总监理工程师应负责办理交接手续，并妥善使用和保管。在监理工作完成后移交建设单位。

2. 监理单位配备设施与设备

按照建设工程监理合同约定，监理单位配备满足监理工作需要的检测工具、仪器设备以及办公、交通、通信、生活等设施，总监理工程师应向本单位有关部门申请领用，指定专人负责使用和管理，并建立相应的台账。

房屋建筑工程监理工器具配置按照中国建设监理协会《监理工器具配置标准》（试行），工器具配置分为单位配置和项目配置。

房屋建筑工程监理工器具配置

配置	工器具名称																		
	全站仪	经纬仪	水准仪	楼板厚度测定仪	钢筋位置测定仪	钢筋保护层厚度测定仪	裂缝观测仪	回弹仪	涂层厚度仪	激光扫平仪	激光测距仪	游标卡尺、千分尺	多功能质量检测工具包	角度尺、靠尺、钢卷尺	温湿度仪	螺纹通规、止规、环规	电阻测试仪	万用表	扭矩扳手	测绳

续表

单位配置	●	●	●	●	●	●	●	●									
项目配置									●	●	●	●	●	●	●	●	●
说明	1.“●”应配置，2.多功能质量检测工具包内主要工具有：直角检测尺、楔形塞尺、百格网、响鼓锤、吊线坠、焊接检测尺、检测镜、对角尺等。

3.项目专用章及见证取样章

总监理工程师应向公司办理领取项目专用章及见证取样章的手续，并指定专人负责管理。

4.图书资料

总监理工程师应根据《新开工项目技术类图书配备清单》向图书资料室办理技术类图书领用手续，项目监理机构应根据公司公布的《技术类有效文件一览表》，结合本项目具体情况编制《项目有效文件目录》，并根据需要领取相应的图书资料，所有图书资料应由专人保管。

五、工程质量终身责任承诺书

建设工程监理合同签订后，总监理工程师签署《北京市建设工程监理单位项目负责人工程质量终身责任承诺书》，《承诺书》应加盖监理单位公章和总监理工程师执业用章。

《承诺书》应采用双面打印，一式五份，城建档案管理部门、工程质量监督机构、建设单位、监理单位和项目监理机构各一份。

《承诺书》的签字、抄写部分必须由总监理工程师亲自手写，不得代写。

注:《承诺书》的相关文件：

《关于印发〈建筑工程五方责任主体项目负责人质量终身责任追究暂行办法〉的通知》（建质 [2014]124 号）、《关于严格落实建筑工程质量终身责任承诺制的通知》（建办质 [2014]44 号）、《关于印发〈工程质量治理两年行动方案〉的通知》（建质 [2014]130 号）、《建筑工程项目总监理工程师质量安全责任六项规定（试行）》（建市 [2015]35 号文），以及《北京市建设工程质量终身责任承诺制实施办法》（京建法 [2015]1 号）。

六、建设行政主管部门相关信息平台

北京市建设行政主管部门的信息平台包括危险性较大的分部分项工程安全动态管理平台、北京市房屋建筑和市政基础设施工程质量风险分级管控平台、北京市建筑节能与建材管理服务平台和北京市建设工程施工资料管理平台，监理工作启动后，总监理工程师应及时与公司相关部门联系开通相应平台的账号，并指定专人按照建设行政主管部门的要求使用。

| 第二节 监理人员岗位职责 |

一、总监理工程师岗位职责

（一）接受监理公司法定代表人的委派，主持项目监理机构工作，实行总监理工程师负责制，领导项目监理机构全体人员，对工程项目监理合同的实施负全面责任，定期向所属监理公司汇报工作。

（二）按照监理合同及工程进展情况确定项目监理机构人员，并进行岗位分工，明确岗位职责。

（三）组织监理人员学习并贯彻国家及当地政府发布的关于建设工程的法律、法规、规范性文件，以及本公司编制的各项技术工作和管理工作规定。结合工程进展情况，组织监理人员有针对性地学习标准规范和专业技术知识。

（四）组织编制监理规划，审批监理实施细则（包括监理计划、监理方案等）。

（五）根据工程进展及监理工作情况调配监理人员，检查监理人员工作；审阅项目监理日志，查阅专业监理工程师的监理日记。

（六）施工监理阶段

1. 组织项目监理人员熟悉施工图纸，参加由建设单位主持的设计交底和图纸会审会议。

2. 组织项目监理人员参加第一次工地会议和监理工作交底会议。

3. 组织检查施工单位现场质量、安全生产管理体系的建立及运行情况。

4. 组织审查施工组织设计、施工方案及专项施工方案。

5. 审查工程开工、复工申请，签发工程开工令、暂停令和复工令。

6. 组织审核施工单位提交的施工进度计划，以及审核施工进度计划的调整。

7. 组织审核施工单位提交的采用新材料、新工艺、新技术、新设备的论证材料及相关验收标准。

8. 审核分包单位资质。

9. 主持监理例会，并根据需要主持或参加专题会议。

10. 组织建立危险性较大工程安全管理档案。

11. 组织实施向有关主管部门报告。

12. 参加超过一定规模的危险性较大工程专项施工方案专家论证会，参与组织危险性较大工程验收。

13. 组织编写监理月报。

14. 组织审核施工单位的工程付款申请，签发工程款支付证书，按合同约定组织审核竣工结算。

15. 组织审核工程变更。

16 组织审核工程索赔。

17. 调解建设单位与施工单位的合同争议。

18. 组织分部工程验收。

19. 组织审查施工单位的工程竣工申请和工程竣工预验收，签署单位工程竣工预验收意见，组织编写工程质量评估报告。

20. 参与工程竣工验收，签署工程竣工验收意见。

21. 配合工程质量、安全事故的调查和处理，配合质量投诉调查和处理等。

22. 组织监理人员总结项目监理工作和编写监理工作总结。

23. 组织整理监理资料，工程竣工后移交公司档案管理部门，签发工程监理资料移交单。

（七）保修监理阶段

1. 协助建设单位与施工单位签订《建筑工程质量保修书》。

2. 组织监理人员在工程保修期定期回访，做好工作记录。

3. 对工程保修期出现的质量缺陷，与建设单位、施工单位协商确定责任归属及赔偿事项。

4. 督促施工单位修复质量缺陷，对修复工程质量进行检验。

5. 保修期结束后，检查工程保修状况，移交保修资料。

（八）监理工作中的重要事项，如需要记录在案的，应向建设单位发出正式书面文件作为"备忘录"。

二、总监代表岗位职责

（一）在总监理工程师领导下，按总监理工程师的授权，行使总监理工程师的部分职责和权力，对于重大的决策应请示总监理工程师后再执行。

（二）作为总监理工程师的助手，除认真做好本职工作外，还应协助总监理工程师完成各项日常管理工作。

（三）向总监理工程师汇报项目监理机构工作情况。

（四）每日填写个人监理日记或工程项目监理日志。

（五）总监理工程师不得将下列工作委托给总监理工程师代表：

1. 组织编制监理规划，审批监理实施细则。

2. 根据工程进展及监理工作情况调配监理人员。

3. 组织审查施工组织设计、施工方案。参加超过一定规模的危险性较大工程专项施工方案专家论证会。参与组织危险性较大工程验收。

4. 签发工程开工令、暂停令和复工令。

5. 签发工程款支付证书，组织审核竣工结算。

6. 调解建设单位与施工单位的合同争议，处理工程索赔。

7. 审查施工单位的竣工申请，组织工程竣工预验收，组织编写工程质量评估报告，参与工程竣工验收。

三、专业监理工程师岗位职责

（一）接受总监理工程师、总监理工程师代表的领导，按照专业及职责分工，完成本专业监理工作。

（二）根据总监理工程师的分配，每位专业监理工程师应专任或兼任项目监理机构的进度控制、质量控制、造价控制、安全监理、合同管理、资料管理等岗位工作。

（三）熟悉施工图纸，发现图纸中存在的问题并提出书面意见，参加设计交底和图纸会审。

（四）参与编制监理规划，负责编制本专业监理实施细则。

（五）参与审查施工单位现场质量、安全生产管理体系建立情况，检查其运行情况。

（六）审查施工单位提交的涉及本专业的施工组织设计/专项施工方案，并向总监理工程师报告。

（七）审查施工单位提交的涉及本专业施工进度计划，核查施工进度计划的执行情况。

（八）审核涉及本专业的分包单位资质。

（九）指导、检查本专业监理员工作，定期向总监理工程师报告本专业监理实施情况。

（十）检查进场的本专业工程材料、构配件、设备的质量。

（十一）审查施工单位提交的涉及本专业采用新材料、新工艺、新技术、新设备的论证材料及相关验收标准。

（十二）复核本专业的施工测量放线成果。

（十三）参加涉及本专业的危险性较大工程专项施工方案专家论证会，参与危险性较大工程验收及开展危险性较大工程专项巡视检查。

（十四）负责本专业检验批、隐蔽工程、分项工程验收，参与分部工程验收。

（十五）签发监理通知单。

（十六）进行工程计量。

（十七）检查施工单位安全文明施工及安全费用的使用情况。发现并处置施工过程中的工程质量、安全事故隐患，并及时报告总监理工程师。

（十八）审查施工单位提交的涉及本专业工程变更，参与处理施工进度、索赔、合同争议等事项。

（十九）每日填写个人监理日记或工程项目监理日志。

（二十）参与编写监理规划、监理月报、专题报告、阶段性总结、竣工监理工作总结。

（二十一）参与单位工程竣工预验收、编写工程质量评估报告、审核本专业的工程竣工结算，以及编写监理工程总结。

（二十二）收集、整理、汇总本专业监理文件、监理资料，参与整理工程监理竣工资料。

四、监理员岗位职责

（一）在总监理工程师、总监理工程师代表的领导下，在专业监理工程师的业务指导下，做好本职工作。

（二）熟悉施工图纸，认真学习施工验收规范、规程、公司编制的技术管理规定及管理程序，督促施工单位执行监理程序、工艺操作规程及质量标准。

（三）检查施工单位投入工程的人力、材料、设备，以及主要施工机械等资源的投入、使用及运行状况。

（四）参与检查进场的本专业工程材料、构配件、设备的质量，开展平行检验或见证取样，填写并签署见证记录。

（五）对施工现场进行巡视、检验、检查、量测和验收等基础性监理工作，对重要的分项工程或关键部位、关键工序进行旁站监理并作好记录。

（六）检查施工单位专职安全生产管理人员、质量员的到岗履职情况。记录施工现场作业情况和监理工作情况。

（七）发现施工作业中的质量、安全问题，督促施工单位整改，并向专业监理工程师或总监理工程师汇报。

（八）复核本专业工程计量有关数据。

（九）检查本专业工序施工结果，参与检验批、隐蔽工程、分项工程验收。

（十）每日填写个人监理日记。

五、资料员岗位职责

（一）在项目总监理工程师的领导下，协助总监代表负责项目日常监理资料的收集、建档、管理工作。

（二）参与编制项目监理规划，制定信息管理目标、方法、措施，并监督落实。

（三）负责各参建单位之间的信息传递程序的运行管理工作，定期向总监／总监代表报告信息管理存在的问题和建议。

（四）负责收集整理本项目各类信息，并进行归档工作。

（五）负责本项目设计文件、各类有效文件的管理；负责对工程变更的登记管理。

（六）负责本项目的技术资料收集整理工作。

（七）负责向有关单位及公司移交监理资料。

| 第三节　监理规划与监理细则的编制 |

一、熟悉工程勘察设计文件

工程勘察设计文件是监理工作的重要依据之一，为预先了解工程的情况，掌握工程的特点与难点，及早发现和解决设计文件中的矛盾和缺陷，部署监理工作重点，监理工作人员应全面、细致地阅读工程勘察设计文件，为监理工作实施作好充分准备。

1. 项目总监理工程师组织各专业监理工程师熟悉工程勘察设计文件，图纸会审前完成如下工作：

（1）检查设计文件的有效性，签字盖章是否齐全；

（2）检查设计文件完整性，是否与图纸目录相符；

（3）设计文件中有无遗漏、差错或相互矛盾之处（如各部分尺寸、标高、位置、地上地下之间、上下楼层之间、室内室外之间、各专业之间等）；

（4）设计文件中采用的新技术是否有相应的验收标准；

（5）设计深度是否满足施工需要，是否需要专项深化设计。

2. 项目监理机构应将设计文件中存在的问题或疑问，汇总整理后通过建设单位以书面形式向设计单位提出。

二、分析监理合同和施工合同

总监理工程师应组织项目监理机构人员对建设工程监理合同文件（以下简称监理合同）和建设工程施工合同（以下简称施工合同）进行分析研究，了解并熟悉合同内容；监理合同和施工合同的管理是项目监理机构的一项核心工作，整个工程项目的监理工作即可认为是对这两个合同的管理过程。总监理工程师应指定专人负责本工程项目的合同管理工作。

1. 项目总监理工程师应组织项目监理机构人员对监理合同进行分析，主要应了解和熟悉以下内容：

（1）监理工作的内容和服务范围；

（2）监理工作的服务期限；

（3）双方的权利、义务和责任；

（4）违约的处理条款；

（5）监理酬金的支付办法；

（6）其他有关事项。

2. 项目总监理工程师应组织项目监理机构人员对施工合同进行分析，主要应了解和熟悉以下内容：

（1）工程概况；

（2）质量标准、合同工期、合同价；

（3）安全生产管理目标；

（4）安全防护、文明施工措施费用；

（5）适用的工程质量标准规范、规程等；

（6）与项目监理工作有关的条款；

（7）风险与责任分析；

（8）违约处理条款；

（9）其他有关事项。

3. 项目监理机构根据对上述两类合同的分析结果，提出相应的对策，制定在整个监理过程中对两类合同的管理、检查、反馈制度，并在工程项目的监理规划或监理月报中写明。

三、编制工程项目监理规划

1. 工程项目监理规划是指导项目监理机构开展监理工作的指导性文件。

2. 监理规划由总监理工程师组织项目监理机构人员编制，并经监理单位技术负责人审定批准后，在第一次工地会议前报送建设单位及有关部门。

3. 监理规划的编制执行本书第九章第二节的规定。

四、编制监理细则

1. 对技术复杂、专业性较强、危险性较大的分部分项工程，项目监理机构应按照监理规划的要求编制监理实施细则。

2. 监理实施细则应在相应工程施工开始前由专业监理工程师编制，并应经总监理工程师审批。

3. 监理实施细则的编制执行本书第九章第三节的规定。

| 第四节 施工准备阶段的监理工作 |

施工准备阶段是指施工单位进驻施工现场开展各项施工前的准备工作阶段。项目监理机构进驻现场后到工程正式开工前这一阶段的监理工作即是施工准备阶段的监理工作。

施工准备阶段监理工作的主要内容包括：参与设计交底、审核施工组织设计（施工方案／专项施工方案）、查验施工测量放线成果、参加第一次工地会议、施工监理交底、核查开工条件、批准开工申请。

工程开工前，项目监理机构应要求建设单位提供下列工程建设文件：地质勘察文件，工程设计文件，控制测量文件，工程周边及规划红线内地上、地下建（构）筑物、管线资料等，相关工程招标投标文件、合同文件，施工许可证，其他相关资料。

一、参与设计交底

1. 项目监理机构应参加建设单位主持的设计交底和图纸会审会议。

2. 总监理工程师及专业监理工程师、项目经理及项目技术负责人、专职安全管理人员、质量员、施工员等应参加设计交底和图纸会审会议。

3. 项目监理机构应了解工程设计思想、设计意图和特殊施工工艺要求；掌握设计单位提出的涉及危险性较大的分部分项工程的重点部位和环节，涉及保障工程周边环境安全和施工安全的意见，以及专项设计内容；特别关注设计单位关于建筑、结构、工艺、设备等各专业在施工中的难点、重点和易发生质量、安全问题说明。

4. 图纸会审记录应由施工单位整理，建设单位、设计单位、施工单位和监理单位共同签认，作为工程设计文件的补充。

二、审查施工组织设计（施工方案／专项施工方案）

1. 施工组织设计（施工方案／专项施工方案）的审查应符合本书其他章节的要求。

2. 施工组织设计（施工方案／专项施工方案）由总监理工程师组织各专业监理工程师审查，符合要求时，由总监理工程师签认后报建设单位。

3. 施工组织设计（施工方案／专项施工方案）审查时限应符合《建设工程施工合同》

约定，一般不超过 7 天。

4.需要施工单位修改时，应由总监理工程师签发书面意见退回施工单位修改，修改后再报，重新审查。

三、施工准备阶段的测量验线工作

1.准备工作

（1）参加建设单位组织的平面、高程控制点的交接工作。

（2）检查施工单位的专职测量人员的岗位证书及测量设备检定证书。

（3）督促核查施工单位对平面、高程控制点的校核。

（4）施工单位应将施工测量方案、红线桩的校核成果、水准点的引测成果填写《施工测量放线报验表》并附工程定位测量记录，报项目监理机构查验。

（5）对建设单位提供的平面、高程控制点进行必要的计算和实测校核。

（6）复核施工单位对施工现场现状地面标高的测量记录，为土方填、挖方量计量提供依据。

（7）熟悉设计图纸

①总平面图上建设用地红线桩的坐标与角度、距离是否对应；建筑物定位依据和定位条件是否明确合理；建筑物的几何关系是否正确；首层室内地坪设计高程、室外设计高程及有关坡度是否合理对应。

②各专业图纸中的轴线关系、几何尺寸和高程是否正确，相关位置是否对应。

2.查验施工单位测设的施工平面控制网和标高控制网

（1）审核施工控制网的相关数据。

（2）现场校测施工单位布置的平面和标高控制网，必须满足精度要求。

3.查验建筑物定位线

（1）查验施工单位计算的放线数据。

（2）查验定位依据桩是否有误或碰动。

（3）根据定位依据桩校测建筑物的定位桩和轴线控制桩。

（4）校测精度合格后，签认表《工程定位测量记录》（C3-1），并要求施工单位保护好轴线控制桩。

四、参加第一次工地会议

1.工程开工前，总监理工程师及专业监理工程师、项目经理及项目技术负责人等应参加由建设单位主持召开的第一次工地会议。

2.建设单位将监理单位的名称、监理工作范围与内容、监理权限、总监理工程师的姓名书面通知施工单位。

3.总监理工程师汇报监理机构工作准备情况。

4.会议纪要由项目监理机构负责整理，与会各方代表会签，总监理工程师签发。

五、监理工作交底

监理工作交底会由总监理工程师主持，中心内容为贯彻执行项目监理规划，监理工作交底会也可与第一次工地会议合并举行。

1.监理工作交底会参加人员

（1）总承包单位项目经理及有关职能人员，分包单位主要管理和技术负责人。

（2）总监理工程师及有关监理人员。

2.监理交底会主要内容

（1）介绍国家及工程所在地适用的有关工程建设监理的法律、法规、规范性文件。

（2）介绍监理合同约定的建设单位、监理单位的权利、义务与责任。

（3）介绍本工程项目监理规划确定的进度、质量、造价控制目标和安全生产管理监理目标。

（4）介绍监理工作基本程序和方法。

（5）介绍有关报表的填报和报审要求；明确签字人及审批程序；提出工程资料的管理要求。

（6）根据施工合同要求明确工程量计量、工程款支付程序。

（7）监理与施工单位认为需要商讨的其他事项。

（8）项目监理机构应编写监理交底会议纪要，发至建设单位、施工单位及有关单位。

六、监理合同备案与质量安全监督交底

1.协助建设单位进行监理合同备案时，项目监理机构需提供下列资料：

（1）中标通知书；

（2）建设监理合同；

（3）监理单位资质及监理人员职业资格证；

（4）工程质量终身责任承诺书。

2.工程相关方联系名录

项目监理机构进入施工现场后，总监理工程师应主动与建设单位负责人、施工单位项目经理进行沟通，了解工程所属地质量、安全监督部门负责人姓名、电话等信息。

督促施工单位与属地各级政府机构联系，并留相应资料。

3.项目监理机构应参加政府主管部门的质量安全监督交底，并保存质量安全监督交底资料。

七、参加地上地下管线及建（构）筑物资料移交

工程开工前提醒建设单位向施工单位提供施工现场及毗邻建筑物、构筑物和地上、地下管线等有关资料，并办理移交签字手续。

移交表格采用《建筑工程施工现场安全资料管理规程》DB11383—2017 的《地上、地下管线及建（构）筑物资料移交单》（AQ-A-2），该表由建设单位填写，建设单位移交人、施工单位接受人、总监理工程师分别签字，并加盖各单位印章。

八、核查开工条件，批准工程开工

1. 施工单位认为施工现场已具备开工条件时，可向项目监理机构提交申请开工的《工程开工报审表》（C1-5）及相关文件。

2. 监理工程师应核查下列开工条件：

（1）政府主管部门已签发的《建筑工程施工许可证》（复印件）；

（2）已向政府建设工程质量监督部门办理的质量监督注册手续；

（3）施工组织设计（施工方案）已由总监理工程师审查同意；

（4）现场测量控制桩已查验合格；

（5）施工单位项目经理部管理人员已到位，施工人员已按计划进场；

（6）施工机具设备已按计划进场；主要工程材料供应已落实；

（7）施工现场道路、水、电、通信等已达到开工条件；

（8）建设单位已向施工单位提供施工现场及毗邻建筑物、构筑物和地下管线等的有关资料，施工单位已制定专项保护措施并审查通过，安全生产准备工作已达开工条件；

（9）用于施工的设计文件和图纸满足施工需要。

3. 监理工程师经审核认为具备开工条件时，在《工程开工报审表》（C1-5）上签署审查意见，由总监理工程师签署审批结论，并签发《工程开工令》（B-2），准予开工。

监理工程师在审查施工单位报审的《工程开工报审表》及施工现场情况后，若认为尚不具备开工条件时，一方面应督促施工单位限期改正，另一方面应向总监理工程师汇报后签署相应审查意见，最后由总监理工程师签署审批结论。

第二章

工程质量控制

建设工程的质量是建设项目的核心，是建设监理控制的重点工作之一，必须有效地控制工程质量的形成过程，使工程质量符合质量目标的要求。

| 第一节　工程质量控制的原则 |

1.以设计文件、规范、规程、标准及建设工程施工合同约定的技术标准等为依据，实现建设工程施工合同中约定的工程质量目标。

2.对工程项目全过程实施质量控制，预控为重点，过程控制为关键，验收把关为主要手段。

3.对工程项目建设的人、机、料、法、环等因素进行全面的质量控制，监督施工单位健全质量管理体系，并正常发挥作用。

4.严格要求施工单位执行建筑材料、构配件和设备进场检验试验制度。

5.禁止不合格的建筑材料、构配件和设备用于工程。

6.每道施工工序完成，经施工单位自检符合规定后，才能进行下道工序施工，对于监理单位提出检查要求的重要工序，应经专业监理工程师检查认可，才能进行下道工序施工。

7.建筑工程施工质量验收合格应符合下列规定：

（1）符合工程勘察、设计文件的要求；

（2）符合统一验收标准和相关专业验收规范的规定。

| 第二节　工程质量控制重点 |

项目监理机构根据工程特点、工程设计文件、经批准的施工组织设计和施工方案等，确定工程质量控制的重点，制定监理对策，实施主动控制和重点控制。

通常情况下，下列分部（分项）工程的关键部位、关键工序是工程质量控制的重点。

一、地基基础和主体结构工程

地基基础和主体结构是受力骨架体系，是建筑物（构筑物）的稳定性、安全性的保证系统，必须充分重视。

1. 地基基础工程

定位放线，土钉拉拔试验（抽检）、锚杆（索）张拉，地基处理混凝土灌注桩浇筑，防水卷材抽样复试，地下室外墙防水加强层部位施工，钢筋抽样、钢筋连接件复试，钢筋安装，电梯基坑、底板防水混凝土施工（混凝土配合比、外加剂、坍落度、试块制作、后浇带、施工缝、保温养护措施、测温记录），地下室外防水细部构造处理（施工缝、变形缝、后浇带、穿墙管、埋设件、预留通道接头、桩头、孔口），基础结构混凝土施工，钢结构安装，劲性混凝土施工，土方回填等。

2. 主体结构工程

钢筋抽样和钢筋连接件复试，混凝土模板及支撑，梁柱节点钢筋隐蔽过程，混凝土浇筑，预应力张拉，装配式结构、钢结构、网架结构和索膜安装，新型屋面材料单元加工及安装等。

二、装饰装修、屋面和节能工程

1. 装饰装修工程

装饰装修材料进场检验与复试，卫浴间防水，样板及样板间，门窗固定、洞口缝隙填塞，饰面板（砖）安装或粘贴，幕墙预埋件安装、龙骨焊接及防腐，外墙涂料，室内环境污染控制。

2. 屋面工程

材料进场检验与复试，基层的处理，防水卷材的铺贴，细部构造的防水层，雨后观察或淋水、蓄水试验。

3. 节能工程

材料、设备进场检验与复试，外墙保温材料燃烧性能，外窗外墙保温节点做法，外窗与外墙连接处的保温，建筑外墙窗的抗风压性能、空气渗透性能、雨水渗透性能。

三、电气工程

（一）建筑电气工程

材料、设备进场检验与复试，电线电缆、照明灯具的见证试验，电力变压器、电力电缆线路等电气设备的交接试验，接地电阻、绝缘电阻测试，接地故障回路阻抗测试，剩余电流动作保护测试，EPS应急持续供电时间测试，灯具固定装置及悬吊装置的载荷强度试验，建筑物照明通电试运行，电气设备空载试运行和负荷试运行。

（二）智能建筑工程

材料、设备进场检验，接地电阻、绝缘电阻测试，系统调试、试运行，系统检测。

（三）电梯安装工程

1. 电力驱动曳引式或强制式电梯

材料、设备进场检验，井道交接检验，限速器、安全钳整定封记检查，绳头组合装置检查，绝缘电阻测试，安全保护装置功能检查，限速器安全钳联动试验，层门与轿门试验，曳引能力试验，试运行。

2. 液压电梯

材料、设备进场检验，井道交接检验，限速器、安全钳整定封记检查，安全保护装置功能检查，限速器安全钳联动试验，层门与轿门试验，超载试验，液压泵溢流阀压力检查，超压静载试验，试运行。

3. 自动扶梯、自动人行道

材料、设备进场检验，井道交接检验，绝缘电阻测试，安全装置检查，整机性能试验，整机制动试验，试运行。

四、给水排水和通风空调工程

1. 给水排水工程

材料、设备进场检验与复试，阀门强度和严密性试验，抗震支吊架安装，水压试验，排水系统灌水试验、通球试验，给水、热水、供暖系统调试。

2. 通风空调工程

材料、设备进场检验与复试，阀门强度和严密性试验，抗震支吊架安装，水压试验，风管严密性检验，风量检测，通风空调系统调试。

| 第三节 工程质量控制方法和手段 |

一、工程质量控制的方法

1. 审核有关技术文件、报表和报告

（1）施工图纸和设计变更；

（2）施工组织设计、施工方案、专项施工方案；

（3）建筑材料、构配件和设备进场检验记录；

（4）施工记录资料、施工试验记录资料；

（5）隐蔽工程验收记录、检验批质量验收记录、分项工程质量验收记录、分部工程质量验收记录；

（6）工程质量问题的报告及处理方案；

（7）采用新技术的工程质量验收标准；

（8）施工测量成果报验资料；

（9）其他有关报表、报告。

2. 项目监理机构强化现场监督检查与验收

（1）严格执行建筑材料、构配件、设备进场检查验收制度与复验制度。对涉及结构安全、节能、环境保护和主要使用功能的试块、试件及材料，应在进场时或施工中按规定进行见证检验。

（2）监理工程师应对施工现场进行有目的的巡视检查，督促施工单位依据设计文件、施工规范和工程质量强制标准的规定施工，及时纠正违规操作，消除质量隐患，跟踪质量问题，验证纠正效果，实现有效的质量监督，并将工作结果记入监理日志。

（3）按旁站监理方案，对关键部位和关键工序的施工过程进行旁站监理，并做好旁站记录。

（4）按照合同约定和相关规定采用必要的检查、量测、试验、观察等手段进行平行检验。

（5）定期检查施工单位计量仪器的有效性，复核施工单位报送的施工测量成果。

（6）按照相关技术标准的规定监督检查施工试验，并复核施工试验结果是否符合相关要求。

（7）对隐蔽工程进行检查验收。

（8）对检验批进行检查验收。

（9）对分项、分部工程进行检查验收。

（10）当建筑工程施工质量不符合要求时，应按下列规定进行处理：

①经返工或返修的检验批，应重新进行验收；

②经有资质的检测机构检测鉴定能够达到设计要求的检验批，应予以验收；

③经有资质的检测机构检测鉴定达不到设计要求，但经原设计单位核算认可能够满足安全和使用功能的检验批，可予以验收；

④经翻修或加固处理的分项、分部工程，满足安全及使用功能要求时，可按技术处理方案和协商文件的要求予以验收。

3. 分析和报告

（1）在每周监理例会上分析工程质量情况，督促施工单位制定解决质量问题的措施和办法。

（2）为保证施工质量，对施工难度较大的分部、分项工程，项目监理机构可召开专题会议，分析研究施工质量保证措施。

（3）项目监理机构应定期或不定期向建设单位报告工程质量情况。

二、工程质量控制的手段

1. 工程质量验收签认

（1）材料、构配件、设备进场检查验收合格，监理签认后才能使用于工程。

对未经监理人员验收或验收不合格的建筑材料、构配件、设备，不得使用于工程，监理人员应拒绝签认，并应签发监理工程师通知单，书面通知施工单位限期将不合格的工程材料、构配件、设备撤出现场。

（2）对于监理单位提出检查要求的重要工序，应经监理工程师检查认可，才能进行下道工序施工。

（3）对施工单位报送的隐蔽工程检查记录、检验批质量验收记录、分项工程、分部工程和单位工程质量验收资料进行审核和现场检查，合格后进行签认，不合格和不符合要求时拒绝签认。

2. 工程量计量支付

经监理人员质量验收合格的工程量，监理人员进行工程量计量和工程进度款支付申请审核。

凡未经监理人员质量验收合格的工程量，监理人员应拒绝计量和拒绝该部分的工程款支付申请。

3. 下达监理指令

工程质量存在问题或存在重大质量隐患时，项目监理机构下达《监理通知单》、《工程暂停令》等监理指令，要求施工单位对工程质量进行返工整改、停工整改。

4. 撤换主要施工管理人员

对施工单位不称职的主要施工管理人员，项目监理机构征求建设单位意见后，要求施工单位撤换相应人员。

| 第四节　施工前质量控制 |

一、工程质量控制的依据

1. 国家和地方有关工程建设的法律、法规和规范性文件。

2. 国家、行业和地方有关工程建设的施工质量验收规范、技术规程和标准。

3. 工程勘察设计文件、图纸会审记录、设计变更及洽商。

4. 建设工程施工合同、建设工程监理合同中有关工程质量的约定。

二、核查施工单位的技术管理和质量管理体系

1. 施工单位项目经理部组织机构设置、职责分工情况。

2. 施工管理人员及专业操作人员持证上岗情况。

3. 专职质量检查人员的配备和上岗。

4. 质量管理制度是否完备、健全。

5. 对照《施工现场质量管理检查记录》（C1-1）检查项目进行检查，总监理工程师在表 C1-1 检查结论中签署意见。

发现施工单位项目管理机构及其岗位人员不符合配备标准、施工单位项目负责人未在施工现场履行职责或者分包单位不具备相应资质的，监理单位应当要求施工单位改正；施工单位拒不改正的，可以要求暂停施工。

注：质量保证体系相关文件

《北京市建设工程质量条例》第四十三条规定：监理单位应当按照规定审查施工单位现场质量保证制度，并监督执行。

《建筑与市政工程施工现场专业人员职业标准》JGJ-T 250—2011

《关于加强北京市建设工程质量施工现场管理工作的通知》（京建发 [2010]111 号）规定：施工单位工程项目部应配备与工程项目规模和技术难度相适应的、业务素质高且具有项目质量管理工作实际经验的工程质量管理人员（文件对工程规模对应的人员要求做了规定）。

三、审查施工组织设计

施工组织设计的审查，应符合《建筑施工组织设计规范》GB/T 50502—009、《建筑工程施工组织设计管理规程》DBl1/T 363—2016、《建筑工程资料管理规程》DB1/T 695—2017 的相关要求。符合要求的，签认《施工组织设计（专项）施工方案报审表》（C1-3）后报建设单位。

1. 程序性审查的主要内容：

（1）施工组织设计应由项目技术负责人主持编制；经施工单位质量、安全、技术部门等审核；

（2）施工组织设计应由施工单位技术负责人审批，加盖施工单位公章。

2. 完整性审查的主要内容：

（1）施工组织设计的主要内容应包括：编制依据、工程概况、施工部署、施工进度计划、施工准备与资源配置计划、主要施工方法、施工现场平面布置及主要施工管理措施。

（2）施工组织设计的安全技术措施应包括：

①地上、地下管线（方案）保护措施；

②基坑工程、拆除工程、起重机械安装／拆卸工程、脚手架工程、模板工程及支撑体系、起重吊装及其他危险性较大的分部分项工程的（专项施工方案）安全技术措施；

③施工现场临时用电施工组织设计或安全用电技术措施、电气防火措施；

④施工现场临时消防技术措施；

⑤冬季、雨季、夏季等季节性（施工方案）安全施工措施；

⑥施工总平面布置图，以及办公、宿舍、食堂、道路等临时设施设置以及排水、防火措施等。

3. 符合性审查的主要内容：

（1）施工组织设计应符合设计文件要求；

（2）施工组织设计应与投标文件和建设工程施工合同基本相符；

（3）质量、安全技术措施应符合工程建设强制性标准要求；

（4）施工总平面布置应科学合理。

4. 施工组织设计报审表的填写

《施工组织设计（专项）施工方案报审表》的填写详见本书第七章第四节。

注：施工组织设计管理相关文件

北京市住房和城乡建设委员会《关于加强房屋建筑和市政基础设施工程施工技术管理工作的通知》（京建法 [2018]22 号），第四条　严格施工组织设计和专项施工方案管理流程：施工组织设计应由项目负责人主持编制，项目技术负责人具体组织编写，技术、质量、安全、生产、预算等部门参加，并由施工单位技术负责人审批后报项目总监理工程师审查。建设规模和技术难度较大的工程项目，其施工组织设计应由施工单位技术负责人组织专家评审，主要包括下列工程：

1. 单项工程建筑面积在 5 万 m^2 以上，群体建筑面积在 20 万 m^2 以上或建安造价估算金额在 5 亿元以上的房屋建筑工程；建安造价估算金额在 2 亿元以上的市政基础设施工程；

2. 建筑高度大于 100m 的超高层建筑工程；钢筋混凝土结构单跨 30m 以上（或钢结构单跨 36m 以上）的建筑工程；单跨跨度超过 40m 的桥梁工程；

3. 装配式混凝土结构工程；

4. 地下暗挖工程；

5. 采用的新技术可能影响工程施工质量安全，尚无国家、行业及地方技术标准的工程；

6. 其他建筑规模和技术难度较大的工程。

四、审查施工方案或专项施工方案

要求施工单位在分部分项工程或重点部位、关键工序施工前编制完成施工方案或专项施工方案，填写《施工组织设计（专项）施工方案报审表》，报项目监理机构。施工方案由监理工程师审查后提出具体意见，由总监理工程师签署审定结论。方案未经批准，该分部（分项）工程不得施工。

项目监理机构应从程序性、完整性、针对性等方面审查施工单位报审的施工方案或专项施工方案。项目监理机构应在收到施工方案或专项施工方案报审后 7 天内完成审查。

（一）审查施工方案

1. 施工方案审查包括下列基本内容：

（1）编审程序符合相关规定；

（2）工程质量保证措施符合相关标准的规定；

（3）符合施工组织设计要求，并具有针对性和可操作性。

根据《建筑工程施工组织设计管理规程》DBl1/T 363—2016 的定义，施工方案是以分部、分项工程或以某项施工内容为对象编制的，用以具体指导其施工过程的施工技术与组织方案应在分部、分项工程或专项施工内容施工前完成施工方案的编制和审批；施工方案应由工单位项目技术负责人组织编制并审批；重要，复杂、特殊的分部，分项工程，其施工方案应由施工单位术负责人或其授权人审批。

专业分包工程的施工方案应由专业分包单位的项目负责人主持编制，由专业分包单位技术负责人审批，加盖分包单位印章后报总施工单位项目技术负责人审核确认。

2. 施工方案应包括下列内容：

（1）编制依据；

（2）施工部位概况与分析：重点描述与施工方案有关的内容和主要参数，对该施工部位的特点，重点和难点进行分析；

（3）施工安排：应明确施工管理人员及职责分工，施工顺序及苑工流水段划分，质量和工期要求，劳动力配置计划及物资配置计划；

（4）施工准备：施工准备应包括技术准备，现场准备、材料准备、试验检验工作准备等内容；

（5）施工工艺要求：施工工艺要求应明确分部、分项工程或专项工程施工工艺流程、施工操作方法及质量检验标准，对施工重点提出施工措施及技术要求；

（6）质量要求：质量要求应明确质量标准及检查、验收方法；

（7）季节性施工措施；

（8）其他要求。

3. 施工方案报审表的填写

《施工组织设计（专项）施工方案报审表》的填写详见本书第七章第四节。

（二）审查专项施工方案

1.存在下列情形之一的，应在施工前编制专项施工方案：

（1）《关于实施危险性较大的分部分项工程安全管理规定有关问题的通知》（建办质 [2018]31 号）等规定的危险性较大的分部分项工程；

（2）《北京市建设工程施工安全风险分级管控技术指南（试行）》（京建发 [2018]424 号）规定的存在重大风险和较大风险的分部分项工程；

（3）防水工程、混凝土工程、装配式混凝土结构工程、预应力混凝土工程、钢筋工程、钢结构工程、装配式钢结构工程、超高层混凝土泵送等涉及主体结构质量安全的分部分项工程；

（4）建筑装饰装修工程、屋面工程、建筑给水排水及供暖工程、通风与空调工程、建筑电气、智能建筑工程、建筑节能工程、幕墙安装工程等涉及主要使用功能的分部分项工程；

（5）施工现场消防、施工暂设、临时用电、有限空间作业等涉及施工安全管理的；

（6）冬期施工、雨期施工等季节性施工的；

（7）施工试验、施工测量、施工监测等技术质量控制的；

（8）采用新技术可能影响工程施工质量安全，尚无国家、行业及地方技术标准的分部分项工程；

（9）其他需要编制专项施工方案的情形。

2.专项施工方案的编制与审查

专项施工方案应当由项目负责人主持编制，项目技术负责人组织编写，经施工单位技术负责人审批后报总监理工程师审查。

项目监理机构应当重点对专项施工方案中的以下内容进行实质性审查：

（1）方案设计计算书和验算依据是否符合有关标准规范要求；

（2）采用的施工技术、施工工艺是否适用于项目，是否满足施工及质量验收规范和设计文件的技术要求；

（3）工程质量保证措施和安全技术措施是否符合工程建设标准和建设工程施工合同要求，是否针对本工程的施工工艺、施工方法和施工条件制定；

（4）相关图纸、附图、附表是否齐全完整；

（5）应急预案是否具有针对性和可操作性；

（6）方案的编制、审批程序是否符合相关规定，内容是否完整、可行且符合施工组织设计要求；

（7）其他技术相关内容。

3.专项施工方案报审表的填写

《施工组织设计（专项）施工方案报审表》的填写详见本书第七章第四节。

五、审查分包单位的资质

分包工程开工前，审核施工单位报送的《分包单位资质报审表》，专业监理工程师提出审查意见后，应由总监理工程师审核签认。《分包单位资质报审表》应符合《建筑工程资料管理规程》DB11/T695 中表 C1-8 的要求。

下列内容经审查符合要求后，分包单位方可进场施工：

1. 营业执照、企业资质等级证书；

2. 安全生产许可文件；

3. 类似工程业绩；

4. 中标通知书；

5. 分包单位项目负责人的授权书；

6. 专职管理人员和特种作业人员的资格证书；

7. 分包单位与总承包单位签订的安全生产管理协议。施工总承包单位对分包单位的管理制度。

《房屋建筑和市政基础设地工程施工分包管理办法》（中华人民共和国建设部令第 124 号）第四条和第五条中，对工程分包也做出了明确规定：施工分包，是指建筑业企业将其所承包的房屋建筑和市政基础设施工程中的专业工程或者劳务作业发包给其他建筑业企业完成的活动，施工分包分为专业工程分包和劳务作业分包。专业工程分包，是指施工总承包企业将其所承包工程中的专业工程发包给具有相应资质的其他建筑业企业完成的活动。劳务作业分包，是指施工总承包企业或者专业承包企业将其承包工程中的劳务作业发包给劳务分包企业完成的活动。

六、审核分项工程和检验批划分方案

施工前，应由施工单位制定分项工程和检验批的划分方案，总监理工程师组织专业监理工程师审核。

1. 分项工程可按主要工种、材料、施工工艺、设备类别进行划分。

2. 检验批可根据施工、质量控制和专业验收的需要，按工程量、楼层、施工段、变形缝进行划分。

3. 室外工程可根据专业类别和工程规模划分分项工程、检验批。

4. 新材料、新工艺、新技术、新设备的应用会出现一些新的验收项目，对于《建筑工程施工质量验收统一标准》GB 50300—2013 附录 B 及相关专业验收规范未涵盖的分项工程和检验批，可由建设单位组织监理、施工单位根据工程具体情况协商确定划分方案。

七、编制主要分部分项工程的监理实施细则

内容详见本书第九章第三节。

八、审查检测试验计划

（一）审查施工单位的检测试验计划

《建筑工程施工质量验收统一标准》GB 50300—2013 中第 3.0.3 条规定："建筑工程采用的主要材料、半成品、成品、建筑构配件、器具和设备应进行进场检验。凡涉及安全、节能、环境保护和主要使用功能的重要材料、产品，应按各专业工程施工规范、验收规范和设计文件等规定进行复验，并应经监理工程师检查认可"。

施工前，应由施工单位编制工程检测试验计划，总监理工程师组织专业监理工程师审核。

1. 施工检测试验计划应符合设计文件、技术标准、建设工程施工合同的相关规定和要求。

2. 施工检测试验计划应包括：用于工程的材料名称、进场复验依据和复验项目、组批原则及取样数量、工程实体检测的部位和数量等。

检测试验计划的相关文件：北京市住房和城乡建设委员会《关于加强房屋建筑和市政基础设施工程施工技术管理工作的通知》（京建法 [2018]22 号）规定：

第二十四条，单位工程施工前，项目技术负责人应当组织项目技术员和试验员编制施工试验专项方案，包括明确项目试验管理岗位责任，完善试验管理流程，制定工程试验计划并根据实际施工的变化及时调整，确定具体试验项目内容等。施工试验方案应经施工单位技术负责人审批后实施。现场试验员应严格按照审批后的施工试验方案进行取样送检，确保样品的真实性和代表性。

第二十五条，进一步规范施工现场检测试验管理，施工单位项目部应配备满足工程规模和实际工作需要的试验人员。试验人员应建立检验试验台账，试样编号应按取样时间顺序连续编号，不得空号、重号。施工单位不得篡改检测试验数据，不得伪造检测试验报告，不得抽撤不合格的检测试验报告。

（二）编制见证计划

《建筑工程施工质量验收统一标准》GB 50300—2013 中第 3.0.6 条规定："对涉及结构安全，节能、环境保护和主要使用功能的试块，试件及材料，应在进场时或施工中按规定进行见证检验"。

见证计划应在施工单位编制施工检测试验计划审核后、相应项目实施见证前编制完成。

《见证计划》的编制要求详见本书第九章第五节。

九、核查试验室

《北京市建设工程质量条例》（2016 年）第 41 条规定："建设单位应当委托具有相应资质的检测单位，按照规定对见证取样的建筑材料、建筑构配件和设备、预拌混凝土、混凝土预制构件和工程实体质量，使用功能进行检测。施工单位进行取样、封样送样，监理单位进行见证"。

对试验室的检查应包括下列内容：

1. 试验室的资质及试验范围；

2. 法定计量部门对试验设备出具的计量检定证明；

3. 试验室主要管理制度及其执行情况；

4. 试验人员资格证书。

检测试验计划的相关文件：

北京市住房和城乡建设委员会《关于加强房屋建筑和市政基础设施工程施工技术管理工作的通知》（京建法 [2018]22 号）规定：第二十六条进一步强化施工现场检验试验取样工作，施工单位应当按照规定配备施工现场标准养护设施设备，做好用于检查混凝土结构强度的 7 天、28 天标准养护和结构实体同条件养护试件的取样、制样、标识工作，并留存相关视频记录。视频记录应清晰反映混凝土试件的取样地点、制作全过程、试件编号、成型日期、混凝土强度等级，取样人、见证人等信息。

中国建设监理协会标准《房屋建筑工程监理工作标准（试行）》第 4.2.5 条，项目监理机构应检查施工现场标准养护室的建立、专职分管人员和养护管理制度等。

十、施工机械设备和计量仪器设备的控制

项目监理机构应审查施工单位定期提交对工程质量有影响的施工机械设备、施工机具、计量仪器设备的检查和检定报告，主要包括：

1. 施工机械设备、施工机具的规格、型号是否符合施工组织设计（施工方案）的要求，其性能是否满足工程质量的要求；

2. 专业监理工程师应审查施工单位定期提交影响工程质量的计量设备的检查和检定报告。计量设备是指施工中使用的衡器、量具、计量装置等设备。施工单位应按有关规定定期对计量设备进行检查、检定，确保计量设备的精确性和可靠性。

十一、复核施工控制测量成果及其保护措施

项目监理机构应检查、复核施工单位报送的施工控制测量成果及保护措施。主要工作内容如下：

1. 测量作业前，项目监理机构应审查施工单位提交的测量作业方案；

2. 核查施工测量仪器检定证书、测量人员培训证书或毕业证书（土木工程）或施工员证，并形成审核记录；

3. 检查、复核施工单位建立的平面控制网、高程控制网、临时水准点；

4. 检查平面控制网、高程控制网、临时水准点控制桩的保护措施。

十二、新技术管理

《建设工程监理规范》GB/T 50319—2013 第 5.2.4 条："专业监理工程师应审查施工单位报送的新材料、新工艺、新技术、新设备的质量认证材料和相关验收标准的适用性，必要时，应要求施工单位组织专题论证，审查合格后报总监理工程师签认"。第 5.2.4 条：条文说明"新材料、新工艺、新技术、新设备的应用应符合国家相关规定。专业监理工程师审查时，可根据具体情况要求施工单位提供相应的检验、检测、试验、鉴定或评估报告及相应的验收标准。项目监理机构认为有必要进行专题论证时，施工单位应组织专题论证会"。

《建筑工程施工质量验收统一标准》GB 50300—2013 第 3.0.5 条规定：当专业验收规范对工程中的验收项目未作出相应规定时，应由建设单位组织监理、设计、施工等相关单位制定专项验收要求。涉及安全、节能、环境保护等项目的专项验收要求应由建设单位组织专家论证。

北京市住房和城乡建设委员会《关于加强房屋建筑和市政基础设施工程施工技术管理工作》的通知（京建法 [2018]22 号），第五条加强新技术管理的规定：

1. 应用于工程的新技术，应当进行专业评价鉴定，并经建设、设计、施工、监理单位共同认可。对于没有国家、行业和地方标准的新技术，施工单位应当组织制定相应的企业标准，明确施工工艺标准、质量验收标准，在施工前组织专家论证，并通过全国标准信息公共服务平台、本企业网站等途径主动向社会公开。

2. 对于工程拟采用的新技术，施工单位应当在施工组织设计中明确新技术应用计划，并对其安全性、技术参数、施工工艺、质量标准及措施等提出具体要求。

3. 新技术实施前，项目技术负责人应组织对专业工长、质检员等相关技术人员进行专项技术交底。新技术实施过程中，项目技术负责人应组织对新技术实施情况进行检查。

| 第五节 材料、构配件和设备质量控制 |

　　施工单位对建筑工程采用的材料、构配件和设备应进行进场检验，检验合格后报监理单位审查，未经监理机构审查合格不得擅自使用。严禁使用国家和地方政府明令禁止使用和淘汰的材料。

一、材料、构配件和设备进场检验的主要工作

　　1. 核查材料、构配件和设备的质量、规格、型号等应符合设计文件、技术标准和合同文件要求。

　　2. 审查材料、构配件和设备质量证明文件。

　　3. 检查材料、构配件和设备实物的外观、标识、标志等，应与质量证明文件相符，核查实际到场数量与清单数量应相符。

　　4. 量测材料、构配件应符合相关标准规定。

　　5. 依据规范、标准等进行见证取样（抽样检验）。

二、材料、构配件和设备进场检验的方法和程序

　　（一）材料、构配件和设备进场检验的方法

　　材料、构配件和设备进场检验的方法包括：考察、选样封样、审查质量证明文件、外观质量检查、开箱检验、复验与见证取样。

　　1. 考察

　　对影响结构安全和重要使用功能的材料，应审查生产供应单位的产品质量保障能力及生产能力，必要时进行实地考察。

　　依据设计文件和合同文件等要求，由建设单位组织，施工单位、监理单位等相关单位参加，对拟选用的建筑材料、构配件和设备生产供应单位进行实地察看与核实，包括查看生产规模、生产情况、质量保证体系的建立与运行情况、技术指标的符合情况等。

　　2. 选样封样

　　按设计文件、技术标准和合同文件的要求，由建设单位组织，施工单位、监理单位和生产供应等相关单位参加，对拟选用的建筑材料、构配件和设备，在进场前选定样品并进行标识和封存备查的一种质量控制方法。

　　3. 审查质量证明文件

　　项目监理机构根据设计文件、技术标准和合同文件的要求，对施工单位报送的建

筑材料，构配件和设备的质量证明文件进行审查，并将质量证明文件与进场的实物进行核对。

（1）质量证明文件的内容和形式应符合设计文件、技术标准和合同文件的要求。新材料、新设备的质量证明文件还应包括专家论证意见。

（2）质量证明文件应真实、齐全、有效，并具有可追溯性。

如非质量证明文件原件，需标注原件存放处，复印件应清晰可辨认，并应加盖施工单位项目经理部印章，并有经手人签字；必要时可查阅主管部门网站或向检测单位进行确认。

（3）由建设单位采购供应的建筑材料、构配件和设备，建设单位应当组织到货检验，并向施工单位出具检验合格证明等相应的质量证明文件。

（4）质量证明文件一般包括产品相关质量证明文件和企业相关证明文件两大类。

第一类　产品相关质量证明文件：

①产品质量合格证；②型式检验报告；③性能检测报告；④生产许可证；⑤随机文件、中文安装使用说明书；⑥中国强制认证书（CCC）；⑦计量设备检定证书；⑧产地证明；⑨知识产权证明文件；⑩授权机构认证的合格认证证书；⑪工程质量终身责任承诺书。

第二类　企业相关证明文件：

①企业营业执照、资质证书等证明文件；②准用备案许可。

4. 外观质量检查

（1）项目监理机构应在建筑材料、构配件和设备质量证明文件核查符合要求后，会同施工单位对进场的建筑材料、构配件和设备的外观质量进行检查。

（2）建筑材料、构配件和设备的外观质量应符合设计文件、技术标准和合同文件的要求。

（3）建筑材料、构配件和设备的外观质量检查是对其品种、规格、型号、尺寸以及观感质量进行检查。

（4）对建筑材料、构配件和设备的外观质量检查，项目监理机构应按照设计文件、技术标准和合同文件的要求，采用尺量及观察等方式进行。

（5）对有封样要求的建筑材料、构配件和设备，项目监理机构还应对照封样的样品，对其外观质量进行检查。

5. 开箱检验

设备开箱检验应符合设计文件、技术标准和合同文件的要求，设备进场后、使用前，项目监理机构应参加由设备采购单位组织的开箱检验。设备开箱检验的内容主要包括：

（1）生产厂家资质检验：应符合国家关于设备生产许可的相关规定；

（2）装箱清单的检查：应符合工程设计和供货合同约定，内容完整；

（3）外观检查：包括设备内外包装和设备及附件的外观是否完好、有无破损、碰伤、浸湿、受潮、变形、锈蚀等；

（4）数量检查：应依据合同和装箱单，核对装箱、设备、附件、备件、专用工具、材料等数量；

（5）规格、型号、参数检查：应依据合同、设计文件要求，核对设备、附件、备件、专用工具、材料的规格、型号、参数；

（6）随机文件检查：随机文件一般包括质量证明文件、安装及使用说明书、技术资料等；

（7）产品标识检查：设备的产品标识应清晰无误；

（8）齐套性检查：设备及所需的部件、配件是否配套完整，满足合同、设计和使用要求；

（9）现场试验：对有进场性能测试要求的设备，应在开箱时进行相关现场试验。

6. 复验与见证取样

（1）复验

建筑材料、构配件和设备进入施工现场后，在施工单位、监理单位对建筑材料、构配件进行外观质量检查、质量证明文件核查，或在设备开箱检验符合要求的基础上，由施工单位按照有关规定从施工现场抽取试样送至检测单位进行检验。

（2）见证取样

见证取样是项目监理机构对施工单位进行的涉及结构安全的试块、试件及工程材料现场取样、封样、送检工作的监督活动。见证取样与送检的具体工作要求详见本书第九章第五节。

项目监理机构应通过"北京市建设工程质量监测监管信息系统"查询见证试验结果，发现不合格的，按不合格处置程序进行处理。

见证试验报告作为《材料、构配件进场检验记录》（C4-44）的附件报项目监理机构，项目监理机构应对现场见证取样的检测报告进行符合性审查，审查检测报告是否有缺项、检测数据和结果是否符合设计文件、规范、合同文件等要求。

见证取样相关文件：

《北京市施工现场材料管理工作导则（试行）》（京建发[2013]536号）第3.4条要求："钢材、保温材料、防水卷材见证取样检验不合格的，不再进行二次复试，相应批次材料应按照本导则规定的程序进行退场处理"。

（二）合格签认

1. 对于不需要进行复验的材料、构配件和设备，施工单位在自检合格的基础上，填写《材料、构配件进场检验记录》或《设备开箱检验记录》（C4-45），报项目监理机构，专业监理工程师审查合格后签署意见："同意进场的材料、构配件和设备用于本工程"。

2. 需要进行复验的材料、构配件和设备，对资料审查、实物检查合格后，项目监理机构签署意见："同意进场，复验合格后方可使用"。

施工单位应在收到复试报告后进行使用前第二次报审，复验报告作为《材料、构配件进场检验记录》或《设备开箱检验记录》的附件报项目监理机构，项目监理机构再签署"经复验合格，同意使用"，签署日期应在收到检测报告签发日期之后。

使用前第二次报审相关文件：

中国建设监理协会《房屋建筑工程监理工作标准（试行）》（中建监协 [2020]15 号）第 4.2.6 条要求"对于需要复试的材料 / 设备，施工单位应在收到复试报告后进行使用前第二次报审"。

（三）不合格处置

1. 进场检验发现建筑材料、构配件和设备不合格时，由专业监理工程师在《材料、构配件进场检验记录》或《设备开箱检验记录》签署意见，要求施工单位进行退场处理。

2. 不合格需要退场处理的材料、构配件、设备，项目监理机构应要求施工单位封样处理，限期将其退出施工现场，形成《不合格材料、构配件和设备退场记录》；项目监理机构应对退场过程进行见证，并留存影像资料（如封样、装车、车牌、车辆驶出现场出口等信息），在退场记录上签字盖章。

不合格材料、构配件和设备退场记录		
产品名称	供应单位	
规格型号	生产单位	
数量	品种	
进场时间	进场时间	
采购单位	□建设单位	□施工单位
不合格原因：		
处理意见：		
附件：		
退场见证人员签字：		
施工项目经理部（盖章）	项目监理机构（盖章）	
项目经理（签字）	总监理工程师（签字）	
年 月 日 时 分	年 月 日 时 分	

（四）建材采购信息填报

按照北京市施工现场材料管理工作导则和相关文件要求，开展建材采购信息填报工作。

1. 填报工作负责单位

建材采购信息填报工作由建设工程施工单位负责，以工程项目为单位进行填报。施工单位应在建材进场验收合格后、使用前，经过监理单位对采购信息审核后，按照填报批次将采购信息通过市住房和城乡建设委网站"北京市建筑节能与建材管理服务平台"（以下简称：管理服务平台）进行网上填报。

2. 填报建材品种

实行采购信息填报的建材品种包括：建筑钢材、预拌混凝土、装配式建筑部品、墙体材料、防水卷材、防水涂料、建筑外窗、保温材料、预拌砂浆、给排水管材管件、散热器、电线电缆、太阳能热水系统集热器、暖通空调设备；预拌混凝土原材料品种为：水泥、砂、石、外加剂、粉煤灰、矿粉。

3. 填报的采购信息

填报的采购信息包括：材料供应企业（经销企业和生产企业）名称、供应企业注册地、材料名称、采购价格、采购数量、规格型号、产品技术指标以及材料进场验收人员等相关信息。

4. 填报完结确认

建设单位组织竣工验收前，应核对建材采购信息填报是否已完结确认，未开展建材采购信息填报或未进行采购信息填报完结确认的建设工程，不应组织竣工验收。

建材采购信息填报相关文件：

《关于开展建设工程材料采购信息填报有关事项的通知》（京建法 [2018]19 号）、《北京市施工现场材料管理工作导则（试行）》（京建发 [2013]536 号）、《关于加强建设工程材料和设备采购备案工作的通知》（京建法 [2011]19 号），以及《北京市建设工程建材和设备采购备案用户操作手册》（企业）。

三、主要材料构配件设备质量控制内容

（一）钢筋

1. 钢筋应根据设计文件、技术标准和合同文件的要求进行进场检验。

2. 钢筋进场时，施工单位应向项目监理机构报送《材料，构配件进场检验记录》，并附质量证明文件等相关资料。项目监理机构应审查质量证明文件是否齐全有效。钢筋质量证明文件应包括以下内容：

（1）每捆钢筋铭牌产品合格证复印件；

（2）钢厂出具的质量证明书或其他类似证明文件；

（3）钢筋供应单位的营业执照。

3. 项目监理机构应在质量证明文件核查无误后，对进场钢筋进行外观质量检查，具体检查内容如下：

（1）钢筋铭牌上的内容与质量证明文中表述的内容是否一致，包括厂家、牌号，规格，炉批号、数量等；

（2）检查带肋钢筋上的钢厂标识、规格、型号、E标识；

（3）检查是否平直、无损伤，表面无裂纹、油污、颗粒状或片状老锈等。

4. 在质量证明文件核查和外观检查后，项目监理机构进行合格签认或不合格处置。

5. 项目理机构见证施工单位按规定对进场钢筋进行现场取样、封样、送检复试，并填写见证记录。

钢筋应按批进行取样复试：

热轧带肋钢筋、热轧光圆钢筋、余热处理钢筋：同一厂家、同一牌号、同一炉罐号、同一规格的钢筋组成检验批，每批重量通常不大于60t，超过60t的部分，每增加40t（或不足40t的余数）增加一个拉伸试验试样和一个弯曲试验试样。当一次进场数量少于60t时，应作为一个检验批。

钢筋进场检验，当满足以下条件之一时，其检验批容量可扩大一倍：

（1）获得认证的钢筋；

（2）同一厂家、同一牌号、同一规格的钢筋，连续三批均一次检验合格。

6. 项目监理机构应审核施工单位提供的钢筋复试试验报告，进行合格签认或不合格处置。

核查钢筋进场复试报告时，要检查钢筋屈服强度、抗拉强度、伸长率、弯曲性能和重量偏差等指标，应符合相应标准的规定。

对按一、二、三级抗震等级的框架和斜撑构件（含梯段）中的纵向受力普通钢筋，应采用 HRB335E、HRB400E、HRB500E、HRBF335E、HRBF400E 或 HRBF500E 钢筋，其强度和最大拉力下的总伸长率实测值应符合下列规定：

（1）钢筋的抗拉强度实测值与屈服强度实测值的比值不应小于 1.25；

（2）钢筋的屈服强度实测值与强度标准值的比值不应大于 1.3；

（3）钢筋的最大拉力下总伸长率不小于 9%。

当使用中发生脆断或焊接性能不良或力学性能显著不正常时，应对该批钢筋进行化学成分检验或其他专项检验。

（二）预拌混凝土

1. 项目监理机构应对预拌混凝土生产单位的资质和生产能力进行审查。

2. 项目监理机构应依据设计文件、技术标准和合同文件的要求对预拌混凝土进行进场检验。

3. 预拌混凝土进场时，施工单位应向项目监理机构报送《材料、构配件进场检验记录》，并附质量证明文件等相关资料。项目监理机构应审查质量证明文件是否齐全有效。预拌混凝土质量证明文件应包括以下内容：

①混凝土配合比通知单；

②混凝土质量合格证；

③混凝土运输单；

④原材料试验报告和氯离子、碱的总含量计算书；

⑤开盘鉴定资料（首次使用的混凝土配合比）；

⑥基本性能试验报告（同项目同一配合比的混凝土，连续供应超过 2000m³ 时）；

⑦合同规定的其他资料。

4. 项目监理机构应在质量证明文件核查无误后，对进场预拌混凝土进行外观质量检查，具体检查内容如下：

（1）混凝土拌合物不应有离析现象。

（2）混凝土拌合物稠度应满足已批准的施工方案的要求。施工单位进行稠度测试，项目监理机构检查稠度抽样检验记录，对同一配合比混凝土，取样应符合下列规定：

①每浇筑不超过 100m³ 时，取样不得少于一次；

②连续浇筑超过 1000m³ 时，每 200m³ 取样不得少于一次；

③每一楼层取样不得少于一次。

5. 在质量证明文件核查和外观质量检查合格后，项目监理机构进行合格签认或不合格处置。

6. 对有抗冻要求的预拌混凝土，施工单位应在施工现场进行混凝土含气量检验，项目监理机构检查混凝土含气量试验报告，其检验结果应符合国家现行有关标准的规定和设计要求。

7. 项目监理机构应见证施工单位按规定对进场混凝土进行现场取样、封样、送检复试，并填写见证记录。

同一单位工程、同一配合比的预拌混凝土每浇筑一次为一检验批，与混凝土浇灌申请书对应。具体取样次数和留置试件数量要求如下：

（1）混凝土有耐久性指标要求时，同一配合比的混凝土，取样不应少于一次，留置试件数量应符合国家现行标准《普通混凝土长期性能和耐久性能试验方法标准》GB/T 50082 和《混凝土耐久性检验评定标准》JGJ/T 193 的规定。

（2）混凝土的强度等级必须符合设计要求，对同一配合比混凝土，标准养护混凝土试件取样与留置应符合下列规定：

①每浇筑不超过 100m³ 时，取样不得少于一次；

②连续浇筑超过 1000m³ 时，每 200m³ 取样不得少于一次；

③每一楼层取样不得少于一次；

④每次取样应至少留置一组试件。

（3）同条件养护试件的取样和留置应符合下列规定：

①结构实体混凝土同条件养护试件所对应的结构构件或结构部位，应由施工、监理等各方共同选定，且同条件养护试件的取样宜均匀分布于工程施工周期内；

②同条件养护试件应在混凝土浇筑入模处见证取样；

③同条件养护试件应留置在靠近相应结构构件的适当位置，并应采取相同的养护方法；

④同一强度等级的同条件养护试件不宜少于 10 组，且不应少于 3 组。每连续两层楼取样不应少于 1 组；每 2000m³ 取样不得少于一组。

8. 项目监理机构应审核施工单位提供的混凝土强度试验报告和混凝土强度检验评定记录，进行合格签认或不合格处置。当有耐久性指标和抗冻性要求时，还应审核提供的混凝土耐久性试验报告和混凝土含气量试验报告。

（三）混凝土预制构件

1. 项目监理机构应依据设计文件、技术标准和合同文件的要求对混凝土预制构件进行进场检验。

2. 项目监理机构应对装配式建筑专业预制构件生产单位的产品质量保证能力、深化设计能力和生产能力进行审查，按合同约定实行驻厂监理。实行驻厂监理的预制构件进场结构性能检验，应按国家和地方有关标准执行。

3. 混凝土预制构件进场时，施工单位应向项目监理机构报送《材料、构配件进场检验记录》，并附质量证明文件等相关资料。项目监理机构审查质量证明文件是否齐全有效。质量证明文件应包括以下内容：

（1）产品合格证明书；

（2）混凝土强度检验报告及其他重要检验报告；

（3）混凝土预制构件供应企业的营业执照；

（4）混凝土预制构件供应企业的工程质量终身责任承诺书；

（5）对于进场时不做结构性能检验的预制构件，质量证明文件尚应包括预制构件生产过程的关键验收记录。

4. 项目监理机构应在质量证明文件核查无误后，对进场混凝土预制构件进行外观质量检查，具体检查内容如下：

（1）预制构件上的预埋件、预留插筋、预埋管线等的规格和数量以及预留孔、预留洞的数量应符合设计要求；

（2）预制构件的外观质量不应有严重缺陷，且不应有影响结构性能和安装、使用功能的尺寸偏差；

（3）预制构件表面应有标识；

（4）预制构件的粗糙面的质量及键槽的数量应符合设计要求；

（5）预制构件的尺寸偏差及检验方法应符合《混凝土结构工程施工质量验收规范》GB 50204—2015 的规定。

5. 在质量证明文件核查和外观质量检查后，项目监理机构进行合格签认或不合格处置。

6. 混凝土预制构件厂没有提供结构性能检验报告时，项目监理机构应见证施工单位按规定对进场混凝土预制构件进行结构性能检验。当对预制构件生产过程有驻厂监造时，可不进行结构性能检验。

（四）防水材料

1. 项目监理机构应依据设计文件、技术标准和合同文件的要求对防水材料进行进场检验。

2. 防水材料进场时，施工单位应向项目监理机构报送《材料、构配件进场检验记录》，并附质量证明文件等相关资料。项目监理机构应核查质量证明文件是否齐全有效。防水材料质量证明文件应包括以下内容：

（1）产品合格证书；

（2）性能检测报告；

（3）防水卷材应提供生产许可证；

（4）生产单位的营业执照。

3. 项目监理机构应在质量证明文件核查无误后，对进场防水材料进行外观质量检查，具体检查内容如下：

（1）检查防水材料上的标识，包括产品规格、型号、产品名称、生产厂名、厂址、商标、生产日期和批号、检验合格标识、生产许可证号及其标志、生产和贮存要求等，是否符合要求；

（2）防水卷材主要查看是否表面平整，边缘整齐，无孔洞、裂纹、粘结疤痕，用卡尺量测厚度，用手反复弯折是否有裂纹，查看胎基厚度等；

（3）防水涂料主要查看经搅拌后液体是否均匀液体，无结块、无凝胶等。

4. 在质量证明文件核查和外观质量检查后，项目监理机构进行合格签认或不合格处置。

5. 项目监理机构对进场防水材料进行见证取样，并填写见证记录。

6. 项目监理机构应审核施工单位提供的防水材料复试试验报告，进行合格签认或不合格处置。

（五）保温材料

1. 项目监理机构应依据设计文件、技术标准和合同文件的要求对保温材料进行进场检验。

2. 保温材料进场时，施工单位应向项目监理机构报送《材料、构配件进场检验记录》，并附质量证明文件等相关资料。项目监理机构应核查质量证明文件是否齐全有效。保温材料质量证明文件应包括以下内容：

（1）产品合格证书；

（2）型式检验报告；

（3）性能检测报告；

（4）生产单位的营业执照。

3. 在质量证明文件核查无误后，对进场保温材料进行外观质量检查，具体检查内容如下：

（1）核对保温材料规格、型号、数量、尺寸、性能参数是否与产品合格证相符；

（2）采用观察等方式对保温材料的外观进行检查，主要查看表面平整，无夹杂物，颜色均匀，无明显破损，变形等。

4. 在质量证明文件核查和外观质量检查后，项目监理机构进行合格签认或不合格处置。

5. 项目监理机构应对进场保温材料进行见证取样，并填写见证记录。

6. 项目监理机构应审核施工单位提供的保温材料复试试验报告，进行合格签认或不合格处置。

（六）电线电缆

1. 项目监理机构应依据设计文件、技术标准和合同文件的要求对电线电缆进行进场检验。

2. 电线电缆进场时，施工单位应向项目监理机构报送《材料、构配件进场检验记录》，并附质量证明文件等相关资料。项目监理机构应审查质量证明文件是否齐全有效。电线、电缆质量证明文件应包括以下内容：

（1）产品合格证；

（2）性能检验报告；

（3）中国国家强制性产品认证证书（CCC）或全国工业产品生产许可证；

（4）生产企业营业执照（供应代理商营业执照）。

3. 项目监理机构应在质量证明文件核查无误后，对进场电线电缆进行外观质量检查，具体检查内容如下：

（1）包装完好，电线、电缆端头应密封良好，伸出盘外的电缆端头应加保护罩；

（2）电线或电缆绝缘层应完整无损，厚度均匀，电缆无压扁及绝缘层老化及裂纹；

（3）成品电线、电缆的外护层明显标识和制造厂标，标识字迹清楚、容易辨识、耐擦；

（4）铠装电缆不应松卷，无锈蚀，无机械损伤，无明显皱折和扭曲现象。

4. 在质量证明文件核查和外观质量检查后，项目监理机构进行合格签认或不合格处置。

5. 项目监理机构应对进场电线电缆进行见证送检，并填写见证记录。

6. 项目监理机构应审核施工单位提供的电线、电缆复试试验报告，进行合格签认或不合格处置。

（七）建筑工程外窗

1. 相关文件规定

（1）北京市文件规定

北京市《关于加强北京市新建居住建筑外窗工程质量管理的通知》京建法 [2015]11号文要求：外窗大批量进场前，应组织设计单位、监理单位、施工总施工单位对同一厂家、同一品种（铝合金窗、塑钢窗等）、同一类型（推拉窗、内开窗等）进场样窗的尺寸及分格、开启方式、型材材质、框料颜色、玻璃种类和颜色、玻璃及空气层厚度、气密性、水密性、抗风压性、传热系数、外窗遮阳系数（如设置活动外遮阳设施，还应增加综合遮阳系数）、隔声性能是否符合设计图纸及规范、标准要求进行确认，并形成样窗确认记录。

（2）住建部文件规定

住房和城乡建设部关于印发《民用建筑节能信息公示办法》的通知（建科 [2008]116 号）要求：在施工现场公示外窗传热系数、综合遮阳系数、节能性能标识（如外窗取得节能性能标识证书，应公示证书编号，如未取得节能性能标识证书，应标注为无），并对公示内容的真实性承担责任。

2. 外窗进场验收管理

（1）外窗进场后，施工总施工单位应查验外窗及其型材、密封材料、玻璃的合格证以及安全玻璃强制性产品认证证书、外窗出厂检验报告和型式检验报告，并对比样窗进行外观质量检查，安全玻璃上必须有强制性认证标志（CCC 标志），检查合格后报监理单位进行验收；取得门窗节能性能标识证书的外窗，应查验标识证书及标签。

（2）外窗安装施工前，施工总施工单位应在监理单位的见证下，从进场的同一厂家、同一品种、同一类型的外窗中随机抽取 3 樘有代表性规格尺寸的外窗（重点抽检居室外窗），委托有资质检测单位对其抗风压性能、水密性能、气密性能、传热系数、中空玻璃露点进行复试，并对复试外窗的型材壁厚、增强型钢壁厚、隔热铝合金型材抗拉强度和抗剪强度、橡胶密封条拉断伸长率变化率进行复试。未经复试或复试不合格的外窗不得进行安装。

（3）外窗合格证应包括：工程名称、品种、类型、尺寸、数量、颜色、生产日期；执行标准；检验人员签字；生产企业名称、地址、联系电话、质检章等。

3. 在外窗质量证明文件核查和外观质量检查后，项目监理机构进行合格签认或不合格处置。

4. 项目监理机构应见证施工单位按规定进行外窗的现场取样、封样、送检复试，并填写见证记录。

5. 项目监理机构应审核施工单位提供的外窗复试试验报告，进行合格签认或不合格处置。

| 第六节　施工过程中的质量控制 |

施工过程是工程质量控制的重要环节，项目监理机构要通过各种合法有效的手段和方法加强施工过程的质量控制，实现合同约定的工程质量控制目标。

一、检查质量管理体系运行

《建筑工程施工质量验收统一标准》GB 50300—2013 第 3.0.1 条规定："施工现场应具有健全的质量管理体系、相应的施工技术标准、施工质量检验制度和综合施工质量水平评定考核制度。施工现场质量管理可按本标准附录 A 的要求进行检查记录"。

项目监理机构应检查施工单位现场的质量管理体系的运行情况，包括组织机构、管理制度、专职管理人员和特种作业人员的资格。检查内容包括：

1. 检查施工单位现场质量管理组织机构是否健全，对其主要负责人、重要岗位的质量管理人员不符合相应配备标准、合同约定或未履职到岗的，应要求施工单位整改。施工单位逾期未改的，应经建设单位同意下达《工程暂停令》。

2. 检查施工单位质量管理制度的落实情况，对未落实的，项目监理机构应下发《监理通知单》，要求施工单位整改。施工单位逾期未改有可能造成质量失控的，应经建设单位同意后下达《工程暂停令》。

3. 对施工单位现场不称职的质量管理人员，项目监理机构可要求撤换。

4. 对于分包单位不履行相应的质量管理责任的，项目监理机构可建议更换。

5. 对特种作业人员资格不符合规定的，项目监理机构要求整改。

二、样板引路质量控制

督促施工单位在本工程施行样板先行、"样板引路制度"，施工现场设立样板展示区及样板间，通过样板为工程质量提供实物标准。各分部分项工程样板经建设单位和监理确认后，开始大面积施工。

1. 督促施工总承包单位在工程施工图完成后，应及时组织专业技术人员根据设计文件要求，梳理施工过程中需要进行施工工艺样板及首段验收的工序，按分部工程形成《施工工艺样板一览表》、《首段（首件）验收一览表》，并经监理单位审核后实施。

施工工艺样板至少应包括：钢筋安装施工、防水施工、外墙外保温施工、室内精装施工等；首段验收至少应包括：钢筋安装施工、防水施工、外墙外保温施工、幕墙龙骨安装、室内精装施工等。

2.督促施工总承包单位严格按照设计和规范要求进行施工工艺样板及首段（首件）施工，施工完成后施工总承包单位应及时报监理单位组织验收。

3.监理单位及时组织设计、施工总承包单位工艺样板及首段验收，并及时形成验收表；建设单位项目专业负责人、设计单位项目专业负责人、施工总承包单位项目专业负责人、监理单位专业监理工程师应参加验收。

4.施工总承包单位应根据验收时各方提出的意见进行整改，验收合格后方可进行大面积施工。

三、工程质量关键工序管理控制

1.督促施工总承包单位在分部工程施工图完成后施工前，根据设计文件要求，按分部工程形成《工程质量管理关键工序一览表》，并报监理单位审批确认后实施；对需要专家论证的关键工序，应在《工程质量管理关键工序一览表》注明。

2.督促施工总承包单位应根据《工程质量管理关键工序一览表》组织编制《工程质量关键工序专项施工方案》，并经监理单位审核后实施；对需要专家论证的，施工总承包单位应组织专家论证，并通知建设、设计、监理单位参加。

3.督促施工总承包单位应严格按照《工程质量关键工序专项施工方案》要求进行关键工序施工，施工完成后应及时报监理单位组织验收。

4.监理单位及时组织工程质量关键工序验收，并形成验收表。施工总承包单位项目专业负责人、监理单位专业监理工程师应参加验收。

四、现场巡视检查

巡视是项目监理机构对施工现场进行的定期或不定期的检查活动，监理的巡视检查不代表监理的验收。

项目监理机构应根据监理规划和监理实施细则、施工组织设计（施工方案）对施工现场进行巡视检查。

（一）巡视检查的主要内容

1.施工现场主要管理人员，特别是施工质量和安全管理人员到岗履职情况。

2.施工单位按设计文件、工程建设标准和施工组织设计、施工方案施工情况。

3.使用的工程材料、构配件、设备等质量及验收情况。

4.建筑施工特种作业人员持证上岗情况。

5.危险性较大工程作业情况，抽查危险性较大工程施工前的方案交底及安全技术交底执行情况。

6.施工作业的安全防护情况。

7.施工的成品、半成品是否存在质量问题。

（二）巡视检查发现问题的处理

1. 监理人员巡视检查中发现一般质量、安全问题时，应口头制止，要求施工单位管理人员落实整改。

2. 监理人员巡视检查中发现存在质量、安全隐患时，应签发《工作联系单》（B-16）或《监理通知单》（B-4）要求施工单位整改。

重要的《监理通知单》由总监理工程师签署。

施工单位应对《监理通知单》提出的问题逐条进行整改，整改完毕自检合格后，填写《监理通知回复单》（C1-13），将整改结果报项目监理机构；监理工程师应对整改结果进行复查，并在上述回复单上签署复查意见。

3. 监理人员巡视检查中发现存在严重质量、安全隐患时，应签发《工程暂停令》表 B-5 要求全部或局部停工，要求施工单位整改，并及时报告建设单位。

当施工单位整改完成、暂停施工原因消失、具备复工条件时，施工单位提出复工申请的，项目监理机构应审查施工单位报送的《工程复工报审表》（C1-6）及有关证明材料，符合要求的，应及时签署审查意见，报建设单位批准后签发《工程复工令》（B-6），要求施工单位及时恢复施工。

4. 施工单位拒不整改或不停止施工的，项目监理机构应及时向主管部门提交《监理报告》（B-3）。

5. 监理人员应跟踪检查施工单位对质量、安全问题或隐患的整改结果，并记录在监理日志中。

五、现场旁站监理

根据原建设部（建市 [2002] 189 号）《房屋建筑工程施工旁站监理管理办法（试行）》的定义，旁站监理是指监理人员在房屋建筑工程施工阶段监理中，对关键部位、关键工序的施工质量实施全过程现场跟班的监督活动。

（一）房屋建筑工程的关键部位、关键工序

房屋建筑工程的关键部位、关键工序，在基础工程方面包括：土方回填，混凝土灌注桩浇筑，地下连续墙、土钉墙、后浇带及其他结构混凝土、防水混凝土浇筑，卷材防水层细部构造处理，钢结构安装；在主体结构工程方面包括：梁柱节点钢筋隐蔽过程，混凝土浇筑，预应力张拉，以及装配式结构、钢结构、网架结构和索膜安装。

（二）北京市《建设工程监理规程》的规定

1. 项目监理机构按照旁站方案安排监理人员对需旁站的部位和工序实施旁站，旁站中发现问题应要求施工单位及时整改，旁站人员应及时填写并签署《旁站记录》，《旁站记录》应符合《建设工程监理规程》DB11/T 382—2017 附录 B 中 B.3.1 的要求。

2. 监理的旁站不代替施工单位的质量控制，不减少施工单位对其施工质量的管理责任。

3. 对下列涉及结构安全和重要功能的关键部位和关键工序应实施旁站：

（1）地基处理中的回填、换填、碾压、夯实等工序的开始阶段；

（2）每个工作班的第一车预拌混凝土卸料、入泵；

（3）每个工作班的第一车预拌混凝土的稠度测试；

（4）每个工作班的第一个混凝土构件的浇筑；

（5）每个楼层的第一个梁柱节点的钢筋隐蔽过程；

（6）预应力张拉过程；

（7）装配式结构中竖向构件钢筋连接施工；

（8）住宅工程的第一个厕浴间防水层施工及其蓄水试验；

（9）住宅工程排水系统的第一次通球试验过程；

（10）高度超过100m的高层建筑的防雷接地电阻测试；

（11）建筑节能工程中外墙外保温饰面砖粘结强度检测过程。

（三）旁站监理方案

旁站监理方案的编制和内容要求、旁站监理的工作程序、旁站监理人员的主要职责、旁站监理的范围、旁站监理的主要工作内容、旁站监理记录的内容和要求详见本书第九章第四节和附录二。

（四）旁站记录要求

1. 工程名称：应与建设工程施工许可证的工程名称一致，精确到单位工程。

2. 记录编号：旁站记录的编号应按单位工程分别设置，按时间自然形成的先后顺序从001开始，连续标注。

3. 旁站的关键部位、关键工序：填写内容包括所旁站的楼层、施工流水段、分项工程名称。

4. 旁站开始时间：应填写旁站开始的年、月、日、时、分。

5. 旁站结束时间：应填写旁站结束的年、月、日、时、分。

6. 旁站的关键部位、关键工序施工情况：

（1）施工单位质量员、施工员等管理人员到岗情况，特殊工种人员持证上岗情况。操作人员的各工种数量；

（2）施工中使用原材料的规格、数量或预拌混凝土强度等级、数量、厂家名称及供应时间间隔等情况，现场取样情况；

（3）施工机械设备的名称、型号、数量及完好情况；

（4）施工设施的准备及使用情况；

（5）施工采用什么方法，是否执行了施工方案以及是否符合工程建设强制性标准情况。

7. 施工当日的气象情况和外部环境情况，对施工有无影响。

8. 发现的问题及处理情况：施工中如果出现了异常情况，旁站监理人员应及时参与处理，问题严重时应及时向总监理工程师报告。问题及处理情况应详细记录，包括问题的描述，问题处理中采取了什么措施等。如旁站中未出现问题在此栏中应做"/"标记。

（五）旁站记录管理要求

1. 旁站记录的完成时间应在下道工序施工前完成，并由旁站监理人员签字。

2. 总监理工程师应抽查旁站记录。抽查中若发现问题，应及时与旁站监理人员进行沟通。

3. 旁站记录可采用电脑录入方式直接形成电子版文档（WORD 文档），打印后，记录人签字。

4. 旁站记录应按单位工程组卷，旁站监理人员应在每月 25 日将本月发生的旁站记录交项目监理机构资料管理人员统一归档保管。

5. 旁站记录应按照"谁旁站谁记录"的原则记录。

六、平行检验

平行检验是项目监理机构在施工单位自检的同时，按有关规定和建设工程监理合同约定对同一检验项目进行的检测试验活动。

（一）平行检验的要求

1. 住宅工程和重点工程的结构混凝土强度应进行抽样检验；可由项目监理机构采用回弹法对混凝土强度进行检验，每个混凝土强度等级、每楼层至少检验一次，也可委托具有资质的检测机构按照相关标准规定的方法进行检测。填写《混凝土强度回弹平行检验记录》，《混凝土强度回弹平行检验记录》应符合《建设工程监理规程》DB11/T382 附录 B 中 B.3.2 的要求。

2. 承重结构的钢筋机械连接，应对螺纹接头拧紧力矩进行抽样检验，每楼层每种规格的钢筋至少检验 5 个接头，应均匀分布。填写《钢筋螺纹接头平行检验记录》，《钢筋螺纹接头平行检验记录》应符合《建设工程监理规程》DB11/T 382 附录 B 中 B.3.3 的要求。

3. 承重结构的钢筋焊接连接，应对焊缝的尺寸外观质量等项目进行抽样检验，每楼层至少检验 5 处。填写《钢筋焊接接头平行检验记录》，《钢筋焊接接头平行检验记录》应符合《建设工程监理规程》DB11/T 382 附录 B 中 B.3.4 的要求。

4. 采用砌体结构的住宅工程，应对承重墙体（柱）的砂浆饱满度进行抽样检验，每楼层至少检验三处，每处三个砌体，取平均值。填写《承重砌体砂浆饱满度平行检验记录》，《承重砌体砂浆饱满度平行检验记录》应符合《建设工程监理规程》DB11/T 382 附录 B 中 B.3.5 的要求。

（二）平行检验监理方案

平行检验监理方案的编制和内容要求详见本书第九章第六节。

（三）平行检验记录要求

1. 工程名称：应与建设工程施工许可证的工程名称一致，精确到单位工程。

2. 记录编号：平行检验记录的编号应按单位工程分别设置，按时间自然形成的先后顺序从 001 开始，连续标注。

3. 平行检验的部位：填写内容包括所检验的楼层、所在轴线网。

4. 检验批容量：应按审批的检验批划分及具体容量填写。

5. 平行检验记录应写明规范标准规定值，并如实记录实测值。

七、见证取样和送检

见证取样和送检是指在建设单位或监理单位人员的见证下，由施工单位的试验人员按照国家有关技术标准、规范的规定，在施工现场对工程中涉及结构安全的试块、试件和材料进行取样，并送至具备相应检测资质的检测机构进行检测的活动。

在施工过程中，见证人员应按照见证取样和送检计划，对施工现场的见证取样和送检进行见证。试验人员应在试样或其包装上作出标识、标志。

见证取样和送检计划详见本书第九章第五节。

八、不合格项处置控制

（一）不合格项包含：不合格检验试验情况及各单位检查发现的质量问题。

（二）协助建设单位与检测机构建立沟通联系机制。检测机构应定期向建设单位报送检测试验台账，当出现不合格检测情况时，应立即报建设单位、施工总承包单位。协助建设单位应跟踪不合格报告的处理情况，直至整改完成，并留存相关记录。

（三）不合格材料检验试验处置要求

1. 不合格的相应批次材料应按规定程序进行退场处理，严禁使用未经检验或检验不合格或未经监理签认验收的材料、设备及构配件。

2. 施工单位应会同监理单位封存相应批次不合格材料，并进行退场处理。退场过程应留存相关影像资料（包括见证人员、接收人员、封样、装车、车牌号、车辆驶出现场出口），同时应形成由施工单位、专业分包单位、监理单位、材料供应单位签字确认的《不合格材料退场记录》。

3. 施工单位应建立材料物资退场台账，留存退货单据，退货单应由供应方、收货方签字确认，并清晰载明材料物资的名称、规格型号、供应商、生产厂家、数量等信息。

4. 监理单位应对材料退场进行全过程旁站，应及时填写《不合格材料退场记录》，并下发施工单位，同时上报建设单位。

（四）不合格施工试验处置要求

1. 施工单位应立即暂停施工部位和施工工序的施工。

2. 建设单位应立即组织设计、监理、施工单位分析原因并提出整改方案；施工单位应严格按整改方案要求进行整改，监理单位应对整改过程进行旁站并重新进行验收。对调整施工工艺的，应重新进行工艺检验。

（五）混凝土试块强度不合格处置要求

1. 施工总承包、监理及混凝土搅拌站应分析原因，提出整改措施；如为混凝土生产质量问题，施工总承包单位应停止混凝土供应合同关系，重新选择质量可控的混凝土生产企业。

2. 施工总承包单位应制定混凝土强度实体检测方案报监理单位审批，并委托有资质检测单位进行实体检测。

3. 当实体检测结果不符合设计要求，建设单位应组织设计、施工总承包、监理单位研究处理方案。

4. 施工总承包单位应按照整改方案立即进行整改，监理单位应对整改过程进行旁站并重新进行验收。

（六）施工质量问题处置要求

1. 针对建设单位、监理单位等单位检查发现的质量问题，施工总承包单位应立即组织整改，并形成整改报告报监理单位；监理单位应对施工单位的整改情况进行复查，并在整改报告上签署复查意见，施工单位应将整改报告报送检查单位。

2. 针对各级政府部门检查发现的质量问题，施工总承包单位应立即组织整改，并形成整改报告报监理单位和建设单位；建设、监理单位应对施工单位的整改情况进行复查，并在整改报告上签署复查意见，施工单位将整改报告报送相关政府部门。

九、隐蔽工程验收

隐蔽工程是指检查对象将被其他工序覆盖，给以后的检查和整改造成障碍，在大多数情况下具有不可逆性，故显得尤为重要，是工序质量控制的一个关键点。

1. 隐蔽工程验收应在施工单位自检合格的基础上进行。

2. 隐蔽工程在隐蔽前应由施工单位通知项目监理机构进行验收，并应形成验收文件，验收合格后方可继续施工。

（1）未经监理验收合格，隐蔽工程不得隐蔽，不得进入下道工序施工。

（2）对规定应进行隐蔽工程验收的部位，施工单位未报项目监理机构进行隐蔽验收而私自覆盖的，或对已同意覆盖的工程隐蔽部位质量有疑问的，项目监理机构应要求施工单位对该隐蔽部位进行钻孔探测、剥离或其他方法进行重新检验。

3. 专业监理工程师应掌握施工质量验收规范中规定的需进行隐蔽验收的工程部位与工序。

4. 隐蔽工程验收应符合《建筑工程施工质量验收统一标准》GB 50300—2013、相关专业验收规范、施工规范和设计文件的规定。

5. 涉及工程结构安全的重要部位隐蔽验收，应留置隐蔽前的影像资料，影像资料中应有对应工程部位的标识。

6. 隐蔽工程验收记录填写要求

（1）验收部位填写应具体，如：楼层，轴线、区域等。

（2）验收内容填写应包含设计要求、规范要求，材料及构配件验收结果、施工工艺检验试验情况、施工单位自检情况等。

（3）报验时，施工单位应在《隐藏工程验收记录》附验收影像资料，包括隐蔽部位验收前、验收部位、验收过程的影像。

（4）验收意见应由监理单位填写，内容包括：监理现场检验抽检情况，是否满足设计、规范要求，验收结论。

十、检验批和分项工程质量验收

（一）检验批验收

1. 检验批工程质量验收均应在施工单位自检合格的基础上进行。

2. 检验批应由专业监理工程师组织施工单位项目专业质量检查员、专业工长等进行验收。

3. 检验批质量验收合格应符合下列规定：

（1）主控项目的质量经抽样检验均应合格；

（2）一般项目的质量经抽样检验合格。当采用计数抽样时，合格点率应符合有关专业验收规范的规定，且不得存在严重缺陷。对于计数抽样的一般项目，正常检验一次、二次抽样可按《建筑工程施工质量验收统一标准》GB 50300—2013 附录 D 判定；

（3）具有完整的施工操作依据、质量验收记录。

4. 对不符合要求的检验批，由监理工程师签发《不合格项处置记录》表，要求施工单位整改。

5. 经返工或返修的检验批应重新进行申报和验收。

6. 对符合要求的检验批由监理工程师在《检验批质量验收记录表》上填写验收记录及验收结论并签字。

7.《检验批质量验收记录表》填写要求：

（1）检验批容量应按照检验批的划分，填写数量、重量、面积、构件个数、流水段或区域部位等。

（2）检验批验收记录中的"最小抽样数量"仅适用于计数检验，非计数检验项不填写。

（3）检验批验收记录中的"实际抽样数量"，应按照对应于专业验收规范中验收项目所要求的"检查数量"填写。

（4）检验批验收记录中"施工依据"栏应填写国家、地方有关施工工艺标准的名称及编号，也可填写企业标准、工法等，需要时也可填写施工方案、技术交底的名称与编号。

（5）检验批验收记录中"验收依据"栏应填写国家、地方验收规范：当无相关规范时，可填写由建设、施工、监理、设计等各方认可的验收文件。

（二）分项工程质量验收

1. 分项工程质量验收均应在施工单位自检合格的基础上进行。

2. 分项工程应由专业监理工程师组织施工单位项目专业技术负责人等进行验收。

3. 分项工程质量验收合格应符合下列规定：

（1）所含检验批的质量均应验收合格；

（2）所含检验批的质量验收记录应完整。

4.《分项工程质量验收记录表》填写要求：

（1）"分项工程数量"应填写分项工程所包含的总工程量，当分项工程内检验批种类不同无法计算总工程量时，该栏不填写。

（2）"检验批数量"应填写分项工程所包含的各类检验批的总数量。

（3）"检验批容量"应按检验批质量验收记录表中的"检验批容量"逐一填写。

（4）"部位/区段"应填写每个检验批所在的部位或流水段。

十一、分部工程验收

1. 分部工程质量验收均应在施工单位自检合格的基础上进行。

2. 项目监理机构应及时要求施工单位按相应工程施工质量验收规范中分部工程验收章节的规定，做好实体检验、功能试验、观感检查、资料核查等分部工程验收的准备工作。

3. 分部工程应由总监理工程师组织施工单位项目负责人和项目技术负责人等进行验收。

勘察、设计单位项目负责人和施工单位技术、质量部门负责人应参加地基与基础分部工程的验收。

设计单位项目负责人和施工单位技术、质量部门负责人应参加主体结构、节能分部工程的验收。

4. 分部工程质量验收合格应符合下列规定：

（1）所含分项工程的质量均应验收合格；

（2）质量控制资料应完整；

（3）有关安全、节能、环境保护和主要使用功能的抽样检验结果应符合相应规定；

（4）观感质量应符合要求。

5.专业监理工程师验收

专业监理工程师应在分部工程所含分项工程验收记录核查基础上，核查质量控制资料收集整理是否齐全，核查有关安全、节能、环境保护和主要使用功能的抽样检验结果，核查观感质量检查结果，做出"合格／不合格"的判定。

6.总监理工程师根据专业监理工程师的验收意见情况，独立作出"合格／不合格"的判断。

7.验收过程中，发现不满足验收条件的情况，应及时要求施工单位进行整改，整改后重新申报。

| 第七节　单位工程竣工验收 |

一、单位工程竣工验收程序和组织

（一）统一标准规定

根据《建筑工程施工质量验收统一标准》GB 50300—2013，建筑工程质量验收的程序和组织如下：

1.单位工程完工后，施工单位应组织有关人员进行自检。

2.总监理工程师应组织各专业监理工程师对工程质量进行竣工预验收。存在施工质量问题时，应由施工单位整改。整改完毕后，由施工单位向建设单位提交工程竣工报告，申请工程竣工验收。

3.建设单位收到工程竣工报告后，应由建设单位项目负责人组织监理、施工、设计、勘察等单位项目负责人进行单位工程验收。

（二）住建部规定

根据《房屋建筑和市政基础设施工程竣工验收规定》（建质 [2013]171 号），工程竣工验收应当按以下程序进行：

1.工程完工后，施工单位向建设单位提交工程竣工报告，申请工程竣工验收。实行监理的工程，工程竣工报告须经总监理工程师签署意见。

2.建设单位收到工程竣工报告后，对符合竣工验收要求的工程，组织勘察、设计、施工、监理等单位组成验收组，制定验收方案。对于重大工程和技术复杂工程，根据需要可邀请有关专家参加验收组。

3.建设单位应当在工程竣工验收 7 个工作日前将验收的时间、地点及验收组名单书面通知负责监督该工程的工程质量监督机构。

4.建设单位组织工程竣工验收，工程竣工验收合格后，建设单位应当及时提出工程竣工验收报告。负责监督该工程的工程质量监督机构应当对工程竣工验收的组织形式、验收程序、执行验收标准等情况进行现场监督，发现有违反建设工程质量管理规定行为的，责令改正，并将对工程竣工验收的监督情况作为工程质量监督报告的重要内容。

（三）北京市规定

根据《北京市建设工程质量条例》，单位工程竣工验收分为四个阶段：施工单位自检、监理单位预验收、单位工程质量竣工验收、工程竣工验收，验收程序和组织如下：

1. 单位工程完工后，施工总承包单位应当按照规定进行质量自检；自检合格的，监理单位应当组织单位工程质量竣工预验收。

2. 竣工预验收合格的，建设单位应当组织勘察、设计、施工、监理等单位进行单位工程质量竣工验收，形成单位工程质量竣工验收记录。

3. 单位工程质量竣工验收合格并具备法律法规规定的其他条件后，建设单位应当组织勘察、设计、施工、监理等单位进行工程竣工验收；对住宅工程，工程竣工验收前建设单位应当组织施工、监理等单位进行分户验收。

二、单位工程质量竣工预验收

1. 根据《北京市房屋建筑和市政基础设施工程竣工验收管理办法》（京建法 [2015]2 号）的规定：工程完工后，施工单位应当组织有关人员对工程质量进行自检，确认工程质量符合有关法律、法规、设计文件、技术标准及合同的要求，并提出工程竣工报告。工程竣工报告应当经项目经理和施工单位有关负责人审核签字，并加盖执业人员印章和单位公章。

2. 项目监理机构收到《单位工程竣工验收报审表》（C8-5）后，总监理工程师应组织专业监理工程师对工程实体质量情况及竣工资料进行全面检查，按下列程序组织竣工预验收：

（1）组织监理人员对相应质量保证资料（包括分包单位的竣工资料）进行核查，核查过程中发现所报资料有所欠缺不满足预验收条件，应及时反馈施工单位，要求其补齐或整改，整改后重新申报；

（2）各专业监理工程师对本专业工程的质量情况、使用功能进行全面的检查，对发现影响竣工验收的问题，签发《监理通知单》要求施工单位整改；

对需要进行功能试验的项目（包括单机试车和无负荷试车），应督促施工单位及时进行试验，认真审阅试验报告单，并对重要项目进行现场监督，必要时请建设单位及设计单位代表参加；

（3）通知公司技术管理部门到现场，检查工程是否具备竣工验收条件，并填写预验收检查记录；

（4）对于预验收符合要求的，签署《单位工程竣工验收报审表》。

3. 根据《建筑工程资料管理规程》DB1/T 695—2017规定，单位工程竣工预验收应由总监理工程师组织，专业监理工程师和施工单位项目经理、项目技术负责人等参加。

4. 工程竣工预验收合格后，总监理工程师应当及时在施工单位提交的工程竣工报告上签署意见，项目监理机构应编写工程质量评估报告，工程质量评估报告应当经总监理工程师和工程监理单位技术负责人审核签字，并加盖执业人员印章和单位公章后报建设单位。

5. 工程质量评估报告的编写详见本书第九章第九节。

三、单位工程质量竣工验收

（一）单位工程质量验收的条件

1. 所含分部工程的质量均应验收合格；

2. 质量控制资料应完整；

3. 所含分部工程中有关安全、节能、环境保护和主要使用功能的检验资料应完整；

4. 主要使用功能的抽查结果应符合相关专业验收规范的规定；

5. 观感质量应符合要求。

（二）单位工程质量验收

建设单位在收到勘察、设计、施工、监理单位各自提交的验收合格报告后，应当按照规范要求组织单位工程质量竣工验收，并形成《单位工程质量竣工验收记录》（C8-1）。

总监理工程师在《单位工程质量竣工验收记录》的监理单位一栏中签字，并向公司申请加盖公章。

（三）专项验收

1. 住宅工程质量分户验收

住宅工程质量分户验收由施工单位提出申请，建设单位组织实施，施工单位项目负责人、监理单位项目总监理工程师及相关质量、技术人员参加，对所涉及的部位、数量按分户验收内容进行检查验收。已经预选物业公司的项目，物业公司应当派人参加分户验收。

分户验收合格后，建设单位必须按户出具《住宅工程质量分户验收表》，并作为《住宅质量保证书》的附件，一同交给住户。

住宅工程整体竣工验收前，施工单位应制作工程标牌，将工程名称、竣工日期和建设、勘察、设计、施工、监理单位全称镶嵌在该建筑工程外墙的显著部位。

2. 规划验收

建设工程主体和外立面完成，室外道路、管网、园林绿化已完成。

建设单位委托有资质测绘机构测绘，并出具《建设工程竣工测量成果报告书》。

建设单位填写《建设工程规划验收申报表》，按规定向规划行政主管部门申请规划验收。

规划监督检查人员在施工现场进行查验，经验收合格的，规划行政主管部门在规划许可证件附件上签章。

3. 电梯检验

电梯使用单位持核准的开工报告和有关资料向检验机构提出验收申请检验，检验合格后，由安全监察机构办理注册登记手续，发给电梯安全检验合格标志。

4. 消防检测与消防验收

室内防火分区（含封堵）、防火（卷帘）门、消火栓、喷淋（气体）灭火、消防指示灯、消防报警、电气等系统完成联动调试，室外幕墙防火构造、庭院环形路、室外接合器等完成，并自检合格。

建设单位委托有资质的消防检测机构检测，并出具消防检测报告书。

建设单位申请消防验收，当地建设行政主管部门进行现场消防验收，验收合格的，出具消防认可文件。

5. 室内环境污染物浓度检测

建设单位委托有资质环境检测机构现场检测，并出具《室内环境污染物浓度检测报告》。

6. 人防验收

建设单位组织竣工验收，提前 7 天书面通知当地人防工程质量监督机构或人民防空主管部门参与监督，验收合格后 15 天内向工程所在地的县级以上人民防空主管部门备案。

7. 建筑节能验收

承包单位已完成施工合同内容，且各分部工程验收合格；外窗气密性现场实体检测应在监理（建设）人员见证下取样，委托有资质的检测机构实施；供暖、通风与空调、配电与照明工程安装完成后，应进行系统节能性能的检测，且应有建设单位委托具有相应检测资质的检测机构检测并出具检测报告。

工程竣工验收前，建设单位应组织设计、施工、监理单位对节能工程进行专项验收，并对验收结果负责，提前 3 天通知市墙革节能办到场监督。

验收合格后 10 个工作日内办理备案，备案时建设单位需提交相关材料。

8. 无障碍设施验收

完成设计图纸无障碍设施内容，并自检合格。

建设单位在组织建设工程竣工验收时，应当同时对无障碍设施进行验收。未按规定进行验收或者验收不合格的，建设行政主管部门不得办理竣工验收备案手续。

9. 供电验收

按照供电企业审核受送电装置设计图纸内容完成施工，并自检合格，签订《供电用电合同》。

10. 燃气验收

按照供燃气设计图纸内容完成施工，并自检合格，签订《供气用气合同》。

11. 供水排水验收

经批准的中水设施已联合调试、运转正常，生产给水系统管道已安装完成，并已冲洗和消毒；建设单位委托有资质水样检测部门取样检验，并出具《水质检测报告》；签订《供水用水合同》。

12. 排水验收

已按排水专业服务企业要求完成相关内容，竣工验收合格，方可交付使用，并自竣工验收合格之日起 15 日内，将竣工验收报告及相关资料报城镇排水主管部门备案。

13. 供热验收

建筑工程采用市政供热，已按热力专业服务企业要求完成相关内容，热力管网和设施经供热单位验收合格，签订《供热合同》。

14. 防雷验收

接地、屋面、幕墙、金属门窗避雷系统完成设计内容，并自检合格；建设单位委托具有防雷装置检测资质的检测机构出具《防雷装置检测报告》；

经气象主管机构防雷装置经验收合格，颁发《防雷装置验收合格证》。

15. 工程档案预验收

建设单位汇总各单位资料，形成初步《建设工程竣工档案》，在组织工程竣工验收前，提请城建档案馆对工程档案进行预验收，并出具《建设工程竣工档案预验收意见》。

四、单位工程竣工验收

根据《北京市房屋建筑和市政基础设施工程竣工验收管理办法》（京建法 [2015] 2 号）的规定："本办法涉及的工程质量竣工预验收、工程质量竣工验收可以单位工程为最小验收单位"。

（一）工程竣工验收应当具备下列条件：

1. 完成工程设计和合同约定的各项内容；

2. 有完整的技术档案和施工管理资料，其中应包括工程使用的主要建筑材料、建筑构配件和设备的进场试验报告、工程质量检测和功能性试验报告、采购信息备案资料，并取得城建档案馆预验收文件；

3. 单位工程质量竣工验收合格；

4. 建设单位已按合同约定支付工程款；

5. 有施工单位签署的工程质量保修书；

6. 取得法律、行政法规规定应当由规划行政部门出具的认可文件或者准许使用文件；

7. 工程无障碍设施专项验收合格；

8. 对于住宅工程，建设单位组织施工和监理单位进行的质量分户验收合格；

9. 对于民用建筑工程，建设单位已组织设计、施工、监理单位对节能工程进行专项验收，并已在市或区县建设主管部门进行民用建筑专项备案；

10. 对于商品住宅小区和保障性住房工程，建设单位已按分期建设方案要求，组织勘察、设计、施工、监理等有关单位对市政公用基础设施和公共服务设施验收合格；

11. 规划许可中注明规划绿地情况的建设工程，建设单位组织设计、施工、监理等有关单位对附属绿化工程是否符合设计方案验收合格；

12. 建设单位已按照国家和本市有关规定，在工程明显位置设置了载明工程名称和建设、勘察、设计、施工、监理等单位名称及项目负责人姓名等内容的永久性标识；

13. 建设主管部门及工程质量监督机构责令整改的问题全部整改完毕；

14. 法律、法规规定的其他条件。

（二）工程竣工验收按以下程序进行：

1. 建设、勘察、设计、施工、监理等单位分别汇报工程合同履约情况和工程建设各环节执行法律、法规及工程建设强制性标准的情况；

2. 验收组审阅建设、勘察、设计、施工、监理单位的工程档案资料；

3. 验收组实地查验工程质量；

4. 验收组对工程勘察、设计、施工、设备安装质量和各管理环节等方面作出全面评价，并达成工程竣工验收是否合格的一致意见；

5. 工程质量监督机构对工程竣工验收的组织形式、验收程序、执行验收标准等情况进行现场监督，发现有违反建设工程质量管理规定行为的，应当责令改正，并将对工程竣工验收的监督情况作为工程质量监督报告的重要内容。

（三）工程竣工验收记录

工程竣工验收合格后，应当及时形成经验收组人员共同签署意见并加盖各单位公章的工程竣工验收记录，作为工程竣工验收合格的证明文件。

工程竣工验收相关记录采用《北京市房屋建筑和市政基础设施工程竣工验收管理办法》（京建法 [2015]2 号）附件 1《工程竣工验收记录》的格式。

（四）工程竣工交付

工程竣工验收合格，且消防、人民防空、环境卫生设施、防雷装置等按照规定验收合格后，建设工程方可交付使用。

建设单位应当自工程竣工验收合格之日起 15 日内，按照有关规定向建设主管部门备案。

五、联合验收

根据《北京市社会投资建设项目联合验收暂行办法》（京建发 [2018]118 号），联合验收是指建设项目完工后，将由政府各行政主管部门分别依法独立实施各类专项验收的模式，转变为"统一平台、信息共享、集中验收、限时办结、统一确认"的"五位一体"验收模式，以实现资源信息共享，提高验收工作效率。

市住房和城乡建设委牵头负责建设工程联合验收协调工作，市规划国土委、市公安局消防局、市民防局、市城市管理委、市质量技术监督局、市水务局、市档案局、市交通委等各主管部门按照职责分工，督促或组织做好相关专项验收，并配合完成联合验收其他工作。供水、供电、燃气、热力、排水等专业服务企业，按照各自职责，做好相关联合验收配合工作。

（一）联合验收条件

建设工程已完工并符合下列条件的，建设单位应当组织勘察、设计、施工、监理等单位组成验收组，制定验收方案，根据工程实际情况，向"北京市建设工程联合验收管理平台"系统申请联合验收：

1. 建设工程已按规划许可文件的要求全部完成，具备建设工程规划验收条件。

2. 建设工程已按设计和合同约定的内容建成，具备法律法规规定的竣工验收条件。

3. 建设工程已按审查合格后的施工图纸消防设计要求建成，消防设施经有资质的单位检测，符合国家标准及相关技术规范要求。

4. 特种设备已按设计要求建成，并按要求办理特种设备使用登记。

5. 人防工程已按设计要求建成，具备法律法规规定的验收条件。

6. 已按供水、供电、燃气、热力、排水等专业服务企业要求完成相关内容。

7. 城市道路项目已按设计要求完成，配套市政管线敷设完成，符合国家标准及相关技术规范要求。

8. 档案资料已收集齐全并整理完毕。

9. 其他法律法规要求验收的事项达到验收条件。

（二）联合验收申报

联合验收工作依自愿原则进行。建设项目完工并具备联合验收条件的，建设单位通过"北京市建设工程联合验收管理平台"系统进行网上申报。

（三）资料审核

建设单位网上申报后，各主管部门或专业服务企业对网上申报资料进行审查并网上反馈资料审核意见。对符合申报要求的，网上反馈受理通知；对资料不全或不合格的，网上出具一次性补齐改正告知单，一次性告知申请人需要补正的资料和注意事项，待申请人补充齐全后，进行审查并反馈受理通知。

（四）现场验收

1. 对于已经受理的项目，各主管部门或专业服务企业可根据需要组织开展现场验收工作。现场验收内容按照各专项验收标准执行。

2. 现场验收合格的项目，各主管部门或专业服务企业应通过网络平台向联合验收牵头部门确认验收结论或监管意见；验收结论或监管意见不合格的项目，建设单位应根据整改意见和相关规定及时进行整改。整改期间各主管部门应做好业务指导工作。

3.整改完成后，经过各主管部门或专业服务企业复验合格的，应通过网络平台反馈验收结论或监管意见；复验仍不合格的，由联合验收牵头部门组织召开专题协调会，商定整改方案，推进验收工作完成。

4.验收程序启动后，联合验收牵头部门可根据项目实际情况或依据建设单位申请，统筹协调各主管部门确定现场验收时间，对具备条件、可以合并的专项验收进行"打捆"整合。

（五）验收结论意见

各专项验收项目全部合格后，联合验收牵头部门向建设单位出具联合验收意见书，作为联合验收合格的统一确认文件。

第三章

工程进度控制

| 第一节 工程进度控制的依据与原则 |

工程进度控制应在保证工程质量、安全的前提下，兼顾工程造价可控，对进度实施主动控制。

一、工程进度控制主要依据

1. 施工合同文件；
2. 经审批通过的施工组织设计、专项施工方案；
3. 施工图设计文件；
4. 经审批通过的施工总进度计划及阶段性进度计划；
5. 过程中，建设单位与施工单位的洽商或补充协议；
6. 过程中，形成的有关工程文件。

二、工程进度控制的原则

1. 进度控制应以建设工程施工合同规定的工期为控制目标。
2. 采用动态控制的方法，对工程进度进行主动控制，注重跟踪检查，实施阶段性施工进度计划与总进度计划目标协调一致。
3. 工程进度计划调整时，必须保证合同规定的质量标准和安全生产标准，并与造价控制目标相互协调。

| 第二节 工程进度控制的基本程序 |

一、工程进度控制的基本程序

1. 工程开工前，施工单位应根据建设工程施工合同约定的工期目标，编制施工总进度计划，并填写《施工进度计划报审表》报项目监理机构。

当总进度计划为施工组织设计的一部分时，可不单独审批。

2. 项目监理机构审查施工总进度计划,具体由进度控制专业监理工程师进行审查,提出审查意见并签字,再由总监理工程师审核,签认审核意见。当所报计划与建设工程施工合同约定的工期目标不符或计划明显不合理时,应要求施工单位重新编制、重新申报,并应限定再报日期。施工单位修改后重新申报的施工总进度计划经专业监理工程师审查合格后由总监理工程师审核同意并报建设单位。

3. 施工单位应根据审批后的施工总进度计划,按照目标控制要求,编制年、季、月、旬、周进度计划,进度计划可用横道图或网络图表示,并应附有文字说明。填写《施工进度计划报审表》报项目监理机构审批。专业监理工程师应对进度计划的报审日期提出明确要求。

4. 项目监理机构对进度计划的审查时限应严格遵守监理合同中的有关约定。当无约定时,对总进度计划、年度进度计划的审查时限应在 14 日内,对季度、月进度计划的审查时限应在 7 日内,对旬、周进度计划的审批时限应在 2 日内。

5. 施工单位根据审核通过后的年、季、月、旬、周进度计划组织实施。

6. 项目监理机构进度控制专业监理工程师在工程计划实施过程中,应深入现场了解工程进度计划中各分部(或分项)工程施工的实际进度情况,收集有关数据进行对比分析。

7. 检查实际进度,并与计划进度进行比较分析,发现实际进度偏离计划目标时,项目监理机构应签发《工作联系单》或《监理通知》,要求施工单位及时分析原因,采取调整措施,加快施工进度,力争实现总计划进度,并向建设单位报告工期延误风险。项目监理机构监督施工单位落实应采取的措施,对进度计划进行跟踪控制,并将实施情况及时报告建设单位。

8. 督促施工单位编制下个月的进度计划,对已产生的进度滞后要采取调整措施。督促施工单位对关键工序加强管理,持续增加投入并检查其有效性,以此循环往复使之实现总进度计划目标。

9. 项目监理机构应检查月进度计划的完成情况,通过监理月报向建设单位报告当月工程进度情况,及项目监理机构进度控制工作,提出下月进度控制工作的重点及建议。

二、工程进度控制流程图

工程进度控制流程图如下所示。

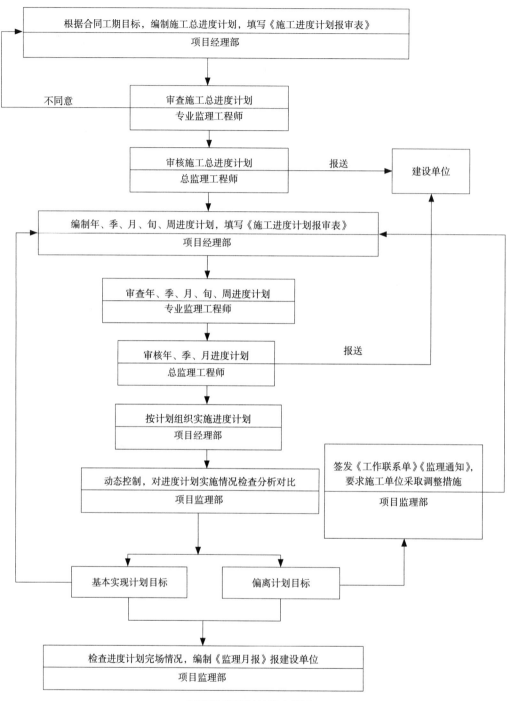

根据合同工期目标，编制施工总进度计划，填写《施工进度计划报审表》
项目经理部

不同意

审查施工总进度计划
专业监理工程师

审核施工总进度计划
总监理工程师

报送 → 建设单位

编制年、季、月、旬、周进度计划，填写《施工进度计划报审表》
项目经理部

审查年、季、月、旬、周进度计划
专业监理工程师

审核年、季、月进度计划
总监理工程师

报送

按计划组织实施进度计划
项目经理部

动态控制，对进度计划实施情况检查分析对比
项目监理部

签发《工作联系单》《监理通知》，
要求施工单位采取调整措施
项目监理部

基本实现计划目标

偏离计划目标

检查进度计划完场情况，编制《监理月报》报建设单位
项目监理部

工程进度控制的基本程序

| 第三节 工程进度控制的内容和方法 |

一、审核施工进度计划

1. 审查施工单位根据建设工程施工承包合同约定所编制的施工总进度计划，审查年度进度计划、季度进度计划、月（旬、周）等阶段性进度计划。总进度计划符合建设工程施工合同中约定的合同工期，主要工程项目无遗漏，符合分批投入试运行、分批动用的需要，阶段性施工进度计划符合施工总进度计划目标的要求。

2. 专业监理工程师要根据工程的条件（工程规模、质量标准、工艺复杂程度、施工现场条件）及施工人员和施工机械的配置、材料供应情况，全面分析施工单位编制的进度计划的合理性、可行性。

3. 专业监理工程师着重审查进度计划在施工顺序安排上是否符合逻辑，是否符合施工工艺等程序的要求，应对网络计划的关键线路进行审查、分析，并审查其他实施计划是否与施工总进度计划相协调。

4. 为保证年度、季度进度计划的实施，项目监理机构应要求施工单位应同时编制主要分包单位、工程材料、设备的采购计划，劳动力供应计划，大型施工机械进、出场安排等计划，施工单位各项计划应满足主要工程材料及设备供应均衡性的要求。

5. 项目监理机构应对进度目标进行风险分析，制定防范性对策，并将情况报告建设单位。

6. 施工进度计划经总监理工程师审核通过后由施工单位实施，并报送建设单位，在实施过程中若需要修改，应限时要求施工单位重新申报，项目监理机构专业监理工程师重新审查，总监理工程师重新审核。

二、监督施工进度计划的实施

由于工程进度计划在实施过程中受人员、材料、设备、机具、资金、环境等因素的影响，可能致使工程实际进度与进度计划不符。因此，对工程进度应进行动态主动控制。

1. 项目监理机构应依据批准后的施工进度计划，对施工单位的实际进度进行跟踪监督检查，并做好相应记录。

2. 按周检查实际进度，并与计划进度进行比较分析，发现实际进度偏离计划目标时，专业监理工程师可签发《工作联系单》提示施工单位合理安排施工工序，增加人、机、料的投入。当发现工程进度严重偏离计划时，总监理工程师应组织监理工程师进行原因分析，并召开各方协调会议，进一步分析原因，研究应采取的措施，以保证合同约定工期目标的实现。

3. 每月 25 日检查一次月实际进度，并与该月计划进度进行比较、分析，发生偏离应签发《工作联系单》或《监理通知》等监理指令，要求施工单位及时调整进度计划或采取赶工措施，以实现进度目标。

4. 总监理工程师应每月在监理月报中向建设单位报告工程实际进度情况及项目监理机构所采取的控制措施的执行情况，并提出预防由于建设单位原因导致工程延期及其相关费用索赔的建议。

5. 无论是哪种原因，当工程必须延长工期时，监理工程师应要求施工单位填报《工程延期申请表》报项目监理机构，总监理工程师应依据施工合同约定，在书面征得建设单位同意后签署《工程延期审批表》，并要求施工单位据此调整工程进度计划和其他相关计划。

工程延期管理应按本书中合同管理的有关规定执行。

三、检查进度和纠正进度偏差的方法

1. 通过各种渠道定期取得工程的实际进展情况，采集数据；

2. 对采集的数据分析处理；

3. 进行实际值与计划值的比较；

4. 确定工程进度是否产生偏差；

5. 产生偏差要分析原因及对后续施工活动的影响；

6. 发出相应的监理指令或召集有关各方研究应采取的措施；

7. 施工单位编制经调整后新的工程进度计划，并对相关计划作相应调整；

8. 检查对其他有关计划的调整，督促施工单位执行新的进度计划；

9. 监理月报中报告建设单位工程进度和所采取的纠正偏差措施的执行情况。

如此进行循环监督控制，直至工程结束，以保证合同约定的工期目标的实现。

四、督促加快工程进度可考虑采取的措施

1. 组织措施：增加劳动力，调入技术水平较高的操作工人，增加班次，开展劳动竞赛等；

2. 经济措施：提高劳动酬金，实行计件工资，提高奖金等；

3. 技术措施：改变工艺或操作流程，缩短操作间隙时间，实行交叉作业等；

4. 其他措施：改善外部配合条件，改善劳动条件，加强调度力度等。

第四章
工程造价控制

| 第一节　工程造价控制的依据与原则 |

一、工程造价控制的依据

1. 国家和本市有关工程造价的法律、法规和规范性文件；

2. 建筑工程工程量清单计价规范，北京市工程概（预）算定额，取费标准，工期定额等；

3. 建设工程施工合同文件；

4. 工程设计图纸、设计文件及工程变更；

5. 招标投标文件；

6. 市场价格信息；

7.《分项 / 分部工程施工报验表》及《检验批质量验收记录表》。

二、要求建设单位提供文件

项目监理机构要求建设单位提供与工程造价相关的文件和资料，包括下列内容：

1. 设计概算及其批准文件；

2. 招标文件、施工图纸、工程量清单、招标澄清等文件；

3. 最高投标限价或施工图预算文件；

4. 中标人的投标文件；

5. 评标报告、投标报价分析报告、投标澄清文件等；

6. 施工总承包合同、施工专业承包合同以及材料、设备采购合同等；

7. 其他有关资料。

三、工程造价控制的原则

1. 严格执行合同文件中所约定的合同价、单价、工程量计算规则和工程款支付方法；

2. 对报验资料不全、与合同文件的约定不符、未经监理工程师质量验收合格或违约的工程量，不予计量和审核；

3. 处理由于工程变更和违约索赔引起的费用增减应以施工合同文件为基础，坚持合理、公正原则；

4.对存有争议的工程量计量和工程款支付,应采取协商的方法确定,在协商无效时,由总监理工程师做出决定,并可执行合同争议调解的基本程序;

5.对工程量及工程款的审核应在建设工程施工合同文件所约定的时限内进行。

四、工程造价控制的方法

1.工程造价控制一般分为三个阶段,即施工准备阶段造价控制、施工阶段造价控制及竣工结算;

2.工程造价总体控制,要求施工单位依据建设工程施工合同将合同内价款按照施工阶段或年度施工节点分解,编制与进度计划相对应的工程项目各阶段以及各年、季、月度资金的使用计划,监理单位进行审核;

3.工程造价风险控制,依据施工合同、施工图纸对工程进行风险分析,找出工程造价最易突破的部分、最易发生费用索赔的因素及部位,并制定防范措施;

4.工程造价对比控制,经常检查工程计量和工程款支付的情况,对实际发生值与计划控制值进行分析、比较,提出造价控制的建议,并在监理月报中向建设单位报告;

5.造价人员可通过监理例会、专题会议、工作联系单或监理通知单等方式与建设单位、施工单位沟通信息,提出工程造价控制的建议。

| 第二节　施工准备阶段的造价控制 |

一、工程造价控制的准备工作

1.熟悉建设工程监理合同及建设工程施工合同(包括招标投标文件),掌握建设工程的监理范围、施工工期、施工承包内容、施工合同方式以及计量、计价方法与原则;

2.熟悉工程设计文件,掌握工程特点以及质量、技术等要求;

3.召开工程造价控制专题交底会。结合有关规范、规程、施工合同文件、建设单位的造价管理程序的要求向施工单位提出工程量计量、进度款支付、费用索赔、工程变更费用申报的程序、时限及填报表格的要求;

4.依据施工图纸、施工合同、已标价工程量清单建立工程造价控制台账;

5.在合同规定的额度与期限内,按合同专用条件中约定的时间、方式,做好工程预付款的审签工作。

二、造价人员的工作职责

1. 按照总监理工程师的要求参加监理规划的编写，所编写的造价控制及合同管理应具有针对性，并列出造价细则的编制计划；

2. 对于重点、难点项目，技术复杂、投资费用大、监理合同中造价工作有特殊要求的工程项目，应按照监理规划的要求编写造价实施细则；

3. 造价细则在签订监理合同及收到施工合同一个月后编制完成，由总监审批；

4. 定期向总监理工程师报告本专业造价工作实施情况；

5. 审核工程相关费用及工程计量工作；

6. 参与有关造价事项及工程变更的审查和处理，复核有关造价数据；

7. 编写监理日志，参与编写监理月报。

三、编制工程造价控制实施细则

工程造价控制实施细则应针对项目特点编写，包括以下主要内容：

1. 工程概况、项目特点、造价工作特点；

2. 工程合同组成；

3. 造价管理范围、内容及要求；

4. 工程造价控制的原则；

5. 工程造价控制基本程序工作流程，包括变更、洽商及索赔控制及工程竣工结算管理等；

6. 工程造价的控制方法及措施：包括形象进度计量、工程进度款支付、竣工结算、所建台账及表格等；

7. 在监理造价控制工作实施过程中，造价实施细则根据实际情况进行补充、修订，并应经总监理工程师批准后实施。

| 第三节　施工阶段的造价控制 |

一、工程量计量

项目监理机构根据工程施工合同中有关的工程计量周期、时间，以及合同价款支付时间等约定进行计量。

1. 施工单位应按照合同约定每月 25 日向项目监理机构报送当月已完成的工程量报告，并附具进度付款申请单、已完成工程量报表和有关资料。

2. 项目监理机构在收到施工单位提交的工程量报告后 7 天内完成工程量报表的审核并报送建设单位。

3. 对一些不可预见的工程量，如地基基础处理、地下不明障碍物处理等，项目监理机构应会同建设单位、施工单位等相关单位按实际工程量进行计量，并留存影像资料。

二、工程款支付

（一）预付款支付

1. 预付款的支付按照专用合同条款约定执行。

2. 预付款按照合同约定在进度付款中同比例扣回。

3. 工程预付款支付审核程序：施工单位填写《工程款支付报审表》（C1-11），报项目监理机构。专业监理工程师提出审查意见，总监理工程师审核是否符合建设工程施工合同的约定，并签署《工程款支付证书》（B-12）。

（二）工程进度付款申请

1. 施工单位应按照合同约定按月向项目监理机构提交工程进度付款申请单，并附上已完成工程量报表和有关资料。

工程进度付款申请单按照《工程款支付报审表》的要求填写。

2. 单价合同中的总价项目按月进行支付分解，并汇总列入当期进度付款申请单。

3. 总价合同按合同约定的支付分解表支付或者按照专用合同条款中约定的进度付款申请单的编制和提交程序。

（三）工程进度款支付

1. 项目监理机构在收到施工单位进度付款申请单以及相关资料后 7 天内完成审查，签署《工程款支付证书》并报送建设单位。

2. 项目监理机构进行月完成工程量统计，对实际完成量与计划完成量进行比较，发现偏差应分析原因，提出相应处理意见，并应在监理月报中向建设单位报告。

3. 项目监理机构应建立工程进度款支付台账，编制签约合同价与费用支付情况表，合同价款支付台账应按施工合同分类建立，其内容应包括已完合同价款金额、已支付合同价款金额、预付款金额、未支付合同价款金额等。

（四）工程进度款支付审核程序

施工单位填写《工程款支付报审表》，报项目监理机构。专业监理工程师应依据工程量清单对施工单位申报的工程量和支付金额进行复核，确定实际完成的工程量及应支付的金额。总监理工程师对专业监理工程师的审查意见进行审核，签认《工程款支付证书》（B-12）。

工程款支付审批流程

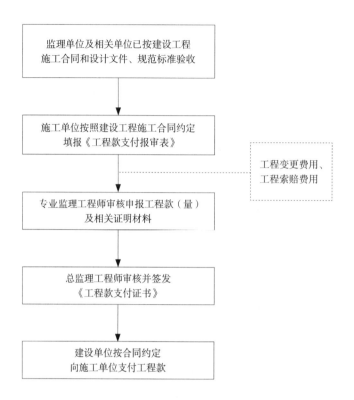

| 第四节 工程变更估价、价格调整与索赔费用审核 |

一、工程变更估价

1. 工程变更估价原则

变更估价按照合同约定处理，在工程变更前与建设单位、施工单位协商确定工程变更的价款并按以下原则处理：

（1）已标价工程量清单或预算书有相同项目的，按照相同项目单价认定；

（2）已标价工程量清单或预算书中无相同项目，但有类似项目的，参照类似项目的单价认定；

（3）变更导致实际完成的变更工程量与已标价工程量清单或预算书中列明的该项目工程量的变化幅度超过一定幅度的，或已标价工程量清单或预算书中无相同项目及类似项目单价的，按照合理的成本与利润构成的原则，由合同当事人按照商定或确定变更工作的单价。

2. 工程变更估价程序

施工单位应在收到变更指示后 14 天内，向监理单位提交变更估价申请。

监理单位应在收到施工单位提交的变更估价申请后 7 天内审查完毕并报送建设单位，项目监理机构对变更估价申请有异议，通知施工单位修改后重新提交。

因变更引起的价格调整应计入最近一期的进度款中支付。

3. 工程变更价款的支付申请

根据《建设工程施工合同（示范文本）》GF-2017—0201，进度付款申请单应包括变更应增加和扣减的变更金额，除合同另有约定，工程变更价款的支付申请与审核应与工程进度款同时进行。

4. 工程变更款支付审核：施工单位按合同约定填报《工程变更费用报审表》（C1-12），报项目监理机构，项目监理机构应依据建设工程施工合同约定对施工单位申报的工程变更的工程量、变更费用进行复核，总监理工程师签署审核意见，签认后报建设单位审批。

二、价格调整

1. 市场价格波动引起的调整

市场价格波动超过合同约定的范围时，合同价格调整按照专用合同条款中约定的三种方式之一对合同价格进行调整。

第一种方式：采用价格指数进行价格调整。

第二种方式：采用造价信息进行价格调整。

第三种方式：专用合同条款约定的其他方式。

2. 法律变化引起的调整

基准日期后，法律变化导致承包人在合同履行过程中所需要的费用发生约定以外的增加时，由建设单位承担由此增加的费用；减少时，应从合同价格中予以扣减。

因法律变化引起的合同价格调整，合同当事人无法达成一致的，按照合同约定的争议解决程序处理。

因承包人原因造成工期延误，在工期延误期间出现法律变化的，由此增加的费用和（或）延误的工期由承包人承担。

三、工程索赔费用审核

（一）项目监理机构对工程索赔费用的审核应包括下列内容：

1. 索赔事项的时效性、程序的有效性和相关手续的完整性；

2. 索赔理由的真实性和正当性；

3. 索赔资料的全面性和完整性；

4. 索赔依据的关联性；

5. 索赔工期和索赔费用计算的准确性。

6. 项目监理机构审核工程索赔费用后，应在《费用索赔报审表》（C1-10）上签署意见，并出具审核报告，审核报告应包括下列内容：

（1）索赔事项和要求；

（2）审核范围和依据；

（3）审核引证的相关合同条款；

（4）索赔费用审核计算方法；

（5）索赔费用审核计算细目。

（二）施工费用索赔管理流程

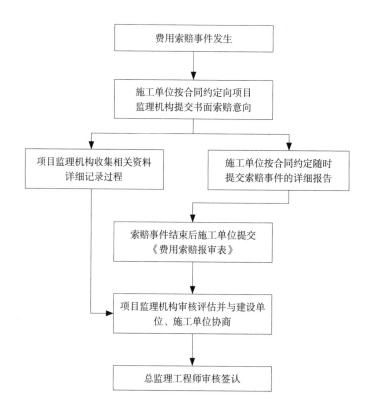

四、造价控制的其他工作

1. 项目监理机构可接受建设单位的委托，承担人工、主要材料、设备、机械台班及专业工程等市场价格的查询工作，并应出具相应的价格审核意见。

2. 项目监理机构应从造价、项目的功能要求、质量和工期等方面审查工程变更，除非建设工程施工合同另有约定，宜在工程变更前与建设单位、施工单位协商确定工程变更的价款或计算价款的原则、方法。

3. 项目监理机构应与项目各参与方进行联系与沟通，并应动态掌握影响项目工程造价变化的信息情况。对于可能发生的重大工程变更应及时做出对工程造价影响的预测，并应将可能导致工程造价发生重大变化的情况及时告知委托人。

4. 项目监理机构可接受建设单位的委托，进行项目施工阶段的工程造价动态管理，并应提交动态管理报告。

| 第五节　竣工结算 |

一、竣工结算审核

1. 审核竣工结算时，应按施工合同约定的工程价款的确定方式、方法、调整等内容，当合同中没有约定或约定不明确的，应按合同约定的计价原则以及相应工程造价管理机构发布的工程计价依据、相关规定等进行竣工结算。

2. 竣工结算审核工作应包括下列三个阶段：

（1）准备阶段应包括收集、整理竣工结算审核项目的审核依据资料，初步审核施工单位上报的结算资料完整性，对资料缺陷向承包方提出书面意见及要求。

（2）审核阶段应包括现场踏勘核实，召开审核会议，澄清问题，提出补充依据性资料和必要的弥补性措施，形成会议纪要，进行计量、计价审核与确定工作、完成初步审核报告等。

（3）审核收尾阶段应包括就竣工结算审核意见与承包人及发包人进行沟通，召开协调会议，处理分歧事项，形成竣工结算审核成果文件，签认竣工结算审核签署表，提交竣工结算审核报告等工作。

3. 竣工结算审核应采用全面审核法。除委托合同另有约定外，不得采用重点审核法、抽样审核法或类比审核法等其他方法。

4. 项目监理机构在竣工结算审核过程中，发现工程图纸、工程签证等与事实不符时，应由发承包双方书面澄清事实，并应据实进行调整，如未能取得书面澄清，项目监理机构应进行判断，并就相关问题写入竣工结算审核报告。

5. 在竣工结算审核过程中，项目监理机构、发承包双方以及相关各方，可通过专题协商会议，以会议纪要的形式协商解决下列问题：

（1）施工合同中约定不明的事宜、缺陷的弥补、需澄清的问题；

（2）需进一步约定的事项以及审核过程中确认、明确的事宜；

（3）发包人或承包人对竣工结算审核意见有异议的事项；

（4）其他需通过专业会商会议解决的事项。

6.项目监理机构完成竣工结算的审核后，其结论应由监理单位及承包单位共同签字认可。

二、竣工结算报告

1.竣工结算审核报告应包括工程概况、审核范围、审核原则、审核方法、审核依据、审核要求、审核程序、主要问题及处理情况、审核结果及有关建议等。

2.竣工结算审核编制依据应包括下列内容：

（1）影响合同价款的法律、法规和规范性文件；

（2）竣工结算审核委托监理合同；

（3）施工合同、专业分包合同及补充合同，有关材料、设备采购合同；

（4）相关工程造价管理机构发布的计价依据；

（5）投标文件；

（6）工程施工图、经批准的施工组织设计、设计变更、工程索赔与工程签证等资料；

（7）工程材料及设备认价单；

（8）发承包双方确认追加或核减的合同价款；

（9）经批准的开工、竣工报告或停工、复工报告；

（10）竣工结算审核的其他相关资料。

三、竣工结算款支付

专业监理工程师应对施工单位提交的竣工结算资料进行审查，提出审查意见，总监理工程师对专业监理工程师的审查意见进行审核，根据各方协商一致的结论，签发竣工结算《工程款支付证书》（B-12）。

| 第六节　保修阶段 |

项目监理机构对非施工单位原因造成的工程质量缺陷，应核实施工单位申报的修复工程费用，并签认《工程款支付证书》，同时应报建设单位。

第五章

安全生产管理的监理工作

工程监理单位应根据相关法律法规、工程建设强制性标准，履行建设工程安全生产管理的监理职责，坚持"安全第一、预防为主、综合治理"，从源头上防范化解重大安全风险，严格安全监理，实现建设工程监理合同约定的安全生产管理的监理工作目标。

| 第一节 安全监理工作的原则 |

项目监理机构安全生产的监理工作原则包括"该建的建、该审的审、该查的查、该报的报"。

一、建立项目监理机构安全监理体系

要做好施工安全监理工作，首先要做到"该建的建"，即建立项目监理部的安全管理体系。

二、安全生产的监理工作预控

安全生产的监理工作预控必须做到"该审的审"。安全生产的监理审查工作包括：

1. 审查施工单位现场安全生产管理体系的建立情况；

2. 审查施工组织设计中的安全技术措施；

3. 审核施工单位报审的危险性较大的分部分项工程清单；

4. 审查安全施工专项方案。

三、施工阶段安全生产的监理检查工作

施工阶段安全生产的监理检查工作必须做到"该查的查"。安全生产的监理检查工作包括：

1. 检查施工单位现场安全生产管理体系的运行情况；

2. 做好安全监理工作的日常巡视检查和危险性较大工程专项巡视检查；

3. 定期组织联合安全检查；

4. 按照规定需要验收的危险性较大工程，监理单位组织相关人员进行验收；

5. 在实施监理过程中，项目监理机构发现存在不安全因素或安全事故隐患时，应当以口头或以监理通知单要求施工单位整改。

四、安全生产的监理报告

在实施监理过程中，发现存在安全事故隐患，施工单位拒不整改或不停止施工的，项目监理机构"该报的报"。

项目监理机构发现存在安全事故隐患的，应当以口头或以监理通知单要求施工单位整改；情况严重的，应当签发工程暂停令要求施工单位暂停施工，并及时报告建设单位。施工单位拒不整改或不停止施工的，监理应及时向建设单位和有关主管部门报告。

| 第二节　建立项目监理机构的安全管理体系 |

工程监理单位应建立安全生产管理的监理管理体系，工程监理单位的相关负责人应对本单位所承接监理项目安全生产管理的监理工作负责，总监理工程师应对所监理项目的安全生产管理的监理工作负责。

一、项目监理机构的安全监理人员

项目监理机构应依据相关规定和建设工程监理合同的约定，安排专职或兼职监理人员负责安全生产管理的监理工作；负责安全生产管理的监理人员应经过专业培训。

总监理工程师、专业监理工程师和负责安全生产管理的监理人员依据《建设工程安全生产管理条例》承担相应的监理责任。

二、项目监理机构安全生产管理的监理职责

（一）总监理工程师安全生产管理的监理职责

1. 对所监理工程项目的安全生产管理的监理工作全面负责。

2. 确定项目监理机构的安全生产管理的监理人员，明确其工作职责。

3. 主持编写监理规划中的安全生产管理的监理工作部分，审批安全生产管理的监理实施细则。

4. 审核并签发有关安全生产管理的监理通知单。

5. 审批施工组织设计和专项施工方案，组织审查和批准施工单位提出的安全技术措施及工程项目生产安全事故应急预案。

6. 审批《施工现场起重机械拆装报审表》和《施工现场起重机械验收核查表》。

7. 签署安全防护、文明施工措施费用支付证书。

8. 签发涉及安全生产管理的监理工作的《工程暂停令》和《监理报告》。

9. 检查安全生产管理的监理工作落实情况。

（二）总监理工程师不得将下列工作委托总监代表：

1. 对所监理工程项目的安全监理工作全面负责。

2. 主持编写监理规划中的安全生产管理的监理工作部分，审批监理实施细则。

3. 签署《安全防护、文明施工措施费用支付证书》。

4. 签发《工程暂停令》和《监理报告》。

（三）专职或兼职负责安全生产管理的监理人员应履行下列岗位职责：

1. 编写监理规划中的安全生产管理的监理工作内容及监理实施细则。

2. 审查施工单位报送的营业执照、企业资质和安全生产许可证。

3. 审查施工单位安全生产管理的组织机构，查验安全生产管理人员的安全生产考核合格证书和特种作业人员岗位资格证书。

4. 审查施工组织设计中的安全技术措施和专项施工方案。

5. 检查施工单位安全培训教育记录和安全技术措施的交底情况。

6. 检查施工单位制定的安全生产责任制度、安全检查制度和事故报告制度的执行情况。

7. 审查施工起重机械拆卸、安装和验收手续，签署相应表格，检查定期检测情况。

8. 对施工现场进行安全巡视检查，填写监理日志；发现问题及时向专业监理工程师通报，并向总监理工程师报告。

9. 主持召开安全生产管理专题监理会议。

10. 起草并经总监理工程师授权签发有关安全生产管理的《监理通知单》。

11. 编写监理月报中的安全生产管理的监理工作内容。

（四）专业监理工程师应履行下列安全生产管理的监理工作职责：

1. 参与编写安全生产管理的监理实施细则。

2. 审查施工组织设计或施工方案中本专业的安全技术措施。

3. 审查本专业的危险性较大的分部分项工程的专项施工方案。

4. 检查本专业施工安全状况，发现问题向负责安全生产管理的监理人员通报或向总监理工程师报告。

5. 参加本专业安全防护设施检查、验收并在相应表格上签署意见。

三、项目监理机构安全生产管理的监理制度

（一）项目监理机构的内部安全培训及交底制度

项目监理机构组建后，公司将对项目监理机构全体人员进行安全培训和工作交底；后续调整进入的监理人员，由总监理工程师负责安全培训和交底。

（二）编制监理规划和监理实施细则的制度

1.总监理工程师组织编制监理规划，规划中关于安全生产管理的监理工作内容由项目专职或兼职安全监理人员负责编制；

2.项目监理机构专职或兼职安全人员结合危险性较大工程专项施工方案编制监理实施细则，并经总监批准后实施。

（三）监理月报制度

项目监理机构于每月25日开始编制项目的监理月报，监理月报的内容要符合工程的实际情况，要符合公司关于监理月报的内容要求。

监理月报由总监组织人员编写，编写完成后总监审批签字，于次月5日前交送建设单位。

（四）监理例会制度

监理例会由总监理工程师或总监代表主持。

例会的主要内容包括：上次监理例会决议事项的落实情况，如未落实，必要时可写在本次例会的决议事项中。例会上除了工程进度、质量、造价、材料设备、协调管理等情况交换意见，还要对工程中存在的安全防护、安全隐患等问题进行重点分析，提出改进的措施等。

本次会议已取得共识的重要决议事项，应明确执行单位和执行人及时限要求。

会议结束由项目监理机构编写会议纪要。

会议纪要初稿编写后，请各方参加主要人员审阅征求意见，无意见后，经总监理工程师审核签字后发送各有关单位。

（五）专题工地会议制度

安全专题的工地会议由总监理工程师或专职或兼职的安全监理人员主持。参建单位相关各方与会议专题有关的负责人及专业人员应参加会议。

项目监理机构做好会议纪录，整理会议纪要，经与会各方代表会签后，发送至参会有关各方。

（六）项目监理部内部会议制度

项目监理机构定期召开内部会议，会议内容包括业务学习、讨论工程上有关安全生产管理的监理等问题（可与其他内部会议合并召开）。同时总监传达公司召开的总监会的主要精神。会议由总监理工程师或总监代表主持。

会后形成会议纪要，注明会议时间、参加人员等。

（七）监理人员巡视、检查、验收制度

项目监理机构按照监理实施细则对施工过程进行安全巡视检查，监理工程师原则上每天上午、下午分别不少于一次的巡视现场，每天的巡视情况记录在监理人员的日志中。

项目监理机构应定期（或每周）组织专项安全检查。

按照规定组织危险性较大工程验收，验收合格并经相关人员签字确认后，方可进入下一道工序。

（八）监理报告制度

项目监理机构在施工安全生产管理的监理工作中，发现存在安全事故隐患的，应要求施工单位整改；情况严重的，应要求施工单位暂停施工，并及时报告建设单位；施工单位拒不整改或者不停止施工的，项目监理机构应及时向主管部门提交《监理报告》。

在危险性较大工程巡视检查过程中，项目监理机构发现施工单位未按照专项施工方案施工的，应当要求其进行整改；情节严重的，应当要求其暂停施工，并及时报告建设单位；施工单位拒不整改或者不停止施工的，项目监理机构应当及时报告建设单位和工程所在地区住房和城乡建设主管部门。

（九）监理人员的日志填写制度

监理人员每天要记录当日的主要活动情况，例如巡视、旁站或参加会议，对每次活动的情况都要做简要的记录，巡视过程中发现的安全问题或隐患，现场指令或汇报给领导处理等。危险性较大工程施工实施专项巡视检查，并单独形成日志。

总监每月或定期对监理工程师的日记本进行查阅、签字。

（十）监理资料管理制度

编制监理资料管理细则，对建设单位提供的文件资料、施工单位报审报验的施工资料和项目监理机构形成的监理文件资料进行管理。对规范、规程以外的文件，业主明确要求保留的，应专门收集、建立台账。

（十一）公司对项目监理机构的考核制度

公司每季度对项目监理机构的监理工作进行考核。考核的内容按公司的安全质量管理手册、程序文件以及公司对项目监理机构的考核所规定的内容。

项目竣工验收合格后，项目监理机构应由总监理工程师写出工作总结，对项目监理机构的整体工作进行总的评估。

（十二）其他应建立的管理制度

四、监理自身安全的管理

1. 项目监理机构成立后，总监理工程师应对项目监理人员进行安全培训和安全交底；

2. 在进行检验、巡视、见证取样、检查验收等工作时，监理人员应佩戴个人防护用品，并遵守安全操作规程；

3. 发现施工现场安全防护措施不到位，可能危及监理人员自身安全时，要求施工单位整改后方可开展工作；

4. 现场监理办公室、值班室等场所，执行消防和临时用电等相关规定。

| 第三节　施工准备阶段安全监理工作 |

一、核查施工现场安全生产保证体系

（一）安全生产保证体系

1. 安全生产管理机构的设置应符合相关规定，安全管理目标应符合建设工程施工合同的约定。

2. 应建立健全施工安全生产责任制度、安全检查制度、应急响应制度和事故报告制度等。

3. 施工单位项目负责人的执业资格证书和安全生产考核合格证书应齐全有效。

4. 专职安全生产管理人员的配备数量应符合相关规定，其安全生产考核合格证书应有效。

5. 特种作业人员岗位资格证书应有效。

（二）核查总承包单位与分包单位安全生产管理协议书的签订情况

在分包单位进场时，总承包单位应与分包单位签订安全生产管理协议书，明确各自的安全责任。

二、审查施工组织设计中的安全技术措施

1. 施工组织设计的编制、审查、批准签署齐全有效，施工组织设计应由施工单位技术负责人审核签字并加盖施工单位公章；

2. 安全技术措施和安全防护的措施的内容是否符合工程建设强制性标准；

3. 施工现场临时用电方案的安全技术措施和电气防火措施是否符合工程建设强制性标准的有关规定；

4. 正确识别并列明危险性较大的分部分项工程，并制定专项施工方案编制计划；

5. 安全生产应急救援预案的编制情况（包括领导小组、器材设备等），针对重点部位和重点环节制定的工程项目危险源监控措施和应急方案；

6. 冬期、雨季等季节性安全施工内容的制定是否符合规范要求；

7. 施工总平面布置是否符合有关安全、消防的要求；

8. 总监理工程师针对本工程的特点认为应审查的其他内容。

三、施工安全风险分级管控和隐患排查治理

1. 施工安全风险应分级、分类、分层、分专业进行管控，明确风险的严重程度、管控对象、管控责任、管控主体。

2. 项目监理机构建立施工安全风险管控和隐患排查治理各项监理工作制度，将施工安全风险管控和隐患排查治理监督工作列入监理规划，制定相应的监理实施细则。

项目监理机构根据施工单位编制的《项目部施工安全风险源识别清单》和《施工安全风险分级管控工作方案》，建立《施工安全风险源台账》和《施工安全风险管理监理工作方案》。

3. 项目监理机构应审查施工单位项目部施工安全风险分级管控相关资料，采取现场巡查、旁站监督、审核查验等方式，检查风险识别、管控措施落实情况；定期检查施工单位项目部事故隐患自查自改情况，参加建设单位组织的隐患排查治理联合检查，对发现的事故隐患整改情况进行复查。

4. 项目监理机构发现施工单位风险识别、分析、评价不合理，管控措施不当或措施落实不到位的，应当责令施工单位限期整改。发现重大事故隐患的或因风险管控不到位造成工程安全潜在风险增大的，应责令暂停施工并报告建设单位，拒不停工整改可能造成工程质量安全严重后果的，应立即向工程所在区住房和城乡建设委报告。

5. 对于排查出的一般事故隐患，应当责令施工单位限期消除，对事故隐患整改情况进行复查。

6. 对于排查出的重大事故隐患，总监理工程师应当责令施工单位限期消除并及时报告建设单位。重大事故隐患消除前或者消除过程中无法保证安全的，应当暂停局部或者全部施工作业或者停止使用相关设施设备。

四、审查危险性较大的分部分项工程的专项施工方案

（一）危险性较大工程专项施工方案应当包括的主要内容

1. 工程概况：危险性较大工程概况和特点、施工平面布置、施工要求和技术保证条件；

2. 编制依据：相关法律、法规、规范性文件、标准、规范及施工图设计文件、施工组织设计等；

3. 施工计划：包括施工进度计划、材料与设备计划；

4. 施工工艺技术：技术参数、工艺流程、施工方法、操作要求、检查要求等；

5. 施工安全保证措施：组织措施、技术措施、监测监控措施等；

6. 施工管理及作业人员配备和分工：施工管理人员、专职安全生产管理人员、特种作业人员、其他作业人员等；

7. 验收要求：验收标准、验收内容、验收人员、验收程序等；

8. 应急处置措施；

9. 计算书及相关施工图纸。

（二）危险性较大工程专项施工方案审查程序

1. 专项施工方案应当由施工单位技术负责人审核签字、加盖单位公章，并由总监理工程师审查签字、加盖执业印章后方可实施。

2. 危险性较大工程实行分包并由分包单位编制专项施工方案的，专项施工方案应当由总承包单位技术负责人及分包单位技术负责人共同审核签字并加盖单位公章。

3. 对于超过一定规模的危险性较大工程，施工单位应当组织召开专家论证会对专项施工方案进行论证。实行施工总承包的，由施工总承包单位组织召开专家论证会。专家论证前专项施工方案应当通过施工单位审核和总监理工程师审查。

4. 专家论证会后，应当形成论证报告，对专项施工方案提出通过、修改后通过或者不通过的一致意见。专家对论证报告负责并签字确认。

5. 专项施工方案经论证需修改后通过的，施工单位应当根据论证报告修改完善后，将专项施工方案再报施工单位技术负责人审核签字、加盖单位公章，并由总监理工程师审查签字、加盖执业印章后方可实施，并将修改情况及时告知专家。

6. 专项施工方案经论证不通过的，施工单位修改后应当按照《危险性较大的分部分项工程安全管理规定》（住房和城乡建设部 [2018]37 号令）的要求重新组织专家论证。

7. 专项施工方案的内容应符合工程建设强制性标准的规定。

（三）危险性较大工程专项施工方案的审查内容

1. 专项施工方案的编制、审查、批准符合相关规定；

2. 专项施工方案的完整性符合相关规定；

3. 专项施工方案的内容应符合工程建设强制性标准；

4. 对超过一定规模危险性较大分部分项工程专项施工方案是否经过专家论证，论证报告是否符合相关规定；

5. 专项施工方案应根据专家论证报告进行完善。

五、安全文明施工管理

（一）检查安全文明施工管理体系

1. 检查安全生产责任制的制定和落实，安全管理目标和考核管理。安全管理目标应符合合同约定的安全生产标准化管理目标的等级要求。

2. 检查安全管理机构设置及人员配备。

3. 检查安全生产管理制度的建立和执行。

4. 施工单位项目技术负责人或编制人员向管理人员进行书面方案交底，管理人员向作业人员进行书面安全技术交底，并且交底人和被交底人共同签字确认。

5. 要求总承包单位与分包单位要签订安全生产管理协议书，并且签字、盖章齐全。

6. 检查安全教育制度、培训计划和实施情况、考核试卷等。

7. 查验特种作业人员持证上岗。

8. 地上地下管线及建（构）筑物资料移交手续，防护措施及验收情况。

9. 检查安全防护用品的管理和使用情况，是否建立台账。

10. 检查施工现场公示牌、布置图、安全标志、标识、区域划分等的建立和使用情况。

11. 检查应急预案的制定、预演、救援物资和设备的准备、人员的组织情况。

12. 检查安全生产资金的计划。

（1）核查施工单位编制的资金使用计划，并审查费用使用计划是否符合施工合同的约定和满足施工现场的需要。

（2）根据施工合同的约定，核准预付安全防护、文明施工措施项目费用。

（3）核查总承包单位与分包单位在分包合同中按有关规定明确的安全防护、文明施工措施费用的管理、支付及使用要求等事项。

注：安全文明施工管理相关文件：《大型工程技术风险控制要点》、《北京市建设工程安全文明施工费管理办法（试行）京建法（2019）9号》和《北京市建设工程施工现场安全生产标准化管理图集》。

（二）检查施工单位现场人员安全教育培训记录

1. 加强安全教育，定期或不定期进行安全教育培训，总结经验教训，落实下一步计划；

2. 对所有进场的作业人员进行上岗前安全教育，考核合格后方能上岗；

3. 调换工种和岗位或使用新工艺、新设备的人员都要进行上岗前岗位安全教育和安全操作的培训。

（三）施工现场临时用房管理

1. 施工现场的办公、生活临时用房应符合安全、消防、卫生防疫、环保、防汛等要求，建筑层数不应超过3层，每层建筑面积不应大于300m²。

2. 每间宿舍居住人数不得超过6人，人均使用面积不得小于2.5m²，室内高度不得低于2.5m。

3. 建筑构件的燃烧性能等级应为A级。当采用金属夹芯板材时，其芯材的燃烧性能等级应为A级。

4. 临时用房的用电应符合相关规范的要求。

注：施工现场临时用房管理引用的文件：《北京市建设工程施工现场安全生产标准化管理图集》（生活区设置和管理分册），2020年10月。

六、审查地上地下管线及建（构）筑物专项保护措施

1. 总监理工程师和安全监理人员参加建设单位向施工单位提供施工现场及毗邻区域内地上、地下管线资料和相邻建筑物、构筑物、地下工程的有关资料的移交。

移交表格采用《建筑工程施工现场安全资料管理规程》DB 11/383—2017 的《地上、地下管线及建（构）筑物资料移交单》（AQ-A-2），该表由建设单位填写，建设单位移交人、施工单位接受人、总监理工程师分别签字，并加盖各单位印章。

2. 要求施工单位在工程开工前向项目监理什么是报送地上、地下管线及建（构）筑物专项保护措施，并填写《工程技术文件报审表》；总监理工程师组织审查并核准，需要施工单位修改时，应退回施工单位进行修改，并限定修改后再报的时间，重新进行审核。

3. 专项保护措施实施后，应要求施工单位的项目技术负责人组织相关人员验收，并填写验收记录表，项目监理部核查后签署意见。

| 第四节　施工阶段安全监理工作 |

一、检查施工单位现场安全生产保证体系的运行

1. 检查施工单位专职安全生产管理人员到岗情况。
2. 核查特种作业人员及其他作业人员的上岗资格。
3. 施工单位应对电工、电焊(割)工、架子工、起重机械作业(包括司机、信号指挥等)、场内机动车驾驶等特种作业人员进行专门培训，取得特种作业操作证后方可上岗作业，上岗前施工单位应审查其上岗证并核对原件，将情况汇总填写登记表。项目监理部应进行复核，合格后方可批准上岗。
4. 检查施工现场安全生产责任制、安全检查制度和事故报告制度的执行情况。
5. 随时检查施工单位新进场或转场作业人员的安全教育培训记录。
6. 抽查工程技术人员在施工前对作业人员进行的安全技术交底记录。
7. 检查施工单位对进入危险性较大工程施工的作业人员登记管理情况。

二、审查安全文明施工措施费用支付申请及使用情况

项目监理部应当对施工单位落实安全防护、文明施工措施情况进行检查，对施工单位已经落实的安全防护、文明施工措施，总监理工程师或者计量监理工程师及时审

查施工单位填报的《安全防护、文明施工措施费用支付申请表》并签发《安全防护、文明施工措施费用支付证书》。

当发现施工单位未落实施工组织设计及专项施工方案中安全防护和文明施工措施的，要求其立即整改；对施工单位拒不整改或未按期限要求完成的，应当及时向建设单位和建设行政主管部门报告，必要时责令其暂停施工。

根据《北京市建设工程安全文明施工费管理办法（试行）京建法（2019）9号》第八条之要求，发包、承包双方应在合同中明确安全文明施工费的签约合同价总额，并按下列原则单独约定费用的预付方式：

1. 在合同约定的开工日期前7天内，发包人应按合同载明的安全文明施工费签约合同价总额的50%预付；

2. 施工过程中，±0.00以下主体结构施工完成或签约合同价中分部分项工程项目的完成价款比例达到30%（两者中以条件先满足的为准）后的7天内，发包人应按合同载明的安全文明施工费签约合同价总额预付至70%；

3. 经安全生产标准化考评、评定达到（含整改后达到）或超过合同约定安全生产标准化管理目标之日起的7天内，发包人应按合同载明的安全文明施工费签约合同价总额预付至90%；

4. 工程竣工后，经安全生产标准化考评、认定达到或超过合同约定安全生产标准化管理目标并颁发考评证书之日起的7天内，发包人应按合同载明的安全文明施工费签约合同价总额预付至100%。

三、安全文明施工现场应执行标准及相关要求

根据《施工企业安全生产评价标准》JGJ/T 77、《北京市建筑施工安全生产标准化考评管理办法（试行）》（京建法 [2015]15号）、《建设工程施工现场生活区设置和管理导则》（2020）和《北京市建设工程安全生产标准化管理图集》（生活区设置和管理分册）（2019）。

（一）生活设施管理

1. 工地围墙（挡）、大门及标志牌

（1）施工现场围挡（墙）应封闭、完整、牢固、美观，上口要平，外立面要直，高度不得低于2.5m（市区主要道路），围墙材质应采用专用金属定型材料或砌块砌筑。

（2）围挡每隔6m设置型钢固定点，围挡钢板厚度不小于0.6mm。

（3）除施工现场主要出入口外，围挡必须沿工地四周连续设置；使用砌块砌筑的围挡应按设计要求设置加强垛，并确保围挡无破损；使用金属定型材料的围挡应确保支撑牢固，挡板保持不变型、无破损、无锈蚀。施工现场围挡不得用于挡土、承重，不得倚靠围挡堆物、堆料，不得利用围挡做墙面设置临时工棚、食堂和厕所等。

（4）施工总承包单位统一负责施工现场围挡的设置和管理。

（5）施工现场主要出入口大门和门柱应牢固美观，大门上应标有企业标识。施工单位应在出入口明显处设置公示牌，公示牌为白底黑字，写明工程名称，建设单位，设计单位，施工单位，监理单位，项目经理及联系电话，开工和竣工日期。建筑垃圾应有消纳许可证并张贴公示。

（6）施工现场大门内应有施工现场总平面布置图，安全生产、消防保卫、环境保护、文明施工制度板；施工区域、办公区域和生活区域应有明确划分，设标志牌，明确负责人。

2. 临时生活设施管理

宿舍所用建筑材料必须符合环保、消防要求，具备防火、隔热、保温功能，建筑构件燃烧性能等级必须达到 A 级；加强生活办公区的临时用电管理，特别是工人生活宿舍区内的布线、低电压、插座、空调、取暖等电器使用情况。

（二）卫生与防疫管理

1. 卫生与防疫管理制度

施工总承包单位应严格按照卫生防疫管理相关规定，编制生活区卫生管理制度、疫情防控管理制度。

2. 组织机构与职责

各级单位应成立疫情防控应急领导小组，设置防控领导小组办公室，负责各单位预案的执行与日常管理工作，并以文件形式发布。

3. 设立健康管理室

施工单位应设置卫生健康管理室，应储备智能测温计、防护服、消毒用品等物资及必备急救药品。

4. 生活区应保持清洁卫生,建立"周扫除"制度,按防疫要求安排专人对宿舍、食堂、淋浴间、卫生间等重点场所开展通风和环境消毒作业，每天不少于 2 次、每次不少于30 分钟，并填写通风和消毒记录。

5. 设立爱国卫生组织机构

项目部成立爱国卫生管理领导小组及体系，建立爱国卫生管理制度及人员分工，并落实责任人。

6. 生活区出入管理

重大突发公共卫生事件应急响应期间，应对进出生活区人员进行测温及个人健康信息登记，充分利用大数据科技验证手段，严格执行施工人员佩戴口罩制度，人员密集场所应张贴防疫安全距离提示标识。

7. 应急预案

各层级应编写疫情预防及应急预案，应急预案审批通过后．对全体管理人员及分包单位现场负责人进行安全交底。应急预案应包含以下内容:编制依据、工程概况（或单位概况）、事件分析及事件分级、应急救援机构及职责、预防与预警、应急响应、后期处置、应急保障等。

（三）保卫和消防管理

1. 施工现场出入口应设置大门，实施封闭式管理，出入大门口设置门卫值班室，设专职门卫。

出入门口安装人员实名制识别系统，可采用刷卡、人脸、指纹等识别系统。

2. 施工现场要有明显的防火宣传标志。现场必须设置临时消防车道。其净宽度和净高度不应小于4.0m，并保证临时消防车道的畅通，禁止在临时消防车道上堆物、堆料或挤占临时消防车道。

3. 施工现场必须配备消防器材，做到布局合理。要害部位应配备不少于4具的灭火器，要有明显的防火标志，并经常检查、维护、保养，保证灭火器材灵敏有效。施工现场消火栓应布局合理。消防干管直径不小于100mm。消火栓处昼夜要设有明显标志，配备足够的水龙带，周围3米内不准存放物品。地下消火栓必须符合防火规范。高度超过24m的建筑工程，应安装临时消防竖管。管径不得小于75mm，每层设消火栓口，配备足够的水龙带。消防供水要保证足够的水源和水压，严禁消防竖管作为施工用水管线。

4. 电焊工、气焊工作业要有操作证和用火证。用火前，要对易燃、可燃物清除，采取隔离等措施，配备看火人员和灭火器具，作业后必须确认无火源隐患后方可离去。用火证当日有效。用火地点变换，要重新办理用火证手续。

5. 氧气瓶、乙炔瓶工作间距不小于5m，两瓶与明火作业距离不小于10m。建筑工程内禁止氧气瓶、乙炔瓶存放，禁止使用液化石油气"钢瓶"。

6. 施工现场使用的电气设备必须符合防火要求。临时用电必须安装过载保护装置，电闸箱内不准使用易燃、可燃材料。严禁超负荷使用电气设备。施工现场存放易燃、可燃材料的库房、木工加工场所、油漆配料房及防水作业场所不得使用明露高热强光源灯具。

7. 易燃易爆物品，必须有严格的防火措施，指定防火负责人，配备灭火器材，确保施工安全。

8. 施工现场使用的安全网、密目式安全网、密目式防尘网、保温材料，必须符合消防安全规定，不得使用易燃、可燃材料。使用时施工企业保卫部门必须严格审核，凡是不符合规定的材料，不得进入施工现场使用。

9. 施工现场严禁吸烟。不得在建设工程内设置宿舍。施工现场和生活区，经保卫部门批准后可使用电热器具。严禁工程中明火施工及宿舍内明火取暖。

10. 生活区的设置必须符合消防管理规定。严禁使用可燃材料搭设，宿舍内不得卧床吸烟。

（四）绿色施工管理

1. 施工现场设置封闭式大门，大门宽度不应小于8m，高度不低于4m，施工现场大门的设置必须按设计方案制作。施工现场大门口外侧明显位置处设以下公示标牌：

（1）建设工程参建单位、监督机构及负责人公示牌；

（2）土方施工工程参建单位及负责人公示牌（土方施工阶段）；

（3）扬尘治理和建筑垃圾处置责任公示牌；

（4）建筑节能公示牌。

2. 在建工地周边围挡、工地裸土覆盖、出入车辆冲洗、施工现场路面硬化、土方开挖湿法作业、运输车辆密闭运输，实现"六个100%"的管理标准。

3. 施工现场材料存放区、加工区及大模板存放场地应平整坚实。

4. 风力四级及以上时，施工现场应按预警相关要求停止土方运输、开挖、回填和拆除等可能产生扬尘污染的施工作业，并采取必要的洒水等降尘措施。

5. 施工现场应建立封闭式垃圾站，建筑物内施工垃圾的清运必须采用相应容器或管道运输。

（1）建设（拆除）单位开工前要制定建筑垃圾、土方清运和处置作业方案，依法办理建筑垃圾消纳许可证。

（2）建设（拆除）单位在施工前，应到属地城市管理部门申请办理建筑垃圾消纳许可证，并在施工现场大门口张贴公示。

（3）建筑垃圾、土方、砂石运输车辆应取得相关主管部门下发的准运证。

（4）垃圾、渣土消纳证和准运证从开工至竣工结束期间保持有效不间断。

6. 施工现场按要求使用预拌混凝土和预拌砂浆，并采取相应的防扬尘设施，防扬尘及防砸棚高度不低于3.5m，宽度不小于2m，棚上方铺设防砸防雨设施。

7. 施工现场进行机械剔凿作业时，作业面局部应遮挡、掩盖或采取水淋等降尘措施；无机料拌和，应采用预拌进场，碾压过程中要洒水降尘。

8. 施工现场应根据《建筑施工场界环境噪声排放标准》GB 12523—2011的要求制定降噪措施，并对施工现场场界噪声进行检测和记录，噪声排放不得超标。

9. 施工单位夜间施工需要政府有关部门办理夜间施工许可，未经批准不得进行夜间施工。

（五）安全防护管理

1. 基坑沟槽的临边防护

（1）深度超过2m的基坑、沟、槽周边应设置不低于1.2m的临边防护栏杆，并设置夜间警示灯。

（2）采用钢管搭设时，应设置两道防护栏杆（下道栏杆离地600mm，上道栏杆离地1.2m），立杆间距应不超过2m，防护栏杆内侧满挂密目安全网，防护外侧设置180mm挡脚板。

2. 基坑降排水的防护

（1）基坑边沿周围地面应设防渗漏排水沟或挡水台。

（2）排水沟宽度300mm，高400mm。

（3）挡水台高150mm。

3. 临边防护

施工现场楼层临边作业区域，应按标准设置防护设施。施工现场楼梯口和梯段边，应搭设高度不低于1.2m的防护栏杆，喷刷双色相间安全警示色。

4. 洞口防护

（1）短边边长1.5m以下非垂直洞口，应设置钢筋网片，并采用坚实的盖板封闭，有防止挪动、位移的措施，盖板加警示标识。

（2）短边边长1.5m以上的非垂直洞口，应在洞口作业侧设置高度不小于1.2m的防护栏杆，洞口上侧支搭水平安全网封闭。

（3）伸缩缝、后浇带处应加固定盖板防护，并加设警示标识。

（4）电梯井口应设置固定式防护门，其高度不应低于1.5m，底部安装高度不低于180mm挡脚板，竖向栏杆净距不大于120mm；防护栏四角采用膨胀螺栓与结构墙体固定，外侧设安全警示标志。

（5）电梯井道首层应设置双层水平安全网，首层以上和有地下室的电梯井道内，每隔两层且不大于10m增设一道水平安全网。

5. 施工现场安全通道

（1）建筑物主要出入口应搭设安全通道防护棚，高度大于或等于3.5m，宽于洞口两边各不小于1m，多层建筑防护棚长度不小于3m，高层建筑防护棚长度不小于6m。

（2）安全通道上方铺设双层50mm脚手板，通道入口处挂安全警示标志。

6. 悬挑水平网

（1）在建工程外侧除使用落地式脚手架和高处作业吊篮外，应搭设水平安全网防护。

（2）多层建筑首层四周必须搭设3m宽的水平安全网，网底距接触面不得小于3m；高层建筑首层四周应搭设6m宽的双层水平安全网，网底距接触面不得小于5m，多层和高层建筑应每隔4层且不大于10m设置一道3m宽的水平安全网。

7. 垂直交叉作业防护措施

（1）施工现场或现场外，处于立体交叉作业或起重设备的起重机臂回转范围之内的通道，应搭设双层安全通道，通道上方铺设双层50mm脚手板。

（2）施工现场立体交叉作业时，应编制支搭中间硬质防护隔层的专项施工方案。方案应包含工字钢规格、悬挑长度、间距、钢丝绳卸荷以及计算等技术要求。

（3）施工现场立体交叉作业时，搭设硬质防护隔层。隔层工字钢规格、悬挑长度、间距等技术要求，应按专项方案实施。

8. 有限空间设备和防护措施

（1）配备气体检测设备，对作业场所中危害气体进行持续或定时检测。

（2）有限空间作业前和作业过程中，应采取强制性持续通风措施，保持空气流通。通风量及通风管道的大小，因有限空间作业方案而定。

（3）有限空间作业方案应明确通风量及通风管道尺寸。

①有限空间内的照明灯光应使用 36V 以下的安全电压。

②隧道内用电线路应使用防潮绝缘导线，并按规定的高度用瓷瓶悬挂牢固。

③在醒目处设置警示标志，严禁无关人员进入有限空间危险作业场所。

④在入口处设置警示标志。

9. 通道口防护

（1）通道口应搭设防护棚，防护棚两侧应采取封闭措施。

（2）防护棚宽度应和通道口宽度匹配，长度满足防护安全要求。

（3）建筑物高度大于 24m 时，应搭设双层安全棚。双层防护的层间距不应小于 700mm，防护棚高度不应小于 4m。

（4）防护棚搭设材质应符合安全规范和要求，经验收合格后挂牌使用。

（5）当临街通道、场内通道、出入建筑物通道在坠落半径内或起重机起重臂回转范围内时，应设置防护棚及防护通道。

（6）各类（安全通道防护棚、工具式安全防护棚、施工电梯防护棚、工具式钢筋加工防护棚、工具式木工加工防护棚）防护棚应有单独的支撑体系，固定可靠安全。

（六）临时用电管理

1. 临时用电安全技术管理

（1）施工现场临时用电设备在 5 台及以上或设备总容量在 50kW 及以上者，应编制用电施工组织设计。

（2）临时用电施工组织设计由电气工程技术人员组织编制，经企业技术负责人批准后实施。

（3）临时用电工程必须经编制、审核、批准部门和使用单位共同验收，合格后方可投入使用。

2. 外电线路配电线路防护

（1）在建工程的塔吊回转半径内，如有外电架空线路，且达不到安全距离时，须搭设木制防护架等绝缘隔离防护措施。

（2）施工现场配电线路可使用架空或桥架敷设，且架设固定牢固。

（3）所有电源电缆不可沿地面明敷设。

（4）埋地电缆在穿越建筑物、构筑物、道路、易受机械损伤、介质腐蚀场所及引出地面从 2m 高到地下 200mm 处，必须加设防护套管，防护套管内径不应小于电缆外径的 1.5 倍。

3. 接地与接零防护系统

（1）施工现场临时用电必须使用 TN-S 三相四线制接零保护系统，做到三级配电、逐级漏电保护。

（2）配电箱内 N 线、PE 线规格、型号、连接符合规范要求。

（3）当施工现场与外电线路共用同一供电系统时，电气设备的接地、接零保护应与原系统保持一致。

（4）配电系统的首端处、中间处和末端处必须做重复接地。

4. 配电室

（1）配电室应靠近电源，并应设在灰尘少、潮气少、振动小、无腐蚀介质、无易燃易爆物及道路畅通的地方。

（2）配电室和控制室应能自然通风，并应采取防止雨雪侵入和动物侵入的措施。

（3）配电室门向外开，并配锁。

（4）配电室的建筑物和构筑物的耐火等级不低于3级，室内配备沙箱和可用于扑灭电气火灾的灭火器。

（5）配电室的照明分别设置正常照明和事故照明应急灯。

（6）成列的配电柜和控制柜两端应与重复接地线及保护零线做电气连接。

（7）配电柜应设电源隔离开关及短路、过载、漏电保护电器。电源隔离开关分断时应有明显可见分断点。

5. 分配电箱

（1）配电箱防护棚可采用方管加工制作，并做好保护接零。

（2）顶部采用硬质防护，并设不小于5%坡度的排水坡，上层满铺不小于50mm厚的脚手板。

（3）防雨防砸层四周外立面设宽出防护棚200m的防雨檐，高度不小于300mm。防护棚防栏涂红白相间警示色。正面设置电安全警示标志牌。

（4）分配电箱内配置、安装及使用符合规范要求。

（5）固定式分配电箱、开关箱距地高度 1.4 ～ 1.6m，移动式分配电箱、开关箱距地高度 0.8 ～ 1.6m。

（6）分配电箱内控制回路满足使用需求。

6. 开关箱

（1）固定式、支腿式开关箱在室外状态下，应按分配电箱防护棚要求设置防雨防砸棚。

（2）用电设备必须使用开关箱，符合"一机一闸一漏一箱"的使用需求。

7. 低压照明

（1）低压变压器安装、使用及专用箱符合规范要求。

（2）隧道、人防工程、高温、有导电灰尘、潮湿或灯具离地面高度低于2.5m等场所的照明，电源电压不应大于36V。

（3）潮湿和易触及带电体场所的照明，电源电压不得大于24V；特别潮湿的场所、导电良好的地面、锅炉或金属容器内的照明，电源电压不得大于12V。

8. 室外照明装置

施工现场室外照明电源电压和照明灯具安装、使用应符合规范要求。

9. 施工用电安全检测

临时用电绝缘电阻测试记录仪、临时用电接地电阻测试记录仪和临时用电漏电保护器运行检测记录仪。

10. 施工用电人员管理

（1）电工必须持建筑施工特种作业操作资格证，经考试合格后上岗工作。

（2）供电部门在施工现场场界内设有变压器，并委托代管供电设备的电工，电工必须按国家现行标准考核合格后，方可持证上岗。

四、施工现场安全事故报告程序

按照《中华人民共和国安全生产法》（2021）的有关规定要求执行。

第八十三条　生产经营单位发生生产安全事故后，事故现场有关人员应当立即报告本单位负责人。

单位负责人接到事故报告后，应当迅速采取有效措施，组织抢救，防止事故扩大，减少人员伤亡和财产损失，并按照国家有关规定立即如实报告当地负有安全生产监督管理职责的部门，不得隐瞒不报、谎报或者迟报，不得故意破坏事故现场、毁灭有关证据。

第八十四条　负有安全生产监督管理职责的部门接到事故报告后，应当立即按照国家有关规定上报事故情况。负有安全生产监督管理职责的部门和有关地方人民政府对事故情况不得隐瞒不报、谎报或者迟报。

第八十五条　有关地方人民政府和负有安全生产监督管理职责的部门的负责人接到生产安全事故报告后，应当按照生产安全事故应急救援预案的要求立即赶到事故现场，组织事故抢救。

参与事故抢救的部门和单位应当服从统一指挥，加强协同联动，采取有效的应急救援措施，并根据事故救援的需要采取警戒、疏散等措施，防止事故扩大和次生灾害的发生，减少人员伤亡和财产损失。

五、监理防疫工作主要内容

1. 审定施工单位制定的《施工现场疫情防控工作方案》和《突发疫情应急预案》；

2. 制定项目监理机构内部疫情防控工作方案和实施细则；

3. 将施工现场疫情防控督促检查工作纳入监理工作范围，检查督促施工总承包单位落实疫情防控各项措施；

4. 生活区设置和管理符合疫情防控期间市住房和城乡建设委最新文件要求。

| 第五节　危险性较大工程及其他安全监理工作要点 |

一、危险性较大工程安全生产管理的监理工作基本要求

1. 督促施工单位在危险性较大工程施工前，依据《危险性较大的分部分项工程汇总表》，组织工程技术人员编制专项施工方案。

专项施工方案应当由施工单位技术负责人审核签字，加盖单位公章，并由总监理工程师审查签字，加盖执业印章后方可实施。

2. 超过一定规模的危险性较大工程，施工单位应当组织召开专家论证会对专项施工方案进行论证。

（1）实行施工总承包的，由施工总承包单位组织召开专家论证会。专家论证前专项施工方案应当通过施工单位审核和总监理工程师审查。

（2）实行分包并由分包单位编制专项施工方案的，专项施工方案应当由总承包单位技术负责人及分包单位技术负责人共同审核签字并加盖单位公章。

3. 专职安全监理工程师结合危险性较大工程专项施工方案编制监理实施细则，经总监批准后实施。

4. 危险性较大工程专项巡视检查

专职安全监理工程师负责危险性较大的分部分项工程的专项巡视检查，依据专项施工方案、安全监理实施细则中明确的检查项目和频率进行检查，并详细记录检查过程中发现的问题或安全隐患；危险性较大工程要求做专项巡视检查记录并单独保存。

（1）检查编制人员或者项目技术负责人向施工现场管理人员进行方案交底；施工现场管理人员向作业人员进行安全技术交底，并由双方和项目专职安全生产管理人员共同签字确认情况。

（2）巡查施工单位对危险性较大工程施工作业人员登记情况，项目专职安全生产管理人员、项目负责人在施工现场履职情况。

（3）巡查施工单位是否按照规定对危险性较大工程进行施工监测和安全巡视，监测频率是否符合专项方案要求。

（4）巡查过程中发现施工单位未按照专项施工方案施工，应当要求其进行整改；情节严重的，应当要求其暂停施工，并及时报告建设单位。施工单位拒不整改或者不停止施工的，项目监理机构应当及时报告建设单位和工程所在地住房和城乡建设主管部门。

5. 按照规定需要验收的危险性较大工程，施工单位、监理单位应当组织相关人员

进行验收。验收合格，经总监理工程师签字确认后，方可进行下一道工序。

6. 危险性较大工程验收合格后，施工单位应当在施工现场明显位置设置验收标识牌，公示验收时间及责任人员。

7. 建立危险性较大工程安全管理档案。将监理实施细则、专项施工方案审查、专项巡视检查、验收及整改等相关资料纳入档案管理。

8. 专家论证的范围按照《北京市房屋建筑和市政基础设施工程危险性较大的分部分项工程安全管理实施细则》京建法（2019）11 号文的规定执行。

二、施工现场安全生产管理的监理工作要点

（一）基坑工程的监理工作要点

1. 核查地上地下管线、周边建（构）筑物资料的移交手续是否齐全；

2. 检查基坑施工时对主要影响区范围内的建（构）筑物和地下管线的保护措施符合规范及专项施工方案的要求；

3. 止水帷幕施工监理

（1）大型机械进场申报手续齐全，包括机械租赁合同、安全协议、进场特种作业人员资格证件。

（2）地下连续墙钢筋笼吊装施工与设计或方案一致。

（3）大型机械使用过程中的安全管理符合相关规定。

4. 采用降水方案的基坑，检查降水效果是否满足设计图纸或降水方案要求。

（1）现场检查降水井数量、间距、位置、深度是否满足设计要求。

（2）检查是否按设计要求设置水位观测孔（不允许用降水井代替）、检查测量记录值是否满足方案要求。

（3）检查基坑周围地面排水管、沟的施工与专项施工方案中的要求是否符合，排水效果能否满足设计和专项方案的要求。

（4）基坑内的排水设施符合专项方案要求。

5. 检查支护结构施工过程中的施作步序、间距、深度、规格等是否符合设计文件及方案的要求。

6. 检查是否按方案的规定步序及方式开挖，施工时应严格遵循自上而下的开挖顺序，不得超挖，机械开挖土方时，作业人员不得进入机械作业半径范围内进行坑底清理或找坡作业。

7. 监理巡视时，注意坑边堆载与距离、临边防护，是否符合设计及方案的要求。

8. 检查测点布置、监测方法、监测频率、监测预警是否符合专项施工方案的要求。

9. 检查基坑内作业人员上、下专用梯道及马道的安全防护措施是否达到专项施工方案的要求。

10. 对基坑坡顶地面、基坑周边建筑物进行定期巡视和检查，有无明显变形、裂缝

等现象，若发现有任何异常要及时通知参建各方进行处置。

（二）脚手架工程的监理工作要点

1. 落地式脚手架监理检查要点

（1）架体材料和构配件符合规范及专项施工方案要求，杆件、扣件是否已按规定进行抽样复试。

（2）架体基础符合规范及施工方案要求。

（3）作业脚手架底部立杆上设置的纵向、横向扫地杆符合规范及专项施工方案要求。

（4）连墙件的设置符合规范及专项施工方案要求。

（5）查验脚手架架体间距、步距、剪刀撑、斜撑、抛撑等的设置和架体的封闭形式符合规范及专项施工方案要求。

（6）脚手板、水平网、挡脚板的设置应符合专项施工方案要求。

（7）脚手架作业层上的荷载不得超过设计允许荷载。

（8）脚手架在使用过程中，应定期进行检查，严禁将支撑脚手架、缆风绳、混凝土输送泵管、卸料平台及大型设备的支承件等固定在作业脚手架上。严禁在作业脚手架上悬挂起重设备。

（9）雷雨天气、6级及以上强风天气应停止架上作业，雨、雪、雾天气应停止脚手架的搭设和拆除作业，雨、雪、霜后上架作业应采取有效的防滑措施，并清除积雪。

（10）作业脚手架外侧和支撑脚手架作业层栏杆应采用密目式安全网或其他措施全封闭防护。密目式安全网应为阻燃产品。

（11）当出现下列情况之一时，作业架应进行检查和验收。

①基础完工后及作业架搭设前；

②首段高度达到6m时；

③架体随施工进度逐层升高时；

④搭设高度达到设计高度后；

⑤停用1个月以上，恢复使用前；

⑥遇6级及以上强风、大雨及冻结的地基土解冻后。

（12）架体的拆除应从上而下逐层进行，严禁上下同时作业；

（13）同层杆件和构配件必须按先外后内的顺序拆除；剪刀撑斜撑杆等加固杆件必须在拆卸至该杆件所在部位时再拆除；

（14）作业脚手架连墙件必须随架体逐层拆除，严禁先将连墙件整层或数层拆除后再拆架体。拆除作业过程中，当架体的自由端高度超过2个步距时，必须采取临时拉结措施。

2. 附着式升降脚手架监理检查要点

（1）附着式升降脚手架所使用的钢材应符合现行国家标准，参与架体结构承力的附着装置、导轨、立杆、水平杆、主框架、水平桁架、上下吊点、防坠装置等不宜采用强度低于 Q235 的钢材。

（2）设计荷载和构件结构计算符合相关标准、规程、规范。

（3）附着式升降脚手架的安全防护措施应符合相关规定。

①架体外侧应全封闭，作业层外侧应设置 1.2m 高的防护栏杆和 180mm 高的挡脚板；作业层应设置固定牢靠的脚手板，且应全封闭；

②升降设备采用的低速环链电动提升机或电动液压设备符合相关规定；

③必须具有防倾覆、防坠落和同步升降控制的安全装置；

④同步控制装置的安装和试运行效果应符合设计要求；

⑤升降机必须设置超欠载报警停机功能；

⑥附着式升降脚手架在组装前应编制施工方案，并编写操作规程。首层安装前应设置安装平台，安装平台应有保障施工人员安全的防护设施，安装平台的水平精度和承载能力满足架体安装的要求。

（4）安装完成后应由施工总包单位组织验收，验收合格后方可投入使用。

（5）附着式升降脚手架出厂时应提供产品出厂合格证。

（6）附着式升降脚手架的拆除工作应按专项施工方案及安全操作规程的有关要求进行。

3. 悬挑式脚手架的监理检查要点

（1）查验搭设脚手架的材料、构配件、设备检验的试验或检测记录。

（2）查验脚手架的搭设和拆除作业人员的上岗资格，检查作业人员佩戴的个人防护用品是否符合要求。

（3）检查型钢锚固段长度及锚固型钢的主体结构混凝土强度符合规范及专项施工方案要求。

（4）检查主要受力杆件、剪刀撑等加固杆件、连墙件的安装是否符合方案要求。

（5）检查悬挑钢梁悬拉钢丝绳设置方式符合规范及专项施工方案要求。

（6）检查底层封闭符合规范及专项施工方案要求。

（7）其他要求同落地式脚手架。

4. 高处作业吊篮的监理要点

（1）审查施工单位申报的吊篮安装、拆卸租赁单位的资质是否符合要求、出租和承租双方签订的租赁合同及安全生产管理协议书、安装拆卸人员证件是否有效。

（2）安全监理人员对进场的高处作业吊篮及相关设备进行核查，检查规格、型号、支架和外观质量是否符合要求；确认安全锁在有效标定期内，方可进行安装。

（3）检查包括吊篮制动器、行程限位装置、钢丝绳和安全钢丝绳、安全锁、超载保护装置、断电时使悬吊平台平稳下降的手动滑降装置，以及外露传动部分防护装置等。

（4）检查配重质量与方案是否一致，配重应稳定地固定在配重架上，且应设有防止可移动配重的措施。

（5）检查高处作业吊篮电气控制系统是否符合技术要求，主要包括必须采用三相四线制、接地电阻不应大于 4Ω、控制用按钮开关，必须设置过热、短路、漏电保护等装置。

（6）检查吊篮的日常操作和维护记录内容是否符合要求，作业完成后将悬吊平台停放在地面或建筑平台上，必要时进行固定；切断电源，锁好电控箱；妥善遮盖提升机、安全锁和电控箱。

（7）拆装接电均应由专业电工完成，禁止非电工接电。

（8）雨雪天气、5级以上大风天气严禁进行吊篮作业；当遇大风或雨、雪等恶劣天气及作业完毕后，应及时将悬吊平台降至地面或建筑平台上固定稳妥，并切断电源。

（9）严禁将吊篮作为载物和乘人的垂直运输工具，不允许在吊篮上另设吊具。

（10）利用吊篮进行电焊作业时，严禁用吊篮做电焊接线回路。严禁从吊篮的电气控制箱连接其他用电设备。

（11）吊篮内严禁放置氧气瓶、乙炔瓶等易燃易爆品。

（12）在吊篮上作业时，施工用小件工具均要装入工具袋内，以防坠落。

（13）悬吊平台上的人员必须使用安全绳进行人身安全防护，吊篮内作业人员不应超过2人。

（14）作业人员应当配备独立于悬吊平台的安全绳及安全带或其他安全装置，安全带与安全绳应通过锁绳器连接。安全绳应当固定于有足够强度的建筑物结构上，严禁安全绳接长使用，严禁将安全绳、安全带直接固定在吊篮结构上。

（15）对出厂年限超过5年的提升机，每年应进行一次安全评估，评估合格后可继续使用；对出厂年限超过3年的安全锁应当报废，不得继续使用。

（16）异型吊篮的施工专项方案应组织专家论证，架体应符合专项方案要求。

（17）吊篮产权单位无建筑业企业资质，其租赁、安装拆卸（二次移位）均不属于专业分包，因此，吊篮产权单位无权作为专业分包单位编制危险性较大工程专项施工方案。

（18）涉及吊篮的危险性较大工程，专项施工方案应由施工总承包单位或建筑幕墙工程专业分包单位（建筑幕墙专业分包单位作为使用单位租赁吊篮的）编制。

（19）涉及吊篮的超危险性较大工程，施工总承包单位应按照《北京市房屋建筑和市政基础设施工程危险性较大的分部分项工程安全管理实施细则》要求，负责组织召开专家论证会。

5. 物料平台的监理要点

（1）核查物料平台搭设材质应符合规范和方案要求。

（2）检查平台与结构的连接方式、防倾措施、立杆基底、扫地杆、立杆间距和步距、外侧剪刀撑或斜撑等是否符合规范和方案要求。

（3）检查平台铺板、安全水平网设置、临边防护设置是否符合规范和方案要求。

（4）要求在明显位置设置限定荷载标牌，严禁堆物超载。

（5）监理按规定进行验收，合格后挂牌使用。

6. 悬挑钢平台的监理要点

（1）检查钢平台支点和拉结点的连接方式，平台面两侧斜拉杆或钢丝绳是否符合方案要求。

（2）检查钢平台设置（外侧应略高于内侧）、防护栏板、平台与建筑物之间缝隙是否符合规范和方案要求。

（3）在平台明显位置设置限定荷载标牌，严禁堆物超载。

（4）监理验收合格后挂牌使用。

（三）建筑起重机械安装监理工作要点

建筑起重机械是指纳入特种设备目录，在房屋建筑工地和市政工程工地安装、拆卸、使用的起重机械。

1. 建筑核查起重机械拆装单位的《起重设备安装工程专业承包企业资质》和《安全生产许可证》，核查施工单位与设备租赁单位的租赁合同、安全生产协议。

2. 审查实体信息与设备的报验资料应保持一致，设备进场应提供特种设备生产制造许可证、产品合格证、制造监督检验证明和使用说明书，塔式起重机、施工升降机（含物料提升机），还应具有全国统一登记备案编号。

3. 超出规定使用年限的起重机械应进行安全评估，安全评估不合格严禁使用。

4. 禁止安装、使用未办理产权备案的起重机械。安装、拆卸作业前应向当地安全监督机构办理告知手续，四方验收责任人签字确认，经第三方单位检测合格后，在安全监督机构办理备案、登记手续，取得准用证书。

5. 安装、拆卸现场应设置警戒隔离区域，防止无关人员进入。

6. 检查产权单位的设备维修保养记录。

7. 检查安全保护装置应齐全有效。

8. 应在明显位置悬挂张贴机具、设备安全操作规程。

9. 监理巡视过程中发现存在生产安全事故隐患的，应当要求安装单位、使用单位整改，对安装单位、使用单位拒不整改的，及时向建设单位报告。

10. 塔式起重机

（1）基础

①混凝土基础应符合塔吊安装专项施工方案要求。

②基础应有排水设施，不得积水，四周应安装定型式护栏进行围护。

（2）限载、限位及保护装置

①要求塔吊的各种安全保护装置应完好齐全、灵敏可靠，不得随意调整或拆除，施工过程中定期检查。

②起重臂根部铰点高度大于50m的塔式起重机应安装风速仪。塔式起重机顶部高度大于30m且高于周围建筑物时应安装红色障碍灯。

③检查使用单位的防雷装置接地电阻检测记录。

（3）塔吊使用过程的维护保养符合相关要求

（4）顶升和附着装置

①顶升和附着装置符合专项施工方案要求。

②附着点的混凝土结构强度、连接方式符合专项施工方案要求。

③附着装置安装、塔身垂直度应符合说明书及规范要求。

（5）验收和备案

①塔吊安装完毕后，施工单位在使用起重机械前，应当组织有关单位进行验收；使用承租的起重机械，由施工总承包单位、分包单位、出租单位和安装单位共同进行验收，并填写相应的验收记录，相关责任人签字。验收合格后方可使用。

②塔式起重机安装完毕后验收前，应当由具有相应检测资质的检验检测机构检测合格。

③验收合格之日起 30 日内，施工总承包单位应当向工程所在地的区县建委进行登记。

④塔式起重机拆装统一检查验收表采用《建筑工程施工现场安全资料管理规程》DB11/383—2017 中的表 AQ-C8-1。

（6）群塔作业与周边安全

①编制群塔作业专项方案并经专家论证通过。

②任意两台塔式起重机之间的最小架设距离应符合规范要求。

③塔吊作业覆盖公共设施时应制定专项安全措施，防护措施应符合要求。

11. 施工升降机（含物料提升机）

（1）各种安全保护装置、安全越程应完好齐全、灵敏可靠，符合规范规程要求。

（2）检查自动停层、语音及影像信号等装置齐全有效。

（3）检查防护围栏设置与进料口防护棚符合规范和方案要求。

（4）检查停层平台防护栏杆、挡脚板、脚手板的设置符合规范及方案要求。

（5）平台门、吊笼门的安装及机电联锁装置的安装符合规范及方案要求

（6）施工升降机（含物料提升机）验收合格后方可使用。

（7）验收合格之日起 30 日内，施工总承包单位应当向工程所在地的区县建委进行登记。

（8）施工升降机拆装统一检查验收表采用《建筑工程施工现场安全资料管理规程》DB 11/383—2017 中的表 AQ-C9-1。

（9）施工现场不得使用钢管等材料自行搭设的龙门架或井架物料提升机。

12. 施工现场起重机械拆装报审表、施工现场起重机械联合验收表、塔式起重机月检记录表、流动式起重机械检查验收表、起重机械运行记录采用《建筑工程施工现场安全资料管理规程》DB 11/383—2017 相应的表格。

（四）模板工程及支撑体系的监理工作要点

1. 项目监理机构按规定对搭设模板支撑体系的材料、构配件规格进行现场检验，

对钢管、扣件等进行抽样复试。

2. 检查模板搭设使用的材料符合规范、设计及专项施工方案要求。

3. 混凝土浇筑时，监理机构派监理员进行旁站监理，检查现场管理人员的到岗情况，要求施工单位必须按照监理审批的专项施工方案进行，并指定专人对模板支撑体系进行监测。

4. 模板支撑体系的拆除符合规范及专项施工方案要求。

5. 监理现场检查的重点

（1）立柱底部基础应回填夯实。

（2）垫木应满足设计要求。

（3）底座位置应正确，自由端高度、顶托螺杆伸出长度应符合规定。

（4）立杆的间距和垂直度应符合要求，不得出现偏心荷载。

（5）扫地杆、水平拉杆、剪刀撑等设置应符合规定，固定可靠。

6. 检查架体在后浇带处的模板与支架是否独立设置。

7. 检查模板支架、缆风绳、混凝土泵管、卸料平台等是否与脚手架分离设置。

8. 检查浇筑混凝土前是否按方案要求进行预压，预压结果是否符合规范和设计要求。

9. 检查支撑架拆除时混凝土强度是否达到设计规范要求（同条件养护试件的混凝土抗压强度试验报告）。

10. 巡视支架拆除顺序、安全防护措施（设置警戒区或设专人监护）符合方案或规范要求。

（五）施工现场临时用电的监理工作要点

1. 审查施工单位编制的《临时用电施工组织设计》，要求履行施工单位审批程序，施工单位技术负责人签字，施工单位公司盖章，总监审查签字后方可执行。

2. 开工前监理部组织对现场临时用电的验收，验收合格后方可临电系统方可投入使用。

3. 监理检查施工单位对电工进行的安全技术交底，交底记录要有交底人和被交底人签字。

4. 监理日常巡视检查并做好记录，日常巡视的重点包括：

（1）检查电工持证上岗。

（2）施工现场所有临时用电必须采用 TN-S 接零保护方式工作接地与重复接地。

（3）配电箱的保护接零、漏电保护器，配电箱、开关箱的防雨（渗）水措施，配电箱进出线的护套保护，系统接线图和分路标记，电工的每日检查记录。

（4）开关箱是否存在"一闸多机"现象。

（5）照明专用回路的漏电保护，手持照明灯具变压器一次侧漏电保护、二次侧熔断保护，灯具金属外壳的接零保护，隧道、人工挖孔等作业区域是否使用安全电压照明，使用大功率、高热量照明灯具时是否有安全防火措施。

（6）在外电线路正下方施工、搭设临时设施、堆放物资材料的安全距离和防护措施是否满足规范要求。

（7）需要三相四线制配电的电缆线路必须采用五芯电缆，线缆老化要及时更换，电缆线路应采用埋地或架空敷设，严禁沿地面明设，并应避免机械损伤。

（8）交流电焊机械是否配装了防二次侧漏电保护器（保护器带有降压和空载自动断电功能）。

（9）检查易燃物质储存、使用或可易燃气体潜在场所未采用防爆型电气设备。

（10）检查发电机组电源与外电线路电源是否实行连锁，发电机组应采用电源中性点直接接地的三相四线制供电系统和独立设置 TN-S 接零保护系统，其工作接地电阻值应符合规范要求。

①发电机供电系统应设置电源隔离开关及短路；过载漏电保护电器，电源隔离开关分断时应有明显可见分断点；

②严禁发电机用油桶直接供油或发电机室内存放油桶易燃品物资，发电机组并列运行时，要装设同期装置，并在机组同步运行后再向负载供电。

（11）现场临时用电设施须设置安全警示标识；对配电箱、开关箱进行定期维修、检查时，须将其前一级相应的电源隔离开关分闸断电，同时悬挂"禁止合闸、有人工作"停电标志牌。

（六）消防安全的监理工作要点

施工现场消防安全的原则为预防建设工程施工现场火灾，减少火灾危害，保护人身和财产安全。

1. 总平面布局

（1）临时用房、临时设施的布置应满足现场防火、灭火及人员安全疏散的要求。

（2）易燃易爆危险品库房与在建工程的防火间距不应小于 15m，可燃材料堆场及其加工场、固定动火作业场与在建工程的防火间距不应小于 10m，其他临时用房、临时设施与在建工程的防火间距不应小于 6m。

（3）施工现场主要临时用房、临时设施的防火间距不应小于技术标准的规定。

（4）施工现场内应设置临时消防车道，临时消防车道与在建工程、临时用房、可燃材料堆场及其加工场的距离不宜小于 5m，且不宜大于 40m；施工现场周边道路满足消防车通行及灭火救援要求时，施工现场内可不设置临时消防车道。

（5）临时消防车道的设置应符合技术标准的规定。

2. 建筑防火

（1）临时用房和在建工程应采取可靠的防火分隔和安全疏散等防火技术措施。

（2）临时用房的防火设计应根据其使用性质及火灾危险性等情况进行确定，并符合技术标准的规定。

（3）在建工程作业场所临时疏散通道的设置应符合技术标准的规定。

（4）既有建筑进行扩建、改建施工时，必须明确划分施工区和非施工区。施工区不得营业、使用和居住；非施工区继续营业、使用和居住时，应符合技术标准的规定。

3. 临时消防设施

（1）施工现场应设置灭火器、临时消防给水系统和应急照明等临时消防设施，并应符合技术标准的规定。

（2）临时消防设施应与在建工程的施工同步设置。房屋建筑工程中，临时消防设施的设置与在建工程主体结构施工进度的差距不应超过 3 层。

（3）在建工程可利用已具备使用条件的永久性消防设施作为临时消防设施。当永久性消防设施无法满足使用要求时，应增设临时消防设施，并应符合技术标准的规定。

（4）施工现场的消火栓泵应采用专用消防配电线路。专用消防配电线路应自施工现场总配电箱的总断路器上端接入，且应保持不间断供电。

（5）地下工程的施工作业场所宜配备防毒面具。

（6）临时消防给水系统的贮水池、消火栓泵、室内消防竖管及水泵接合器等应设置醒目标识。

4. 防火管理

（1）检查施工单位的防火管理体系和施工现场消防安全责任制建立及落实情况。

（2）审核施工单位编制的施工现场防火技术方案。

（3）审核施工单位编制的施工现场灭火及应急疏散预案。

（4）检查施工现场施工管理人员应向作业人员进行消防安全技术交底。

（5）定期组织消防安全管理人员对施工现场消防安全检查。

（6）检查施工单位定期开展灭火及应急疏散的演练。

5. 消防安全检查

（1）可燃物及易燃易爆危险品的管理是否落实。

（2）动火作业的防火措施是否落实。

（3）用火、用电、用气是否存在违章操作，电、气焊及保温防水施工是否执行操作规程。

（4）临时消防设施是否完好有效。

（5）临时消防车道及临时疏散设施是否畅通。

（七）安全防护的监理工作要点

1. 检查施工现场人员安全帽的佩戴情况，高空作业时安全带的系挂或安全带系挂是否符合要求。

2. 检查需防护部位是否设置明显的警示标示。

3. 安全帽、安全带、安全网材质、规格是否符合规范要求，合格证及检测报告和验收手续是否齐全。

4. 悬空作业（吊篮、挂篮）所用的索具、吊具、料具等设备，技术鉴定或验收手续是否完备。

5. 平台（移动式平台、物料平台等）使用前需经过监理验收，验收资料齐全。

6. 监理巡视检查重点

（1）洞口防护如楼梯口、电梯井、管道井、通风井、基坑成槽及其他预留洞口、坑井防护的防护措施符合规范要求；

（2）电梯井、管道井、风道井内水平网的设置符合规范要求；

（3）建筑阳台、楼板、屋面等临边防护栏杆的固定形式、高度、密目网规格等是否符合规范要求；

（4）作业脚手架铺板应连续，不能有探头板，脚手板两端应进行有效绑扎固定；

（5）移动式平台（作业脚手架）四周按规定设置防护栏杆或登高扶梯；

（6）物料平台台面层下方按要求设置安全水平网，物料平台支撑架与工程结构连接符合要求。

（八）工程拆除作业的监理工作要点

1. 一般构筑物拆除作业前，监理检查事先划定的施工作业区域，检查围挡和警示标志的设置、喷洒水设施情况及施工单位（或分包单位）选派的负责专人。

2. 大型构筑物的拆除，施工单位需要有专项拆除方案报监理审查，达到一定规模的还要对方案进行专家论证，论证通过并经总监审批后实施。

3. 码头、桥梁、高架、烟囱、水塔等构筑物在拆除中容易引起有毒有害气（液）体或粉尘扩散、易燃易爆事故发生，特殊建、构筑物的拆除工程需要符合当地政府主管部门的管理要求。

4. 文物保护建筑、优秀历史建筑或历史文化风貌区影响范围内的拆除工程需要取得相关部门的许可。

（九）建筑幕墙安装的监理工作要点

1. 审查施工单位申报的吊篮安装、拆卸租赁单位的资质是否符合要求、出租和承租双方签订的租赁合同及安全生产管理协议书、安装拆卸人员证件是否有效。

2. 安全监理人员对进场的高处作业吊篮及相关设备进行核查，检查外观质量是否符合要求。

3. 检查包括吊篮制动器、行程限位装置、钢丝绳和安全钢丝绳、安全锁、超载保护装置、断电时使悬吊平台平稳下降的手动滑降装置，以及外露传动部分防护装置等。

4. 检查配重质量与方案是否一致。

5. 检查高处作业吊篮电气控制系统是否符合技术要求，主要包括必须采用三相四线制、接地电阻不应大于 4Ω、控制用按钮开关，必须设置过热、短路、漏电保护等装置。

6. 检查吊篮的日常操作和维护记录内容是否符合要求，作业完成后吊篮应该落地。

7. 焊接作业要持有用火证，在焊接作业区设置干粉灭火器，数量不得少于两支，设专人看守；焊接作业时，每台焊机应设置单独开关箱，开关箱距离二次箱距离不得大于 30m，焊机距开关箱不得大于 3m，焊机的二次线严禁与外架相连接，焊接作业时应在焊接点设置接火盆。

8. 拆装接电均应由专业电工完成，禁止非电工接电；雨雪天气、六级及以上大风天气严禁进行外架、吊篮作业。

9. 严禁将吊篮作为载物和乘人的垂直运输工具，不允许在吊篮上另设吊具；.龙骨、玻璃、石材等主材应使用施工电梯运送至各个楼层，再由楼层窗洞口送至作业面进行安装，不得在外架进行多层之间的材料传递。

10. 在外架或吊篮上作业时，施工用小件工具均要装入工具袋内，以防坠落。

11. 所有操作人员必须戴好安全帽，系牢安全带。吊篮作业时安全带要通过安全钩固定在从屋面上垂下的安全绳上的自锁器上。

（十）钢结构、网架和索膜结构安装工程的监理要点

1. 巡视施工单位钢结构作业时吊索具与吊物的重量、体积、形状等是否符合方案要求。

2. 检查大型物件吊装点的焊接是否符合规范要求。

3. 检查钢丝绳编插段的长度、卡环的安装、钢丝绳的磨损断丝等情况，使用新购置的吊索具前应检查其合格证，并试吊，确认安全。

4. 起重大型构件采用双机抬吊的方式时，监理要进行旁站，根据吊装方案核查起重机的起重参数、机械站位、地基承载、钢丝绳的磨损、吊具等相关内容。

5. 遇有大风或台风警报，起重机应停止吊装作业，按规程要求汽车式起重机停止作业收回大臂，塔吊松开大臂制动，龙门吊轨道两端设停车挡。

6. 高处作业人员安全带应高挂低用，并防止摆动、碰撞、避开尖刺和不接触明火，不能将挂钩直接挂在安全绳上，应挂在连接环上。

7. 检查电焊机的开关是否单独设置，是否有防雨功能，焊钳与把线必须绝缘良好，连接牢固，把线、地线禁止与钢丝绳接触，更不得用钢丝绳或机电设备代替零线。

8. 检查工人劳动保护用具使用情况，采用电弧焊时，应戴防护眼镜或面罩，以防止铁渣飞溅伤人，雷雨时应停止露天焊接工作。

9. 检查施焊场地周围环境，严禁在周围存放易燃易爆物品，如果无法避免，必须进行有效覆盖或隔离。

10. 施工过程中严禁将钢构件临时放置于架梁或屋顶等高处，必须焊接或栓接有效固定。

11. 作业区域下方必须安装下挂式水平安全网，待本层作业面所有钢结构施工工序均已完成后，方可拆除安全网，并向后续单位移交作业面。

（十一）装配式建筑混凝土预制构件安装工程的监理要点

1. 预制构件起重吊装特种作业人员，应具有特种作业操作资格证书，严禁无证上岗。

2. 构件进场后，应按需堆放在吊车工作范围内；装配式构件墙板应采用堆放架插放或靠放，堆放架应具有足够的承载力。

3. 叠合板叠堆放不大于 6 层，预制柱、梁堆放不大于 2 层。

4. 构件薄弱部位堆放时应采取保护措施，支垫地基应坚实，构件不得直接放置于地面上。

5. 装配式构件吊装控制要点

（1）装配式构件吊装前，应先进行外防护架的搭设，完成后检查其可靠性。

（2）检查构件上安装的吊装件，两点吊装件与单点吊装件不得混用。

（3）在吊装时，吊装区域内设置警戒线，构件吊装时必须设置两个信号工，一个人负责指挥地面挂钩、起吊，另一个人负责施工楼层的安置。

（4）预制构件吊装时采用可调式横吊梁均衡起吊。

（5）预制构件吊装时，构件上应设置缆风绳控制构件转动，保证构件就位平稳，严禁吊装构件长时间悬挂在空中。

（十二）有限空间作业的监理工作要点

审查施工单位编制的有限空间施工作业的专项方案，属于超危险性较大工程，经专家论证通过并经总监签字同意后方可施工。

1. 项目监理机构制定有限空间作业实施细则。

2. 检查每次进入有限空间作业面前进行的有害气体检测或监测记录。

3. 检查作业口设置的门禁装置自动记录进出人员记录是否有效或有专人在进出口负责对进出人员登记记录。

4. 检查通风设备的有效性，保证作业空间内的空气流动。

5. 检查是否采用低压线路照明系统，是否采用防水、防暴型电气设备。

（十三）人工挖孔桩的监理工作要点

1. 审核分包单位资质、许可证等资料齐全，核查安全生产协议签署，人员资格满足要求。

2. 检查地下管线位置已核查完成，针对性保护措施已落实到位。

3. 检查针对有限空间作业人员专项培训、交底，作业人员必须考核合格并有考核记录。

4. 核查应急物资品种、数量、堆放位置符合要求。

5. 每日开工前必须检查井下的有毒有害气体，并应有足够安全防护措施，桩孔开挖深度超过 10m 时，应有专门向下送风的设备，风量宜符合要求，每次开工前应先送风 5 分钟。

6. 孔内必须设置应急软爬梯，供人员上下井使用的电葫芦、吊笼等应安全可靠并配有自动卡紧保险装置，不得使用麻绳和尼龙绳吊挂或脚踏井壁凸缘上下。电葫芦宜用按钮式开关。

7. 施工时应保证井口有人，井下人员必须经常检查井下是否存在塌方、涌水、涌泥和流砂迹象，若发现异常情况应停止作业立即撤离井下，并通知有关技术人员及时处理。

8. 孔口应设置防护盖板，孔口四周必须设置护栏，并加 0.8m 高的围栏围护。

9.挖出的土方应及时运离孔口，不得堆放在孔口四周 1m 范围内，机动车辆的通行不得对孔壁的安全造成影响。

10.现场电器必须严格接地、接零和使用漏电保护器。各孔用电必须分闸，一台设备应设一个漏电保护器，严禁一闸多用；总开关处应设总的漏电保护器。孔上电缆必须架空 2m 以上，严禁拖地和埋压，孔内电缆、电线必须有防磨损、防潮、防断等保护措施。照明应采用安全矿灯或者 12V 以下的安全灯。

第六节　安全生产管理的监理资料

一、危险性较大的分部分项工程安全管理资料

1.《危险性较大的分部分项工程清单》；

2.《危险性较大的分部分项工程汇总表》；

3.专项施工方案及施工单位审核、监理单位审查、建设单位审批手续；

4.《危险性较大的分部分项工程专家论证报告》及专家论证会会议签到表；

5.监理实施细则；

6.专项巡视检查记录；

7.验收记录；

8.隐患排查整改及复查记录（工作联系单、监理通知及监理通知回复单）；

9.暂停施工及复工手续（工程暂停令、工程复工报审表及工程复工令）；

10.向建设单位和工程所在地区住房和城乡建设主管部门报告记录（监理报告）。

二、安全监理工作用表

安全监理工作用表采用《建设工程施工现场安全资料管理规程》DB11-383—2017 的相应表格。

1.地上、地下管线及建（构）筑物资料移交单（AQ-A-2）；

2.工作联系单（AQ-B2-4）；

3.监理通知（AQ-B2-5）；

4.工程暂停令（AQ-B2-7）；

5.工程复工令（AQ-B2-9）；

6.监理报告（AQ-B2-10）。

地上、地下管线及建（构）筑物资料移交单

（AQ-A-2）

工程名称		建设单位	
施工单位		移交日期	

移交内容：

移交人：	接受人：
建设单位（章）	施工单位（章）

监理单位名称：总监理工程师：日期：

注：本表由建设单位填写，建设单位施工单位监理单位各存一份。

第六章

施工合同其他事项的管理

| 第一节　一般规定 |

1. 施工合同其他事项管理主要包括工程变更管理、工程暂停及复工管理、工程延期管理、费用索赔管理、合同争议调解等。

2. 按照《建设工程监理合同》要求并结合工程建设实际情况，在监理规划中制定合同其他事项管理程序、方法和管理措施。

3. 主动收集与工程有关的建设工程施工合同、专业分包合同，建立合同台账，对合同条款进行分析整理，依据《建设工程监理合同》开展合同管理工作。

4. 在监理过程中做好合同执行情况的跟踪，发现问题及时处理。

5. 施工合同其他事项管理的原则

（1）事前预控：监理工程师应采取预先分析、调查的方法，提前向建设单位和施工单位发出预示，并督促双方认真履行合同义务，防止偏离合同预定事件的发生。

（2）及时纠偏：发现合同履行中的问题，及时用《工作联系单》通知和督促违约方纠正不符合合同约定的行为。

（3）充分协商：在处理过程中，认真听取有关各方意见，与合同双方充分协商。

（4）公正处理：严格按合同有关规定和监理程序，公正、合理地处理合同其他事项。

| 第二节　合同其他事项管理的程序、内容及方法 |

一、工程变更的管理

（一）工程变更管理的内容与方法

1. 建设单位要求的工程变更，由设计单位出具设计变更通知单，经各方会签后，督促施工单位实施。

2 设计单位提出的设计变更，采取设计变更通知单的形式，各单位在《设计变更通知单》（C2-3）会签后，督促施工单位实施。

3. 项目监理机构应按下列程序处理施工单位提出的工程变更：

（1）总监理工程师组织专业监理工程师审查施工单位提出的工程变更申请，提出审查意见。对涉及工程设计文件修改的工程变更，应由建设单位转交原设计单位修改工程设计文件。必要时，项目监理机构建议建设单位组织设计、施工等单位召开工程变更专题会议，讨论施工单位提出的工程变更申请。

（2）总监理工程师组织专业监理工程师对工程变更可能涉及质量控制、造价控制及工期影响等作出评估。

（3）总监理工程师要组织建设单位、施工单位等共同协商确定工程变更可能涉及的费用增减及工期变化，共同会签工程变更单。

施工单位提出的工程变更采用《工程变更洽商记录》（C2-4），应说明变更原因、变更内容等，并附变更图纸、单价及其他相关文件。

4.项目监理机构提出工程变更，应附上可能对质量、进度、造价等方面产生影响的意见。

5.对涉及结构、节能的重大变更，项目监理机构应提醒建设单位进行评审。

6.项目监理机构应根据批准的工程变更文件监督施工单位落实工程变更，做好质量、造价、工期控制，做好安全生产管理工作。

7.工程变更费用与工期的调整

（1）项目监理机构应在工程变更实施前与建设单位、施工单位等协商确定工程变更的计价原则、计价方法或价款，形成书面确认文件，各自留存。

（2）建设单位与施工单位未能就工程变更费用达成协议时，项目监理机构要提出一个暂定价格并经建设单位同意，作为临时支付工程款的依据。工程变更款项最终结算时，应以建设单位与施工单位达成的协议为依据。

（3）因变更引起工期变化的，建设单位和施工单位可调整合同工期，由合同双方商定或参考工程所在地的工程定额标准确定增减工期天数。

8.项目监理机构应熟知工程变更内容，对涉及设计文件修改的内容应及时在设计图纸中标注，应建立工程变更台账。

（二）工程变更管理的基本程序

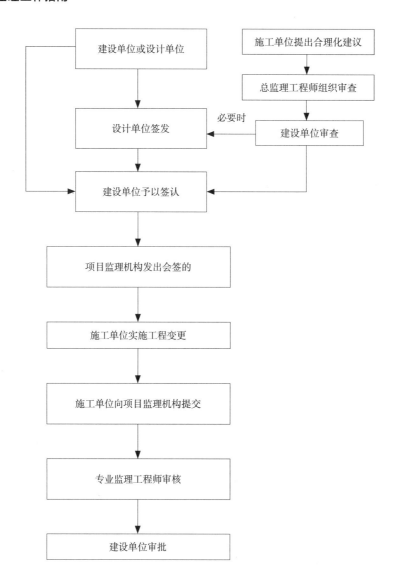

二、工程暂停及复工的管理

（一）工程暂停及复工的管理内容及方法

1. 发生下列情况之一时，总监理工程师应及时签发工程暂停令：

（1）建设单位要求暂停施工或工程需要暂停施工的；

（2）施工单位未经批准擅自施工或拒绝项目监理机构管理的；

（3）施工单位未按审查通过的工程设计文件施工的；

（4）施工单位违反工程建设强制性标准，未按经审批的施工方案、专项施工方案且拒不改正的；

（5）建筑材料、设备及构配件未经验收或验收不合格擅自用于工程的；项目监理机构提出检查要求的工序未经检查或检查不合格进入下道工序施工的；隐蔽工程未经验收或验收不合格进行隐蔽的；

（6）分包单位未经审批进场施工的；

（7）施工存在重大质量、安全事故隐患或发生质量、安全事故的。

2. 总监理工程师签发《工程暂停令》应符合下列规定：

（1）总监理工程师在签发工程暂停令时，可根据停工原因的影响范围和影响程度，确定停工范围，并应按施工合同和建设工程监理合同的约定签发工程暂停令；

（2）总监理工程师签发工程暂停令应事先征得建设单位同意，在紧急情况下未能事先报告时，应在事后及时向建设单位作出书面报告；

（3）紧急情况下，应口头通知施工单位暂停施工，并及时补发《工程暂停令》。

3. 因施工单位原因暂停施工的，项目监理机构应及时检查施工单位的停工整改过程，验收整改结果

4. 当暂停施工原因消除，具备复工条件需要复工时应符合下列规定：

（1）施工单位提出复工申请的，项目监理机构应审查施工单位报送的《工程复工报审表》及有关证明材料，符合要求的，应及时签署审查意见，报建设单位批准后签发《工程复工令》；

（2）施工单位未提出复工申请的，总监理工程师应根据工程实际情况经建设单位同意签发《工程复工令》，要求施工单位及时恢复施工。

5. 项目监理机构应在监理日志中详细记录暂停施工后的相关情况，会同相关各方按建设工程施工合同的约定，处理因工程暂停引起的工期、费用等有关问题。

（1）记录工程暂停后现场状况，包括具体的停工时间、停工部位、影响的施工人员、管理人员、机械设备等；

（2）及时收集与停工相关的资料，包括合同约定条款、施工单位工料机情况、相关会议记录、建设单位指令、相关影像资料、工程量证明文件等，并对工期、费用造成的影响进行评估；

（3）因建设单位原因引起的暂停施工，建设单位应承担由此增加的费用和（或）延误的工期；

（4）因施工单位原因引起的暂停施工，施工单位应承担由此增加的费用和（或）延误的工期；

（5）暂停施工期间，施工单位应负责妥善照管工程并提供安全保障，由此增加的费用由责任方承担；

（6）暂停施工期间，建设单位和施工单位均应采取必要的措施确保工程质量及安全，防止因暂停施工扩大损失。

（二）工程暂停及复工管理的基本程序

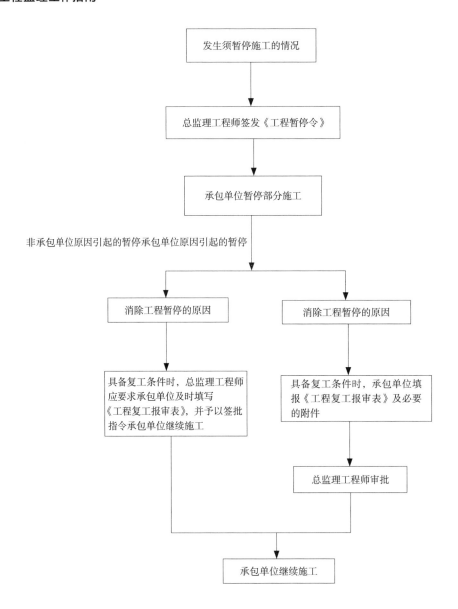

三、工程延期的管理

（一）工程延期管理内容和办法

1. 施工单位提出工程延期要求符合施工合同约定时，项目监理机构应予以受理。

（1）工程延期事件发生后，施工单位在合同约定的期限内向项目监理机构提交了书面工程延期意向报告。

（2）施工单位按合同约定，提交了有关延期事件的详细资料和证明材料。

（3）工程延期事件终止后，施工单位在合同约定的期限内，向项目监理机构提交了《工程临时／最终延期报审表》。

2. 项目监理机构批准工程延期应同时满足下列条件：

（1）施工单位在施工合同约定的期限内提出工程延期；

（2）因非施工单位原因造成施工进度滞后；

（3）施工进度滞后影响到施工合同约定的工期。

3. 当影响工期事件具有持续性时，项目监理机构应对施工单位提交的阶段性工程临时延期报审表进行审查，签署工程临时延期审核意见后报建设单位。

当影响工期事件结束后，项目监理机构应对施工单位提交的工程最终延期报审表进行审查，签署工程最终延期审核意见后报建设单位。

4. 项目监理机构在批准工程临时延期、工程最终延期前，均应与建设单位和施工单位协商。

5. 施工单位因工程延期提出费用索赔时，项目监理机构可按施工合同约定进行处理。

6. 发生工期延误时，项目监理机构应按施工合同约定进行处理。

（二）工程延期管理的基本程序

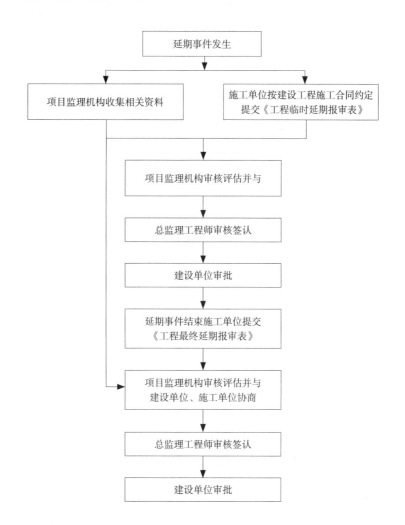

四、费用索赔的管理

（一）费用索赔管理的内容及方法

1. 项目监理机构应及时收集、整理有关工程费用的原始资料，为处理费用索赔提供证据。

2. 项目监理机构处理费用索赔的主要依据应包括下列内容：

（1）法律法规；

（2）勘察设计文件、施工合同文件；

（3）工程建设标准；

（4）索赔事件的证据。

3. 项目监理机构可按下列程序处理施工单位提出的费用索赔：

（1）受理施工单位在施工合同约定的期限内提交的费用索赔意向通知书；

（2）收集与索赔有关的资料；

（3）受理施工单位在施工合同约定的期限内提交的费用索赔报审表；

（4）审查费用索赔报审表。需要施工单位进一步提交详细资料时，应在施工合同约定的期限内发出通知；

（5）与建设单位和施工单位协商一致后，在施工合同约定的期限内签发费用索赔报审表，并报建设单位。

4. 项目监理机构批准施工单位费用索赔应同时满足下列条件：

（1）施工单位在施工合同约定的期限内提出费用索赔；

（2）索赔事件是因非施工单位原因造成，且符合施工合同约定；

（4）索赔事件造成施工单位直接经济损失。

5. 当施工单位的费用索赔要求与工程延期要求相关联时，项目监理机构可提出费用索赔和工程延期的综合处理意见，并应与建设单位和施工单位协商。

6. 因施工单位原因造成建设单位损失，建设单位提出索赔时，项目监理机构应与建设单位和施工单位协商处理。

（二）费用索赔管理的基本程序

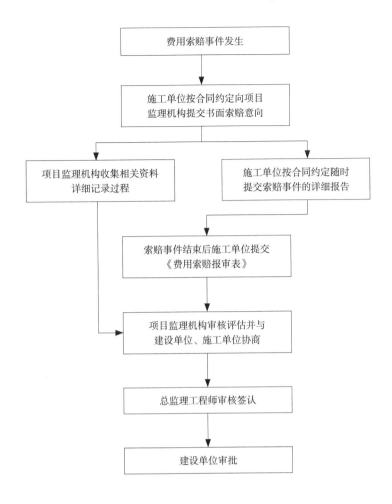

五、合同争议的处理

（一）合同争议处理的内容及方法

1.合同争议发生后，建设工程施工合同一方或双方可书面通知项目监理机构，请求予以调解。

2.项目监理机构收到调解争议的申请后，应在合同约定的期限内进行调查和取证，及时与合同争议双方进行协商，制定处理方案。

3.总监理工程师应独立、公平地提出处理合同争议的处理意见。在合同双方协商的基础上，总监理工程师作出调解决定，调解协议经双方签字并盖章后作为合同补充文件，双方均应遵照执行。

4.合同任何一方不同意项目监理机构的调解决定时,可按合同争议的最终办法（提请仲裁或诉讼）办理。

5.在建设工程施工合同争议的仲裁或诉讼过程中，项目监理机构有资格、有义务作为证人，公正地向仲裁机关或法院提供与争议有关的证据。

6. 在建设工程施工合同争议处理过程中，对未达到建设工程施工合同约定的暂停履行合同条件的，项目监理机构应要求建设工程施工合同双方继续履行合同。

（二）合同争议处理程序图

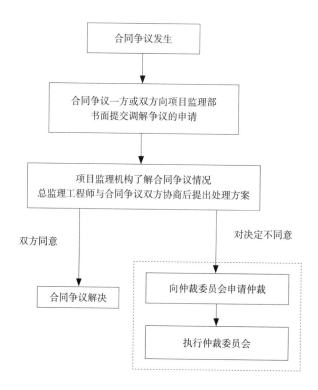

第七章

信息管理

本章的信息管理是指施工阶段建设工程监理资料管理和上级主管部门以及监理单位的相关信息管理，工程监理资料包括项目监理机构在执行监理合同过程中建设单位提供的文件资料、施工单位报审报验的施工资料和项目监理机构形成的监理文件资料，以及上级主管部门、监理单位的管理文件资料等。

第一节　施工阶段建设工程监理资料管理

一、资料管理的依据

1. 国家和地方有关工程建设的现行法律、法规和规章、规范、规程、标准，建设行政主管部门的有关管理规定；

2.《建设工程监理规范》GB/T 50319—2013；

3.《建设工程监理规程》DB11/T 382—2017；

4.《建筑工程资料管理规程》DB11/T 695—2017；

5.《建设工程施工现场安全资料管理规程》DB 11/383—2017；

6.《工程监理资料管理标准化指南》TB 0101-201—2017；

7. 经有关部门批准的设计文件及相关资料；

8. 委托监理合同、施工合同；

9. 监理单位的有关管理制度、《监理规划》、《监理实施细则》。

二、监理文件资料管理的要求

（一）监理文件资料管理的原则

1. 监理资料必须真实反映工程建设过程和工程质量的实际情况，并与工程进度同步形成、收集和整理，客观反映监理工作实际情况以及工程建设各方的合同履约情况。

2. 监理资料应字迹清晰、内容齐全，并有相关人员签字；需要加盖印章的，应有相关印章。

3. 监理资料应真实、准确、完整、有效，具有可追溯性；由多方共同形成的资料，应分别对各自所形成的资料内容负责，严禁伪造或故意撤换。

4. 监理资料相关证明文件应为原件，当为复印件时，应加盖复印件提供单位的印章，注明复印日期，并有经手人签字。

5. 监理资料应保证时效性，及时确认、签字和传递。

6. 监理资料按载体不同分为纸质资料和数字化资料，载体的选择应符合下列规定：

（1）需加盖印章的工程资料应采用纸质载体；

（2）记录类、台账类等资料宜采用数字化载体；

（3）由城建档案馆归档的资料，其载体形式应符合档案管理相关规定；

（4）数字化资料应符合相关的数据标准，资料管理软件形成的工程资料应符合相关要求；

（5）涉及工程结构安全的重要部位，应留置隐蔽前的影像资料，影像资料中应有对应工程部位的标识。

7. 监理资料可以通过信息化手段实现共享和传递。

（二）监理文件资料管理的工作职责

1. 监理单位应对监理资料实行规范化、标准化管理，建立管理体系，制定相应的管理制度和检查验收制度，定期组织对项目监理机构监理资料管理的监督检查工作，并按相关规定督促项目监理机构提交监理档案并按规定留存。

2. 总监理工程师对项目监理资料管理负总责。

根据相关规定和监理单位管理制度，指定专职或兼职资料管理人员管理工程监理资料，并明确其岗位职责，并履行《建设工程监理规范》和《建设工程监理规程》赋予的其他资料管理职责。

检查监理资料签字人员和资料管理人员的工作。

组织整理监理档案，并按相关规定向监理单位和有关部门移交。

3. 各专业监理人员及监理文件资料签字人员应对本专业资料和所签署监理资料负责。

各专业监理人员及应随着工程项目的进展负责收集、整理本专业的监理资料，监理文件资料签字人员应对资料来源单位报送的资料进行审核，在监理文件资料形成过程中签字人员对资料有疑义的，应向资料来源或形成单位询问和核实，并向总监理工程师报告，经审核符合要求后方可签批，必要的应告知相关监理人员。签批文件有时效规定的，在接到文件的第一时间审查时效性是否符合规范要求。

监理人员应对所编制、记录和签发的监理文件资料真实性和合规性负责。

各专业监理人员及监理资料签字人员应配合资料管理人员及时整理和归档监理资料。保证监理资料的完整性和准确性；每月 25 日前应将整理好的资料交与资料管理员存放保管。

4. 资料管理人员负责项目监理机构的资料管理和信息传递工作。

根据总监理工程师的工作安排，资料管理人员应进行文件收发管理，收集监理月报相关资料，参与对施工单位资料的监督检查。

在接到资料签字人员传递的监理资料后，应核对监理资料类型及完整性，及时整理、分类汇总，并应按规定组卷。

资料管理人员应按时验收各专业的监理资料，分类别、分专业建立案卷盒，按规定编目、整理，做到分类有序、存放整齐。

负责资料的借阅与归还。资料员对于已收集、保管的监理文件资料，如本项目监理部人员需要借用，应办理借用手续，用后及时归还；其他人员借用，须经总监理工程师同意，办理借用手续，资料员负责收回。

（三）日常管理要求

1. 监理资料应编目合理、归档有序、整理及时、存取方便、利于检索。应统一存放在同种规格的档案盒中，档案盒的盒脊标识文件类别和文件名称。

2. 档案盒中应有卷内目录，文件按顺序进行存放，不得混乱。

3. 监理资料应保存在固定地点、环境适宜，防止损坏和丢失。保存地点如需调整，总监理工程师应安排专人在文件转移前后分别对文件进行清点并留有记录。

4. 监理资料管理人员应经过专业培训，具备相应能力；监理资料管理人员调离该岗位之前，必须进行工作交接，留有交接记录，确保文件管理的延续性。

5. 监理文件资料收发应由专人负责，并及时登记；借阅必须通过资料管理人员履行手续。

三、监理文件资料管理台账

项目监理部监理人员和资料管理人员应利用计算机建立以下监理资料管理台账，总监应分配给相应的监理人员。

1. 材料、构配件进场报验台账；

2. 见证取样送检台账；

3. 监理抽检台账；

4. 监理平行检验台账；

5. 不合格项处理台账；

6. 实体检验台账；

7. 工程款计量支付台账；

8. 工程变更及洽商台账；

9. 分包单位资质报审台账；

10. 进场机械、设备管理台账；

11. 工程技术文件报审台账；

12. 测量放线验收台账；

13. 隐蔽工程验收台账；

14. 检验批验收台账；

15. 分项工程验收台账；

16. 分部（子分部）工程验收台账。

四、监理资料与监理档案的基本内容

类别编号	资料名称	表格编号	监理过程收集	归公司档案室
A 类	基建文件			
A3	勘察、测绘、设计文件			
	工程地质勘察报告		●	
	建筑用地钉桩通知单		●	
	验线合格文件		●	
	施工图设计及说明		●	
A4	工程招投标及合同文件			
	施工招投标文件		●	
	监理招投标文件		●	●
	建设工程施工合同		●	
	建设工程委托监理合同		●	●
	建设单位与第三方签订的各类涉及监理业务的其他合同		●	●
A5	工程开工文件			
	建设工程规划许可证、附件及附图		●	●
	建筑工程施工许可证		●	●
A6	商务文件			
	已标价工程量清单		●	●
	工程结算		●	●
A7	竣工验收及备案表			
	建设工程竣工验收备案表		●	●
	《房屋建筑工程质量保修书》		●	●
	建设工程规划、消防等部门的验收合格文件		●	●
B 类	监理资料			
	总监理工程师任命书		●	●
	工程开工令	B-2	●	●
	监理报告	B-3	●	●
	监理规划		●	●
	监理实施细则		●	●
	监理月报		●	●
	监理会议纪要		●	●
	监理工作日志		●	●
	监理工作总结		●	●
	工程质量评估报告		●	●
	监理通知单	B-4	●	●

续表

类别编号	资料名称	表格编号	监理过程收集	归公司档案室
	工程暂停令	B-5	●	●
	工程复工令	B-6	●	●
	旁站记录	B-7	●	●
	混凝土强度回弹平行检验记录	B-8	●	●
	钢筋螺纹接头平行检验记录	B-9	●	●
	钢筋焊接接头平行检验记录	B-10	●	●
	砌体砂浆饱满度平行检验记录	B-11	●	●
	工程款支付证书	B-12	●	●
	见证取样计划		●	●
	见证人告知书	B-13	●	●
	见证记录	B-14	●	●
	实体检验见证记录	B-15	●	●
	工作联系单	B-16	●	●
	质量事故报告及处理资料		●	●
	收文本		●	●
	发文本		●	●
C 类	施工资料			
	施工管理资料			
	施工现场质量管理检查记录	C1-1	●	●
	施工组织设计（专项）施工方案报审表	C1-3	●	●
	施工进度计划报审表	C1-4	●	●
	工程开工报审表	C1-5	●	●
	工程复工报审表	C1-6	●	●
	工程临时/最终延期报审表	C1-7	●	●
C1	分包单位资质报审表	C1-8	●	●
	索赔意向通知书	C1-9	●	●
	费用索赔报审表	C1-10	●	●
	工程款支付报审表	C1-11	●	●
	工程变更费用报审表	C1-12	●	●
	监理通知回复单	C1-13	●	●
	施工检测试验计划		●	
	分项工程和检验批的划分方案		●	
	专业承包单位资质证书		●	
	施工技术资料			
C2	施工组织设计及施工方案		●	
	技术交底记录表	C2-1	●	

续表

类别编号	资料名称	表格编号	监理过程收集	归公司档案室
C2	图纸会审记录表	C2-2	●	●
	设计变更通知单	C2-3	●	●
	工程变更洽商记录	C2-4	●	●
C3	施工测量记录			
	工程定位测量记录	C3-1	●	
	基槽平面及标高实测记录	C3-2	●	
	楼层平面放线及标高实测记录	C3-3	●	
	楼层平面标高抄测记录	C3-4	●	
	建筑物全高垂直度、标高测量记录	C3-5	●	
C4	施工物资资料			
	成型钢筋出厂合格证	C4-1	●	
	预制混凝土构件出厂合格证	C4-2	●	
	钢构件出厂合格证	C4-3	●	
	预拌混凝土出厂合格证表	C4-4	●	
	预拌混凝土运输单表	C4-5	●	
	混凝土基本性能试验报告表	C4-6	●	
	混凝土开盘鉴定表	C4-7	●	
	混凝土碱总量计算书		●	
	砂石碱活性检测报告		●	
	水、电、燃气等计量设备检定证书		●	
	CCC认证证书（国家规定的认证产品）		●	
	主要设备（仪器仪表）安装使用说明书		●	
	安全阀、减压阀等的定压证明文件		●	
	成品补偿器的预拉伸证明		●	
	气体灭火系统、泡沫灭火系统相关组件符合市场准入制度要求的有效证明文件		●	
	智能建筑工程软件资料、程序结构说明、安装调试说明、使用和维护说明书		●	
	智能建筑工程主要设备安装、测试、运行技术文件		●	
	智能建筑工程安全技术防范产品的国家或行业授权的认证机构（或检测机构）认证（检测）合格认证证书		●	
	建筑工程中使用的各种产品应提供质量合格证		●	
	钢材性能检测报告		●	
	水泥性能检测报告		●	
	外加剂性能检测报告		●	
	防水材料性能检测报告		●	

类别编号	资料名称	表格编号	监理过程收集	归公司档案室
C4	砖（砌块）性能检测报告		●	
	建筑外窗应有三性检测报告		●	
	吊顶材料性能检测报告		●	
	饰面板材性能检测报告		●	
	饰面石材性能检测报告		●	
	饰面砖性能检测报告		●	
	涂料性能检测报告		●	
	玻璃性能检测报告		●	
	壁纸、墙布防火、阻燃性能检测报告		●	
	装修用胶粘剂性能检测报告		●	
	防火涂料性能检测报告		●	
	隔声 / 隔热 / 阻燃 / 防潮材料特殊性能检测报告		●	
	钢结构用焊接材料检测报告		●	
	高强度大六角头螺栓连接副扭矩系数检测报告		●	
	扭剪型高强螺栓连接副预拉力检测报告		●	
	幕墙性能检测报告（三性试验）		●	
	幕墙用硅酮结构胶检测报告		●	
	幕墙用玻璃性能检测报告		●	
	幕墙用石材性能检测报告		●	
	幕墙用金属板性能检测报告		●	
	幕墙用人造板性能检测报告		●	
	材料污染物含量检测报告（执行 GB50325）		●	
	给水管道材料卫生检测报告		●	
	卫生洁具环保检测报告		●	
	承压设备的焊缝无损探伤检测报告		●	
	自动喷水灭火系统的主要组件的国家消防产品质量监督检验中心检测报告		●	
	消防用风机、防火阀、排烟阀、排烟口的相应国家消防产品质量监督检验中心的检测报告		●	
	建筑工程中使用的主要产品应提供产品的性能检测报告		●	
	钢材试验报告	C4-8	●	
	水泥试验报告	C4-9	●	
	砂试验报告	C4-10	●	
	碎（卵）石试验报告	C4-11	●	
	外加剂试验报告	C4-12	●	

类别编号	资料名称	表格编号	监理过程收集	归公司档案室
	掺合料试验报告	C4-13	●	
	防水涂料试验报告	C4-14	●	
	防水卷材试验报告	C4-15	●	
	砖（砌块）试验报告	C4-16	●	
	轻集料试验报告	C4-17	●	
	高强度螺栓连接副试验报告	C4-18	●	
	钢网架螺栓球节点螺栓球拉力载荷试验报告	C4-19	●	
	钢网架焊接球节点力学性能试验报告	C4-20	●	
	钢网架高强度螺栓试验报告	C4-21	●	
	钢网架杆件拉力载荷试验报告	C4-22	●	
	熔敷金属试验报告	C4-23	●	
	饰面砖试验报告	C4-24	●	
	陶瓷墙地砖胶粘剂试验报告	C4-25	●	
	保温绝热材料试验报告	C4-26	●	
	建筑保温砂浆试验报告	C4-27	●	
	抹面抗裂砂浆试验报告	C4-28	●	
	粘结砂浆试验报告	C4-29	●	
C4	耐碱玻璃纤维网格布试验报告	C4-30	●	
	镀锌电焊网试验报告	C4-31	●	
	建筑材料燃烧性能试验报告	C4-32	●	
	隔热型材试验报告	C4-33	●	
	胶粘剂试验报告	C4-34	●	
	界面剂试验报告	C4-35	●	
	门窗玻璃及幕墙玻璃试验报告	C4-36	●	
	散热器试验报告	C4-37	●	
	电线（电缆）试验报告	C4-38	●	
	金属波纹管试验报告	C4-39	●	
	塑料波纹管试验报告	C4-40	●	
	钢绞线力学性能试验报告	C4-41	●	
	锚具试验报告	C4-42	●	
	通用材料试验报告	C4-43	●	
	预应力筋复试报告		●	
	预应力锚具、夹具和连接器复试报告		●	
	装饰装修用门窗复试报告		●	
	装饰装修用人造木板复试报告		●	

类别编号	资料名称	表格编号	监理过程收集	归公司档案室
C4	装饰装修用花岗石复试报告		●	
	装饰装修用安全玻璃复试报告		●	
	装饰装修用外墙面砖复试报告		●	
	钢结构用焊接材料复试报告		●	
	钢结构防火涂料复试报告		●	
	幕墙用铝塑板复试报告		●	
	幕墙用石材复试报告		●	
	幕墙用安全玻璃复试报告		●	
	幕墙用结构胶复试报告		●	
	国家规范标准中对物质进场有复试要求的均应有复试报告		●	
	材料、构配件进场检验记录	C4-44	●	
	设备开箱检验记录	C4-45	●	
	设备及管道附件试验记录	C4-46	●	
C5	施工记录资料			
	隐蔽工程验收记录	C5-1	●	
	交接检查记录	C5-2	●	
	地基验槽检查记录	C5-3	●	
	地基处理记录	C5-4	●	
	地基钎探记录（应附图）	C5-5	●	
	混凝土浇筑申请书	C5-6	●	
	混凝土拆模申请单	C5-7	●	
	混凝土养护测温记录（应附图）	C5-8	●	
	大体积混凝土测温记录（应附图）	C5-9	●	
	构件吊装记录	C5-10	●	
	焊接材料烘焙记录	C5-11	●	
	地下工程防水效果检查记录	C5-12	●	
	防水工程试水检查记录	C5-13	●	
	通风（烟）道检查记录	C5-14	●	
	预应力筋张拉记录（一）、（二）	C5-15	●	
	有粘结预应力结构灌浆记录	C5-16	●	
	钢筋加工现场检查记录	C5-17	●	
	混凝土养护记录	C5-18	●	
	600℃·d 实体检验温度记录	C5-19-1	●	
	600℃·d 实体检验等效龄期计算表	C5-19-2	●	
	外窗淋水试验检查记录	C5-20	●	●

续表

类别编号	资料名称	表格编号	监理过程收集	归公司档案室
C5	施工检查记录（通用）	C5-21	●	
	幕墙注胶检查记录		●	
	基坑支护变形监测记录		●	
	桩（地）基施工记录		●	
	网架（索膜）施工记录		●	
	钢结构施工记录		●	
	国家规范标准要求有记录的均应按规定记录		●	
C6	施工试验资料			
	土工击实试验报告	C6-1	●	
	回填土试验报告	C6-2	●	
	钢筋焊接试验报告	C6-3	●	
	钢筋机械连接试验报告	C6-4	●	
	砂浆配合比申请单、通知单	C6-5	●	
	砂浆抗压强度试验报告	C6-6	●	
	砌筑砂浆试块强度统计、评定记录	C6-7	●	
	混凝土配合比申请单、通知单	C6-8	●	
	混凝土抗压强度试验报告	C6-9	●	
	混凝土试块强度统计、评定记录	C6-10	●	
	混凝土抗渗试验报告	C6-11	●	
	饰面砖粘结强度试验报告	C6-12	●	
	超声波探伤报告	C6-13	●	
	超声波探伤记录	C6-14	●	
	钢构件射线探伤报告	C6-15	●	
	钢材焊接工艺性能试验报告	C6-16	●	
	锚杆、土钉锁定力（抗拔力）试验报告		●	
	地基承载力检验报告		●	
	桩基检测报告		●	
	钢筋机械连接型式检验报告		●	
	磁粉探伤报告		●	
	高强度螺栓连接摩擦面抗滑移系数试验报告	C6-17	●	
	钢结构焊接工艺评定		●	
	钢结构涂料厚度检测报告		●	
	保温板材与基层的拉伸粘结强度现场拉拔试验报告	C6-18	●	
	幕墙双组份硅酮结构胶混匀性及拉断试验报告		●	
	结构钢焊接试验报告	C6-19	●	

类别编号	资料名称	表格编号	监理过程收集	归公司档案室
	外墙节能构造检测报告	C6-20	●	
	建筑外窗气密、水密、抗风压、保温性能试验报告	C6-21	●	
	回弹法检测混凝土抗压强度报告（单个构件）	C6-22	●	
	钻芯法检测混凝土抗压强度（单个构件）	C6-23	●	
	结构现场检测报告（通用）	C6-24	●	
	锚固承载力试验报告	C6-25	●	
	墙体节能工程后置锚固件锚固力现场拉拔试验报告	C6-26	●	
	灌（满）水试验记录	C6-27	●	
	强度严密性试验记录	C6-28	●	
	通水试验记录	C6-29	●	
	吹（冲）洗试验记录	C6-30	●	
	通球试验记录	C6-31	●	
	补偿器安装记录	C6-32	●	
	消火栓试射记录	C6-33	●	
	自动喷水灭火系统质量验收缺陷项目判定记录	C6-34	●	
	电气接地电阻测试记录	C6-35	●	
	电气防雷接地装置隐检与平面示意图	C6-36	●	
C6	电气绝缘电阻测试记录	C6-37	●	
	电气器具通电安全检查记录	C6-38	●	
	电气设备空载试运行记录	C6-39	●	
	建筑物照明通电试运行记录	C6-40	●	
	大型照明灯具承载试验记录	C6-41	●	
	高压部分试验记录		●	
	漏电开关模拟试验记录	C6-42	●	
	大容量电气线路结点测温记录	C6-43	●	
	避雷带支架拉力测试记录	C6-44	●	
	逆变应急电源测试试验记录	C6-45	●	
	柴油发电机测试试验记录	C6-46	●	
	低压配电电源质量测试记录	C6-47	●	
	监测与控制节能工程检查记录	C6-48	●	
	建筑物照明系统照度测试记录	C6-49	●	
	风管漏光检测记录	C6-50	●	
	风管漏风检测记录	C6-51	●	
	现场组装除尘器、空调机漏风检测记录	C6-52	●	
	各房间室内风量温度测量记录	C6-53	●	

类别编号	资料名称	表格编号	监理过程收集	归公司档案室
C6	管网风量平衡记录	C6-54	●	
	空调系统试运转调试记录	C6-55	●	
	空调水系统试运转调试记录	C6-56	●	
	制冷系统气密性试验记录	C6-57	●	
	净化空调系统测试记录	C6-58	●	
	防排烟系统联合试运行记录	C6-59	●	
	设备单机试运转记录（机电通用）	C6-60	●	
	系统试运转调试记录（机电通用）	C6-61	●	
	施工试验记录（通用）	C6-62	●	
	国家规范标准中规定的试验项目应有试验报告		●	
C7	过程验收资料			
	结构实体混凝土强度检验记录（回弹-取芯法）	C7-1	●	●
	钢筋保护层厚度检测报告	C7-2	●	●
	混凝土结构实体位置与尺寸偏差检验记录	C7-3	●	●
	检验批质量验收记录表	C7-4	●	
	检验批现场验收检查原始记录	C7-5	●	
	分项工程质量验收记录	C7-6	●	
	分部工程质量验收记录	C7-7	●	●
	分部工程质量验收报验表	C7-8	●	●
C8	工程竣工质量验收资料			
	单位工程质量竣工验收记录	C8-1	●	●
	单位工程质量控制资料核查记录	C8-2	●	●
	单位工程安全和功能检查资料核查及主要功能抽查记录	C8-3	●	●
	单位工程观感质量检查记录	C8-4	●	●
	单位工程竣工验收报审表	C8-5	●	●
	室内环境检测报告		●	●
	工程竣工质量报告		●	●
	节能工程现场实体检验报告		●	●
	工程概况表	C8-6	●	●

| 第二节　工程监理档案组卷与移交 |

一、工程监理档案组卷与移交要求

工程资料按载体不同分为纸质资料和数字化资料（电子资料），工程监理/工程咨询/项目管理档案组卷与移交分为纸质档案组卷与移交、电子档案整理与移交。

（一）纸质档案组卷

1.公司要求的归档资料按保存期限不同可分为三类：

第一类即保存期限为长期的资料；第二类即保存期限为5年的资料；第三类即保存期限为2年的资料。

如果工程监理/工程咨询/项目管理合同约定的乙方工作内容包括造价咨询或负责工程造价结算，与工程造价有关的资料应单独组卷，工程结算后移交，保存期限为工程结算后2年。

2.资料归档时应按上述分类方法分别装盒，尽量将保存期限相同的同类资料装于同一盒内。并附盒内资料目录，目录格式参考《资料管理规程》DB11/T 695—2017。档案盒标签应清晰标注盒内资料明细（档案盒标签详见后附样本）。

3.档案盒标签上的"共　盒第　盒"为本工程的第*类中的共　盒第　盒，如：长期保存类共5盒第1盒。

4.资料装盒时应尽量装饱满，以防存放过程中压瘪压坏。

5.如工程规模较小，资料量不大时，可根据现场实际情况进行归档组卷，但档案盒内的目录应细致明确。

（二）电子档案整理与归档

1.电子档案数据格式应符合相关的数据标准，以保证数据化资料在格式上的通用性。

2.电子档案分为经计算机生成的电子文档（可转化为PDF格式）和纸质文件电子扫描生成的PDF格式文件。

3.工程监理/工程咨询/项目管理工作启动后，就要做好电子档案整理的规划，过程中随时进行电子扫描件的收集整理，避免工程竣工后进行大量的电子扫描工作。

4.电子扫描应清晰可分辨，采用拍照形成电子图片的，图片应周正清晰可分辨，同一个文件的扫描件或图片宜按照顺序编入WORD或WPS文档中，并转成PDF格式，便于查阅。

5.电子档案应按照文件的分类分别建文件夹，应对文件和文件夹进行编号，以便于查阅。

6.归档的建设工程电子文件的内容必须与其对应的纸质档案一致，内容应真实和可靠。

7. 建设工程电子文件离线归档的存储媒体，可采用移动硬盘、U 盘、光盘等，媒体表面应粘贴项目名称、项目负责人、移交人、移交时间等信息。

8. 存储移交电子档案的载体应经过检测，应无病毒、无数据读写故障，并应确保接收方能通过适当设备读出数据。

二、工程监理档案移交前的审核

项目监理机构在资料整理完毕，向公司主管部门提交一份填列完整的电子版《工程监理纸质档案移交清单》和《工程监理电子档案移交清单》，移交清单经公司主管部门审核确认后，将纸制档案及电子档案一并移交至公司档案室。

三、工程监理档案移交清单

工程监理档案移交清单可在公司网站下载。

| 第三节　收发文本与监理日志及监理日记 |

一、收发文本

项目监理机构收 / 发文本是记载项目监理机构与其他工程参建方之间收 / 发文件的重要凭证，并于项目竣工验收后作为监理档案留存，总监理工程师应指定专人负责收 / 发文本的登记和管理。

（一）收 / 发文本的使用要求

1. 应将收文 / 发文分别进行登记；

2. 应将收 / 发的文件按本规定进行分类登记，并用口取纸做好标识；

3. 对收 / 发文本中所列的各项内容登记应做到：真实、准确、及时、清晰；

4. 收 / 发文登记时必须将收 / 发文经手人姓名、日期签署齐全，日期应填写收 / 发文当天的日期。

（二）收 / 发文本登记内容

1. 收文登记内容

A 类：建设单位发至项目监理部的有关文件、函件；

B 类：监理单位发至项目监理部的有关文件、函件；

C 类：承包单位发至项目监理部的有关文件、函件；

D 类：其他单位发给项目监理部的有关文件、函件。

2. 发文登记内容

（1）编制类文件、函件

①监理规划、监理实施细则；

②见证取样计划；

③旁站监理方案；

④监理月报；

⑤工程质量评估报告；

⑥监理工作总结。

（2）签发类文件、函件

①总监理工程师任命书；

②工程开工令；

③见证人告知书；

④监理报告；

⑤监理通知单；

⑥工作联系单；

⑦工程暂停令；

⑧工程复工令；

⑨工程款支付证书。

（3）审批类验收类文件、函件（技术和经济）

① C1 施工管理资料；

② C2 施工技术资料；

③ C3 施工测量记录；

④ C4 施工物资资料；

⑤ C5 施工试验资料；

⑥ C6 过程验收资料；

⑦ C8 工程竣工质量验收资料。

（4）记录类文件、函件

①监理会议纪要；

②监理工作日志；

③旁站记录；

④监理巡视记录；

⑤平行检验资料；

⑥见证记录。

（5）台账类文件、函件

（6）其他类文件、函件

项目监理部可根据本工程的实际情况适当增加登记内容，登记时将技术和经济类文件、函件分开。

二、项目监理日志

（一）项目监理日志填写基本要求

1.项目监理日志是项目监理机构对每日监理工作及施工情况所作的记录。

2.项目监理机构应指定专人负责项目监理日志的记录和管理。

3.项目监理日志的内容应真实、准确、及时、可追溯。

4.项目监理日志一般以项目监理机构为单位进行记录，当项目规模比较大或技术比较复杂时，也可以按标段或专业组为单位进行记录。

5.总监理工程师应每周对监理日志逐日签阅。

6.项目监理日志应于项目竣工验收后作为工程监理档案移交公司。

（二）项目监理日志主要内容与填写说明

1.天气情况

天气情况包括最高/最低气温、气象、风力等。

2.施工部位及形象进度

按单位工程分楼层、施工段描述主要分项工程的施工部位、形象进度。

天气和施工环境影响情况应记录大风、雨、雪天气及政治、经济、交通、自然环境等对施工进度造成何种影响，若无影响则不记录。

3.施工管理情况

按单位工程分楼层、施工段描述主要分项工程的施工管理情况，施工管理人员到岗情况、分包单位进场情况。

4.施工单位申报

主要记录施工单位申报的需要项目监理机构审查的各种文件及资料。

5.监理工作情况

主要记录质量、进度、造价、协调方面的监理工作情况。

（1）审查审核：包括对施工组织设计、施工方案、专项施工方案、施工进度计划、分包单位资质、工程开工报审、工程复工报审、工程变更费用报审、费用索赔报审、工程延期报审、工程款支付报审等的监理审核审查内容。

（2）材料、构配件进场报验：应记录所报验的材料、构配件的名称及对应的报验单编号。

（3）巡视：应重点记录所巡视部位施工单位是否执行工程建设标准（特别是强制性条文），是否按设计图纸要求施工，是否执行施工方案，工程中所使用的原材料是否经过监理人员验收合格，在施部位是否经过监理人员验收合格等情况。

（4）旁站：应记录旁站部位、旁站项目及对应的旁站记录编号。

（5）见证取样：应记录见证取样情况及见证记录编号。

（6）平行检验：应记录平行检验项目、部位及所形成的平行检验记录单编号。

（7）工程验收：应记录分项、检验批、隐蔽工程所验收的部位、检验批名称、验收记录编号。

（8）施工进度检查：对实际进度进行跟踪检查，并记录影响进度的主要因素（如施工人员数量、施工机械、施工机具、进场的施工材料、施工方法、施工环境、资金等因素的影响）。

（9）造价控制：应记录工程量计量、工程进度款审核及支付情况。

（10）组织协调工作：主要记录项目监理机构与参建各方的沟通协调工作。

6. 安全监理工作情况

（1）审查施工组织设计中的安全技术措施是否符合强制性条文规定的监理工作，审查危险性较大工程专项施工方案的监理工作、危险性较大工程专项施工方案专家论证情况，审查专项施工方案的监理工作。

（2）施工单位的安全保证体系是否健全以及运行情况，检查施工单位对危险性较大工程施工作业人员登记情况，项目专职安全生产管理人员、项目负责人在施工现场履职情况。

（3）检查施工单位安全教育、安全技术交底情况。

（4）施工单位按照专项施工方案组织施工的情况，危险性较大工程验收情况。

（5）危险性较大工程施工监测情况。

（6）安全专项巡视检查情况，监理组织安全联合检查情况。

（7）审查安全文明施工措施费用支付申请及使用情况

7. 问题及处理情况

在监理工作情况和安全监理工作情况栏中，对于质量、安全问题及处理情况的记录，应详细描述所发生问题的基本情况，包括问题发生部位、类型、性质、程度及所采取的措施，如发出《监理通知单》、《工程暂停令》、《工作联系单》等应记录文件编号，记录跟踪问题及处理结果要交圈，切忌只记录发现问题，没有后续的问题处理及结果。

8. 会议及收发文情况

会议情况：应记录会议名称及主持单位，如形成会议纪要应记录纪要编号。

记录当日收发文情况。

9. 其他事项

主要记录合同以外的其他事项。

主要人员变动情况：应记录建设单位、监理单位、施工单位的项目主要负责人，技术、安全、质量负责人变动前后人员姓名。

10. 重大事项跟踪情况

主要记录发生的重大事项、跟踪进展、结论等。

11. 监理人员

主要记录当日的监理人员数量及姓名。

（三）监理日志格式

监理日志格式见下表，可采用电脑填写记录，打印后相关人员签字。

日期			星期		
气候		气温		风力	
施工部位及形象进度					
施工管理情况					
施工单位申报					
质量进度造价协调方面的监理工作情况					
安全监理工作情况					
其他工作					
重大事项跟踪情况					
监理人员					
记录人（签字）			总监理工程师（签字）		

三、监理日记

（一）现场施工情况记录

本专业工程施工部位及形象进度，在场施工大致人数，需持证上岗人数。

（二）监理工作记录

1. 参与编写监理文件方面的工作：如监理规划、监理实施细则、监理通知等；

2. 参与审核的施工组织设计、施工方案、专项施工方案方面的工作；

3. 材料、构配件及设备进场验收情况，复试以及见证取样情况；

4. 巡视的施工部位，在施内容，发现的问题及其处理；

5. 旁站的部位、旁站时间、旁站内容，发现的问题及处理；

6. 平行检验的部位、时间、内容，平行检验的结论，发现的问题及处理；

7. 施工试验情况；

8. 隐蔽工程、检验批、分项、分部工程验收情况；

9. 外出考察情况。

（三）安全监理工作

1. 分工负责的专业施工单位安全管理人员和安全员到岗情况；

2. 施工现场开工前安全监理工作：

3. 参与审核安全施工方案、专项施工方案方面的工作：

4. 参加安全监理规划编写方面的工作：

5. 安全监理实施细则编写方面的工作；

6. 现场安全巡视、检查，安全设施验收，施工机械设备及安装验收中发现的问题及处理；

7. 参与的危险性较大的分部分项工程安全监理工作。

（四）文件及会议

1. 参加会议的时间、地点、主持人，会议主题，参加人，会议纪要编号；

2. 签字收到的文件、签字发出的文件（包括各种验收记录）。

四、其他工作

| 第四节　监理表格填写实例 |

一、签发类表格

（一）工程开工令

1. 本表用于项目监理机构按照相关要求向施工单位发出准予开工的通知。

2. 工程开工报审与开工核查

（1）施工单位认为施工现场已具备开工条件时，可向项目监理机构提交申请开工的《工程开工报审表》（C1-5）及相关文件。

（2）监理机构按照本书第一章第五节中施工准备阶段的监理工作的要求核查开工条件。

（3）监理工程师在审查承包单位报审的《工程开工报审表》和施工现场情况后，若认为尚不具备开工条件时，一方面应督促承包单位限期改正；另一方面应向总监理工程师申报后签署相应审查意见，最后由总监理工程师签署审批结论。

3. 签发工程开工令

（1）监理工程师经审核认为具备开工条件时，在《工程开工报审表》上签署审查意见，由总监理工程师签署审批结论，并签发《工程开工令》，准予开工。

（2）开工令应写明经核查本工程已具备施工合同约定的开工条件，同意开始施工，明确开工日期和签发时间。《工程开工令》中的开工日期作为施工单位计算工期的起始日期。

（3）开工令的签发人为总监理工程师，并加盖项目监理机构章和总监理工程师执业印章。

（4）本表一式三份，项目监理机构、建设单位、施工单位各一份。

4.填写要求

（1）填写的工程名称应与建设工程施工许可证上的工程名称一致；

（2）填写的施工单位名称应为施工合同的签订单位的全称；

（3）本表必须附具《工程开工报审表》；

（4）签字应真实、清楚，不得涂改、代签。

5.《工程开工令》采用示例 QF-1 的格式编制并填写。

示例 QF-1

工程开工令 （B-2）	资料编号	××××
工程名称	北京 ××× 项目	

致：北京 ××× 建筑工程有限公司（施工单位）

　　经审查，本工程已具备施工合同约定的开工条件，现同意你方开始施工，开工日期为 ×××× 年 ×× 月 ×× 日。

附件：工程开工报审表

注：本表由监理单位填写，一式三份，监理单位、建设单位、施工单位各一份。

（二）见证人告知书

1.《见证人告知书》是项目监理机构明确见证人员，并告知工程质量监督机构、检测机构、建设单位和施工单位的书面文件。

2.项目监理机构应根据工程特点配备满足工程需要的见证人员，负责见证取样和送检工作。见证人员应由具备建设工程施工试验知识的专业技术人员担任。

3.根据工程需要，见证人员可选择多名。

4.见证人员确定后，应在见证取样和送检前书面告知该工程的质量监督机构和承担相应见证试验的检测机构。

5.见证人员更换时，应在见证取样和送检前将更换后的见证人员信息告知检测机构和质量监督机构。

6.检测机构更换时，应在见证取样和送检前重新填写《见证人告知书》。

7.《见证人告知书》应加盖项目监理机构章。

8.《见证人告知书》应加盖有见证取样和送检章，见证取样和送检章样式由监理单位确定。

9.本告知书一式五份，工程质量监督机构、检测机构、建设单位、监理单位、施工单位各一份。

　　10. 填写要求

　　（1）填写的工程名称应与建设工程施工许可证上的工程名称一致；

　　（2）填写工程建设各方名称，应为全称，且为合同有效单位；

　　（3）签名应真实、清楚，不得涂改、代签。

　　11.《见证人告知书》采用示例 QF-2 的格式编制并填写。

　　示例 QF-2

见证人告知书 （B-13）	资料编号	××××
工程名称	北京×××项目	

致：（质量监督站）

（检测机构）

我单位决定，由同志担任工程见证取样和送检见证人。有关的印章和签字如下，请查收备案。

见证取样和送检印章　　　　　　　　见证人签字　　　　　　　　证书编号

建设单位（盖章）

项目负责人　　　　　　　　　　　　　　　　　　　　　年　　月　　日

注：本表由监理单位填写，一式五份，质量监督机构、检测机构、监理单位、建设单位、施工单位各一份。

　　（三）工程暂停令

　　1.《工程暂停令》是用于要求工程全部或局部暂停施工的指令。

　　2. 总监理工程师应根据停工原因，确定暂停施工的部位、范围。

　　3. 签发《工程暂停令》前应征得建设单位同意。

　　4.《工程暂停令》在事件发生的 24 小时之内发出。

　　5.《工程暂停令》应由总监理工程师签发，并加盖项目监理机构章和总监理工程师执业印章。

　　6.《工程暂停令》中的填写的日期作为工程停工的起始日期。

　　7. 本表一式四份，建设单位、监理单位、项目监理机构、施工单位各一份。重要《工程暂停令》报送工程质量监督机构一份。

　　8. 填写要求

　　（1）《工程暂停令》应注明暂停工程的原因、停工部位（工序）、停工范围以及整改要求。

（2）填写的工程名称应与建设工程施工许可证上的工程名称一致。

（3）填写的施工单位名称应为施工合同签订单位的全称。

（4）必要时应附停工部位或事件的影像资料。

（5）签名应真实、清楚，不得涂改、代签。

9.《工程暂停令》采用示例 QF-3 的格式编制并填写。

示例 QF-3

工程暂停令 （B-5）	资料编号	××××
工程名称	北京 ××× 项目	

致：北京 ××× 建筑有限公司（施工项目经理部）

由于 1 号楼基坑南侧桩锚支护预应力锚杆未张拉锁定即进行土方施工（超挖），未按照已批准施工方案实施，存在重大安全隐患原因，现通知你方必须于 ×××× 年 ×× 月 ×× 日 ×× 时起，暂停本工程的 1 号楼基坑南侧土方施工部位（工序）施工，并按下述要求做好后续工作：

要求：1. 立即停止土方作业，评估隐患的影响。

　　　2. 报送整改措施，经批准后方可实施。

　　　3. 隐患消除后，经监理查验合格后，方可申请复工。

　　　4. 加强支护与土方施工协调和技术交底。

　　　5. 完成上述内容后填写《工程复工报审表》报项目监理机构。

项目监理机构（盖章）

总监理工程师（签字、加盖执业印章）：

年　　月　　日

注：本表由监理单位填写，一式四份，建设单位、监理单位、项目监理机构、施工单位各一份。

（四）工程复工令

1.《工程复工令》用于签发导致工程暂停施工原因消失、具备复工条件时的复工指令。

2. 当施工现场具备复工条件，施工单位提出复工申请时，项目监理机构应审查施工单位报送的《工程复工报审表》；符合要求后，总监理工程师应及时签署意见，并经建设单位同意后签发《工程复工令》。

3. 施工单位未提出复工申请的，总监理工程师可根据工程实际情况指令施工单位恢复施工。

4. 由非施工单位引起的工程暂停施工的，具备复工条件，总监理工程师应及时签发《工程复工令》。

5.《工程复工令》应由总监理工程师签发，并加盖项目监理机构章及总监理工程师执业印章。

6.《工程复工令》签发时间为总监理工程师同意或通知承包单位恢复施工及恢复施工的时间，应在工程复工申请签署之后 24 小时内签署。

7.《工程复工令》中的日期作为工程停工的结束日期。

8.本表一式四份，建设单位、监理单位、项目监理机构、施工单位各一份。必要时报送工程质量监督机构一份。

9.填写要求

（1）《工程复工令》应注明复工的部位、范围和复工日期，并与工程暂停令相对应。

（2）填写的工程名称应与施工许可证上的工程名称一致。

（3）填写的施工单位名称应为施工合同签订单位的全称。

（4）本表应附《工程复工申请表》等其他相关说明。当施工单位拒不提出申请，但已具备复工条件时，总监理工程可以签发指令要求施工单位复工。

（5）必要时，附工程复工部位（工序）的影像资料。

（6）签字应真实、清楚，不得涂改、代签。

3.6.4 《工程复工令》采用示例 QF-4 的格式编制并填写。

示例 QF-4

工程复工令 （B-6）	资料编号	××××
工程名称	北京 ××× 项目	

致：北京 ××× 建筑有限公司（施工项目经理部）

我方发出的编号为 ×××× 《工程暂停令》，要求暂停施工的 ×× 号楼基坑支护及土方部位（工序），经查已具备复工条件。经建设单位同意，现通知你方于 ×××× 年 ×× 月 ×× 日 × 时起恢复施工。

附件：工程复工报审表

项目监理机构（盖章）

总监理工程师（签字、加盖执业印章）：

年　　　月　　　日

注：本表由监理单位填写，一式四份，项目监理机构、建设单位、监理单位、施工单位各一份。

（五）监理通知单

1.《监理通知单》是针对施工单位出现的质量、安全、进度等问题而签发的要求施工单位整改的指令性文件。项目监理机构使用时应避免滥发或不发的情况，维护其权威性。

2. 项目监理机构在施工过程中应视问题的影响程度和出现的频度，可先采取口头通知，对重要问题或口头通知无果的问题应及时签发书面监理通知。针对以下几种情况（但不限于），应签发《监理通知单》。

（1）施工现场经常出现、经口头或其他形式通知后仍时有发生的影响工程质量和施工安全的问题。

（2）施工现场未按审批的方案、设计图纸施工，存在质量隐患。

（3）现场发现使用不合格材料或工艺做法不符合施工规范和标准，存在质量隐患。

（4）施工现场未按审批的施工方案施工，现场存在安全隐患。

（5）施工现场未按程序进行报验，擅自隐蔽的情况。

（6）施工现场未按合同约定内容施工。如现场使用材料、设备或工艺做法与合同约定或封样样品（样板）不一致等。

（7）施工实际进度严重滞后于计划进度且影响合同工期的。

3. 经总监理工程师同意后，《监理通知单》可以由专业监理工程师签发，重要的《监理通知单》应由总监理工程师签发。《监理通知单》应加盖项目监理机构章。

4. 收到施工单位的《监理通知回复单》后，监理应及时对整改情况和附件资料进行复查，并在 24 小时内回复。

5.《监理通知回复单》的监理签署人一般为监理通知的原签发人，重大问题由总监理工程师确认，并加盖监理项目机构章。

6. 本表一式三份，建设单位、项目监理机构、施工单位各一份。

7. 填写要求

（1）表中的"事由"应简要写明具体事件原因。

（2）表中的"内容"一般应写明该事件发生的时间、部位、问题及后果，整改要求和回复期限。

（3）必要时应附工程问题隐患部位的照片或其他影像资料。

（4）描述用词尽量避免使用"基本"、"一些"、"少数"等模糊用词。

（5）填写的工程名称应与施工许可证上的工程名称一致，无施工许可证的工程，其工程名称应按合同的工程名称填写

（6）填写的施工项目经理部名称应为 ×× 工程（工程名称）施工项目经理部。

（7）签字应真实、清楚，不得涂改、代签。

8.《监理通知单》采用示例 QF-5 的格式编制并填写。

示例 QF-5.1

监理通知单 （B-4）	资料编号	××××
工程名称	北京 ××× 项目	

致：北京 ××× 建筑工程有限公司施工项目经理部（施工项目经理部）

事由：
关于 1 号楼 2 层卫生间瓷砖铺装质量问题事宜

内容：
××××年 ×× 月 ×× 日上午监理人员巡视发现：1 号楼 2 层卫生间未未按照经各方同意样板间的要求——横向铺贴方式施工。现通知你项目部暂停该部位施工，按照各方同意样板间要求，进行整改，并按规定报监理验收，合格后方可进行下道工序施工。

附：问题隐患部位（工序）的照片或其他影像资料

项目监理机构（盖章）

总 / 专业监理工程师（签字）：

年　　月　　日

注：本表由监理单位填写，一式三份，项目监理机构、建设单位、施工单位各一份。

示例 QF-5.2

监理通知回复单 （C1-13）	资料编号	××××
工程名称	北京 ××× 项目	

致：北京 ××× 监理公司项目监理部（监理单位）
　　我方接到编号为（××××）监理通知单后，已按照样板间要求的铺贴方式整改完毕相关工作，特此回复，请予以复查。
附件：
　　整改过程和整改后照片

施工项目经理部（盖章）

项目经理（签字）：

复查意见：
1. 经监理检查，已按照样板间要求整改完毕。
2. 质量隐患消除。

项目监理机构（盖章）：

总 / 专业监理工程师（签字）：

年　　月　　日

注：本表由施工单位填写，一式三份，项目监理机构、建设单位、施工单位各一份。

（六）监理报告

1. 项目监理机构在实施监理过程中，发现工程存在安全事故隐患时应签发《监理通知单》，要求施工单位整改；情况严重时应签发工程暂停令，并及时报告建设单位。施工单位拒不整改或不停止施工时，项目监理机构应及时向有关主管部门报送《监理报告》。发出前，应报告建设单位和监理单位。

2. 紧急情况下，项目监理机构通过电话、传真或电子邮件向有关主管部门报告，事后 24 小时内形成《监理报告》。

3.《监理报告》由总监理工程师签发，并加盖项目监理机构章。

4. 本表一式五份，主管部门、建设单位、监理单位、项目监理机构、施工单位各一份。

5. 填写要求

（1）应附具相关监理指令文件及工程问题隐患部位的照片或其他影像资料。

（2）应注明监理指令文件的文件编号和发文日期。

（3）可写明抄送单位。

（4）填写的工程名称应与施工许可证上的工程名称一致。

（5）签字应真实、清楚，不得涂改、代签。

6.《监理报告》采用示例 QF-6 的格式编制并填写。

示例 QF-6

监理报告 （B-3）	资料编号	××××
工程名称	北京 ××× 环保园 M 地块	

致：北京 ××× 质量监督站（主管部门）

　　由北京 ××× 建筑工程有限公司（施工单位），施工的北京 ××× 项目综合楼物料提升机安装（工程部位），存在安全事故隐患。我方已于 ×××× 年 ×× 月 ×× 日发出编号为 ×××× 的《监理通知单》/《工程暂停令》，但施工单位未整改 / 停工。

特此报告。

附件：■ 监理通知单
　　　■ 工程暂停令
　　　□ 其他

　　　　　　　　　　　　　　　　　　　　　　项目监理机构（盖章）

总监理工程师（签字）：

　　　　　　　　　　　　　　　　　　　　　　　　年　　月　　日

注：本表由监理单位填写。

（七）工作联系单

1.《工作联系单》是项目监理机构与工程建设各方（包括建设、施工、勘察、设计和上级主管部门等）相互之间日常联系的一种书面形式，包括告知、督促、建议等事项。

2. 项目监理机构发出的《工作联系单》应由项目监理机构负责该事项的专业监理工程师签字，并经总监理工程师同意后发出。

3. 涉及重要告知内容的《工作联系单》，应有总监理工程师签署。重要工程联系单可以加盖项目监理机构章。

4. 对于监理人员口头指令发出后，仍未能消除质量缺陷和安全隐患，但又未达到发出《监理通知单》的程度，可以签发《工作联系单》，这类工作联系单应要求施工单位限期整改并回复，回复格式参照《监理通知回复单》的格式和要求。

5. 对于有回复要求的工作联系单，应提出回复期限要求。

6.《工作联系单》一般一式两份，发出单位和发往单位各一份，如需抄送其他单位，可根据需要增加份数。

7. 填写要求

（1）《工作联系单》应写明收文单位、事由、抄送单位和发文日期等。

（2）《工作联系单》中的内容应条理清楚、明确、具体。

（3）对于涉及质量缺陷、安全隐患的内容，应将具体情况表达清楚，列明整改要求和整改期限。

（4）必要时应附工程问题隐患部位的照片或其他影像资料。

（5）描述用词尽量避免使用"基本"、"一些"、"少数"等模糊用词。

（6）填写的工程名称应与施工许可证上的工程名称一致。

（7）填写工程建设各方名称，应为全称，且为合同有效单位。

（8）签名应真实、清楚，不得涂改、代签。

8.《工作联系单》采用示例 QF-7 的格式编制并填写。

示例 QF-7

工作联系单 （B-16）	资料编号	××××
工程名称	北京 ××× 项目	

致：北京 ××× 建筑工程有限公司

关于进度计划调整事宜：
    ××××年 ×× 月施工进度计划与已批准的月进度计划发生滞后，要求你方分析原因，调整施工计划，采取措施满足已批准的总进度计划要求，避免发生工期拖延。调整的计划和措施以书面形式报项目监理部。

    抄送：北京 ××× 房地产开发有限公司

    发文单位：北京 ××× 监理公司

    负责人（签字）：×××

                      ××××年 ×× 月 ×× 日

注：本表由发出单位填写。

（八）工程款支付证书

1.《工程款支付证书》是项目监理机构依据建设单位与施工单位的合同以及工程款审定结果，签发的工程款支付证明文件。

2.《工程款支付证书》是建设单位拨付工程款的依据，签发前应征得建设单位同意。

3.总监理工程师指定专业监理工程师对《工程款支付报审表》中包括合同内工作量、工程变更增减费用、经批准的费用索赔、应扣除的预付款、预留金及建设工程施工合同约定的其他费用等项目应逐项审核，并填写审查记录，提出事查意见报总监理工程师审核签认。

4.《工程款支付证书》由总监理工程师签发，并加盖项目监理机构章和总监理工程师执业印章。

5.本表一式三份，建设单位、监理单位、施工单位各一份。

6.填写要求

（1）填写的工程名称应与建设工程施工许可证上的工程名称一致。

（2）填写的施工单位名称应为建设工程施工合同的签订单位的全称。

（3）施工单位申报款是指施工单位向项目监理机构填报《工程款支付报审表》中申报的工程款额。

（4）经审核施工单位应得款是指经项目监理机构专业监理工程师对施工单位填报的《工程款支付报审表》审核后核定的工程款额。

（5）本期应扣款是指建设工程施工合同约定应扣除的预付款及其他应扣除的工程款总和。

（6）本期应付款是指经项目监理机构审核施工单位应得款额减除本期应扣款额的差额工程款，即最终应支付的工程款.

（7）项目监理机构审查记录是指专业监理工程师对施工单位填报的《工程款支付报审表》及其附件的审查记录。

（8）表中说明可以填写支付依据，支付累计、本期应扣款内容和公式以及其他需说明事项。

（9）表中工程款数额应真实、清晰，不得涂改。

（10）签名应真实、清楚，不得涂改、代签。

7.《工程款支付证书》采用示例 QF-8 的格式编制并填写。

示例 QF-8

工程款支付证书（B2-12）	编号	××××
工程名称	北京×××工程	

致　北京××房地产开发有限公司（建设单位）：

根据施工合同规定，经审核承包单位的付款申报和报表，并扣除有关款项，同意本期支付工程款共计（大写）<u>陆拾柒</u><u>万肆仟肆佰肆拾柒元陆角柒分</u>（小写）<u>674447.67 元</u>，请按合同规定及时付款。

其中：

1. 承包单位申报款为：675312.60 元
2. 经审核承包单位应得款为：674447.67 元
3. 本期应扣款为：0.00 元
4. 本期应付款为：674447.67 元

附件：

1. 工程支付报审表及附件
2. 项目监理机构审核记录

说明：

1. 本期支付是××××年××月的工程进度款
2. 本期扣款依据建设工程施工合同专用条款××条，本期应扣款为 0 元。
3. 截止本期已累计支付工程款××××元。

项目监理机构（盖章）

总监理工程师（签字、加盖执业印章）：

年　　月　　日

注：本表由监理单位签发，一式三份，建设单位、监理单位、承包单位各存一份。

二、审批类表格

（一）施工组织设计报审文件

1. 施工单位应在开工前向项目监理机构报送经施工单位审核通过的施工组织设计，并填写《施工组织设计/（专项）施工方案报审表》。

2. 施工组织设计的编制、审核、批准签署齐全有效，施工组织设计应由施工单位技术负责人审核签字并加盖施工单位公章。

3. 施工组织设计应审核：

（1）施工组织设计的内容应符合工程建设强制性标准；

（2）施工进度、施工方案及工程质量保证措施应符合施工合同要求；

（3）资金、劳动力、材料、设备等资源供应计划应满足工程施工需要；

（4）安全技术措施应符合工程建设强制性标准；

（5）施工总平面布置应科学合理；

（6）安全生产事故应急预案，重点审查应急组织体系、相关人员职责、预警预防制度、应急救援措施。

4.总监理工程师组织审查并核准，需要施工单位修改时，应由总监理工程师签发书面意见退回施工单位修改，修改后按原编审程序报审，重新审核。

5.对于重大或特殊的工程，项目监理机构还应将施工组织设计报监理单位技术负责人审核后，再由总监理工程师签认发给施工单位。

6.规模较大、工艺较复杂的工程，群体工程或分期出图的工程可分阶段报批施工组织设计。

7.施工组织设计在实施过程中如需调整，施工单位仍应按原审批程序报批。

8.已签认的施工组织设计由项目监理机构报送建设单位。

9.填写要求

（1）用表:《建筑工程资料管理规程》DB11/T 695—2017 中的《施工组织设计/（专项）施工方案报审表》（C1-3）。

（2）专业监理工程师审查意见应具体，可以包括但不限于如下内容:

①施工组织设计的编制、审核、批准签署齐全有效；

②施工组织设计的内容符合工程建设强制性标准；

③施工进度、施工方案及工程质量保证措施符合建设工程建设工程施工合同要求；

④资金、劳动力、材料、设备等资源供应计划满足工程施工需要；

⑤施工总平面布置合理；

⑥安全技术措施符合工程建设强制性标准。

（3）总监理工程师审核意见可以包括但不限于:

①同意申报，可按照本施工组织设计执行；

②修改后重新申报，具体修改建议见附件。

（4）项目监理机构应针对报审的施工组织设计进行详细审查并给出书面的审查意见，作为附件附于报审表之后。

（5）签字、盖章要求

①施工单位应加盖项目经理部章，项目经理签字并加盖执业印章，如实填写申报日期。

②应加盖项目监理机构章,总监理工程师签字并加盖执业印章,如实填写审批日期。

10.注意事项

（1）审批时限:根据工程规模和施工组织设计内容的复杂程度，可适当延长审批时间，一般不宜超过 14 天。

考虑到"经审批的施工组织设计"是工程办理建设工程施工许可证的必要附件，因此应在办理建设工程施工许可证前完成申报、审批工作。

（2）份数、留存方:《施工组织设计/（专项）施工方案报审表》应一式三份。监理单位、建设单位、施工单位各一份。

（3）其他注意事项：报审的《施工组织设计》不应照搬投标环节的施工组织设计，而应根据工程现场的具体情况以及完善的施工图设计进行深化与修订。

经项目监理机构审查判定为"修改后重新申报"的《施工组织设计 /（专项）施工方案报审表》，应留存于项目监理机构作为过程依据。施工项目经理部应根据项目监理机构的审批要求认真修订、完善《施工组织设计》并及时重新履行申报手续。

11.《施工组织设计 /（专项）施工方案报审表》采用示例 SP-1 的格式编制并填写。

示例 SP-1.1

施工组织设计 /（专项）施工方案报审表 （C1-3）	资料编号	
工程名称		
致：(项目监理机构) 　我方已完成工程施工组织设计 /（专项）施工方案的编制和审批，请予以审查。 　附件：□ 施工组织总设计 　　　　□ 施工组织设计 　　　　□ 专项施工方案 　　　　□ 施工方案 　　　　　　　　　　　　　　　　　施工项目经理部（盖章） 　　　　　　　　　　　　　　　　　施工单位项目负责人（签字）： 　　　　　　　　　　　　　　　　　　　　　　年　　月　　日		
审查意见： 1.施工组织设计的编制、审核、批准签署齐全有效。 2.施工组织设计的内容符合工程建设强制性标准。 3.施工进度、施工方案及工程质量保证措施符合建设工程施工合同要求。 4.资金、劳动力、材料、设备等资源供应计划满足工程施工需要。 5.安全技术措施符合工程建设强制性标准。 6.施工总平面布置合理。 拟同意施工单位按该施工组织设计组织施工，请总监理工程师审核。 　　　　　　　　　　　　　　　　　专业监理工程师（签字）： 　　　　　　　　　　　　　　　　　　　　　　年　　月　　日		
审核意见： 同意申报，可按照本施工组织设计执行。 　　　　　　　　　　　　　　　　　项目监理机构（盖章） 　　　　　　　　　　　　　　　　　总监理工程师（签字、加盖执业印章）： 　　　　　　　　　　　　　　　　　　　　　　年　　月　　日		
审批意见（仅对超过一定规模的危险性较大的分部分项工程专项施工方案）： 　　　　　　　　　　　　　　　　　建设单位（盖章） 　　　　　　　　　　　　　　　　　项目负责人（签字）： 　　　　　　　　　　　　　　　　　　　　　　年　　月　　日		

注：本表由施工单位填写，一式三份，项目监理机构、建设单位、施工单位各一份。

示例 SP-1.2

施工组织设计/（专项）施工方案报审表 （C1-3）		资料编号	
工程名称			

致：(项目监理机构）
　　我方已完成工程施工组织设计/（专项）施工方案的编制和审批，请予以审查。
　　附件：□ 施工组织总设计
　　　　　□ 施工组织设计
　　　　　□ 专项施工方案
　　　　　□ 施工方案

　　　　　　　　　　　　　　　　　　施工项目经理部（盖章）
　　　　　　　　　　　　　　　　　　施工单位项目负责人（签字）：

　　　　　　　　　　　　　　　　　　　　　　　　年　　月　　日

审查意见：
不同意施工单位申报的《×××施工组织设计》，具体意见详见附件，请总监理工程师审核。

　　　　　　　　　　　　　　　　　　专业监理工程师（签字）：

　　　　　　　　　　　　　　　　　　　　　　　　年　　月　　日

审核意见：
修改后重新申报

　　　　　　　　　　　　　　　　　　项目监理机构（盖章）
　　　　　　　　　　　　　　　　　　总监理工程师（签字、加盖执业印章）：

　　　　　　　　　　　　　　　　　　　　　　　　年　　月　　日

审批意见（仅对超过一定规模的危险性较大的分部分项工程专项施工方案）：

　　　　　　　　　　　　　　　　　　建设单位（盖章）
　　　　　　　　　　　　　　　　　　项目负责人（签字）：

　　　　　　　　　　　　　　　　　　　　　　　　年　　月　　日

注：本表由施工单位填写，一式三份，项目监理机构、建设单位、施工单位各一份。

（二）施工方案报审文件

1.施工方案编审程序应符合相关规定。

2.施工方案中工程质量保证措施应符合相关标准的规定。

3. 施工方案应符合施工组织设计要求，并具有针对性和可操作性。

4. 施工方案在实施过程中，施工单位如需做较大的变动，仍应按原审批程序报批。

5. 技术复杂或采用新技术的分项、分部工程，施工单位应编制分项、分部工程施工方案，报项目监理机构审核。

6. 填写要求

（1）用表：北京市《建筑工程资料管理规程》DB11/T 695—2016 中的《施工组织设计 /（专项）施工方案报审表》（C1-3）。

（2）专业监理工程师审查意见应具体，可以包括但不限于如下内容：

①施工方案编审程序符合相关规定；

②施工方案中工程质量保证措施符合相关标准规定；

③施工方案符合已批准施工组织设计要求。

（3）总监理工程师审核意见可以包括但不限于：

①同意专业监理工程师的审查意见，按照本施工方案执行；

②修改后重新申报，具体修改建议见附件。

（4）专业监理工程师应针对报审的施工方案进行详细审查并给出书面的审查意见，作为附件附于报审表之后。

7. 签字、盖章要求

（1）施工单位应盖项目经理部章，项目经理签字并加盖执业印章，如实填写申报日期。

（2）应加盖项目监理机构章，总监理工程师签字并加盖执业印章。对于专项施工方案或施工方案，专业监理工程师应填写审查意见并签字，注明审查时间。

8. 注意事项

（1）审批时限：

根据工程规模和施工方案内容的复杂程度，可适当延长审查时间，一般不宜超过7天。

考虑到"经审批的施工方案"是相应分部分项工程施工的重要指导依据，因此在对应的分部分项开始施工前完成申报、审批工作。

（2）份数、留存方：《施工组织设计 /（专项）施工方案报审表》应一式三份，项目监理机构、建设单位、施工单位各一份。

（3）其他注意事项

经项目监理机构审查判定为"修改后重新申报"的《施工方案》及审批表，应存留于项目监理部作为过程依据。施工项目经理部应根据项目监理机构的审批要求认真修订、完善《施工方案》并及时重新履行申报手续。

9.《施工组织设计 /（专项）施工方案报审表》采用示例 SP-2 的格式编制并填写。

示例 SP-2.1

施工组织设计 /（专项）施工方案报审表 （C1-3）	资料编号	
工程名称		

致：（项目监理机构）

　　我方已完成工程施工组织设计 /（专项）施工方案的编制和审批，请予以审查。

　　附件：□ 施工组织设计

　　　　　□ 专项施工方案

　　　　　□ 施工方案

项目经理部（盖章）

项目经理（签字）：

年　　月　　日

审查意见：

1. 施工方案编审程序符合相关规定。

2. 施工方案中工程质量保证措施符合相关标准规定。

3. 施工方案符合已批准施工组织设计要求。

拟同意施工单位按该施工方案组织施工，请总监理工程师审核。

专业监理工程师（签字）：

年　　月　　日

审核意见：

同意申报，可按照本施工方案执行。

项目监理机构（盖章）

总监理工程师（签字、加盖执业印章）：

年　　月　　日

审批意见（仅对超过一定规模的危险性较大的分部分项工程专项施工方案）：

建设单位（盖章）

项目负责人（签字）：

年　　月　　日

注：本表由施工单位填写，一式三份，项目监理机构、建设单位、施工单位各一份。

示例 SP-2.2

施工组织设计 /（专项）施工方案报审表 （C1-3）	资料编号	
工程名称		

致：（项目监理机构）
我方已完成工程施工组织设计 /（专项）施工方案的编制和审批，请予以审查。
附件：□ 施工组织设计
　　　□ 专项施工方案
　　　□ 施工方案

项目经理部（盖章）
项目经理（签字）：

年　　月　　日

审查意见：
不同意施工单位申报的《×××施工方案》，具体意见详见附件，请总监理工程师审核。

专业监理工程师（签字）：

年　　月　　日

审核意见：
修改后重新申报。

项目监理机构（盖章）
总监理工程师（签字、加盖执业印章）：

年　　月　　日

审批意见（仅对超过一定规模的危险性较大的分部分项工程专项施工方案）：

建设单位（盖章）
项目负责人（签字）：

年　　月　　日

注：本表由施工单位填写，一式三份，项目监理机构、建设单位、施工单位各一份。

（三）专项施工方案报审文件

1. 专项施工方案编审程序应符合相关规定。

2. 专项施工方案中的工程安全保证措施应符合相关标准的规定。

3. 专项施工方案应符合施工组织设计要求，并具有针对性和可操作性。

4. 需组织专家论证的专项施工方案，应有专家书面论证审查报告，论证审查报告的签署齐全有效；专项施工方案需要完善的，应根据专家论证审查报告中提出的意见进行完善。

5. 专项施工方案在实施过程中，施工单位如需做较大的变动，仍应按原审批程序报批。

6. 填写要求

（1）用表：北京市《建筑工程资料管理规程》DB11/T 695—2016 中的《施工组织设计／（专项）施工方案报审表》。

（2）专业监理工程师审查意见应具体，可以包括但不限于如下内容：

①施工方案编审程序符合相关规定；

②施工方案中安全技术措施符合相关工程建设强制性标准规定；

③经审查，本施工方案已根据专家审查意见进行了修改和完善。

（3）总监理工程师审核意见可以包括但不限于：

①同意专业监理工程师的审查意见，按照本施工方案执行；

②修改后重新申报，具体修改建议见附件。

（4）专业监理工程师应针对报审的专项施工方案进行详细审查并给出书面的审查意见，作为附件附于报审表之后。

7. 签字、盖章要求

（1）施工单位应盖项目经理部章，项目经理签字并加盖执业印章，填写申报日期。

（2）项目监理机构应盖项目监理机构章，总监理工程师签字并加盖执业印章。

8. 注意事项

（1）审批时限：

根据工程规模和复杂程度，可适当延长审查时间，一般不宜超过 7 天。考虑到"经审批的专项施工方案"是相应分部分项工程施工的重要指导依据，因此在对应的分部分项开始施工前完成申报、审批工作。

（2）份数、留存方：《施工组织设计／（专项）施工方案报审表》应一式三份，项目监理机构、建设单位、施工单位各一份。

（3）经项目监理机构审查判定为"修改后重新申报"的《专项施工方案》及审批表，应存留于项目监理部作为过程依据。施工项目经理部应根据项目监理机构的审批要求认真修订、完善《专项施工方案》并及时重新履行申报手续。

（4）对于超过一定规模的危险性较大的分部分项工程的专项施工方案，应组织专家论证；报审时，应附专家评审意见。

（5）对于超过一定规模的危险性较大的分部分项工程的专项施工方案，建设单位应签署意见。

9.《施工组织设计／（专项）施工方案报审表》采用示例SP-3的格式编制并填写。

示例 SP-3.1

施工组织设计／（专项）施工方案报审表 （C1-3）		资料编号	
工程名称			
致：(项目监理机构) 我方已完成工程施工组织设计／（专项）施工方案的编制和审批，请予以审查。 附件：□ 施工组织设计 　　　□ 专项施工方案 　　　□ 施工方案 　　　　　　　　　　　　　项目经理部（盖章） 　　　　　　　　　　　　　项目经理（签字）： 　　　　　　　　　　　　　　　　　　年　　月　　日			
审查意见： 1. 专项施工方案编审程序符合相关规定。 2. 专项施工方案中的工程安全保证措施符合相关标准规定。 3. 专项施工方案符合已批准施工组织设计要求。 4. 已按规定组织专家论证，有专家论证报告。 拟同意施工单位按该专项施工方案组织施工，请总监理工程师审核。 　　　　　　　　　　　　　专业监理工程师（签字）： 　　　　　　　　　　　　　　　　　　年　　月　　日			
审核意见： 同意申报，可按照本专项施工方案执行，报建设单位审批。 　　　　　　　　　　　　　项目监理机构（盖章） 　　　　　　　　　　　　　总监理工程师（签字、加盖执业印章）： 　　　　　　　　　　　　　　　　　　年　　月　　日			
审批意见（仅对超过一定规模的危险性较大的分部分项工程专项施工方案）： 同意申报。 　　　　　　　　　　　　　建设单位（盖章） 　　　　　　　　　　　　　项目负责人（签字）： 　　　　　　　　　　　　　　　　　　年　　月　　日			

注：本表由施工单位填写，一式三份，项目监理机构、建设单位、施工单位各一份。

示例 SP-3.2

施工组织设计/（专项）施工方案报审表 （C1-3）		资料编号	
工程名称			

致:（项目监理机构）

我方已完成工程施工组织设计/（专项）施工方案的编制和审批，请予以审查。

附件:□ 施工组织设计
　　　□ 专项施工方案
　　　□ 施工方案

项目经理部（盖章）

项目经理（签字）:

年　　月　　日

审查意见:

不同意施工单位申报的《×××专项施工方案》，具体意见详见附件，请总监理工程师审核。

专业监理工程师（签字）:

年　　月　　日

审核意见:

修改后重新申报。

项目监理机构（盖章）

总监理工程师（签字、加盖执业印章）:

年　　月　　日

审批意见（仅对超过一定规模的危险性较大的分部分项工程专项施工方案）:

建设单位（盖章）

项目负责人（签字）:

年　　月　　日

注: 本表由施工单位填写，一式三份，项目监理机构、建设单位、施工单位各一份。

（四）施工进度计划报审文件

1.施工进度计划应符合施工合同中工期的约定。

2.施工进度计划中主要工程项目无遗漏，应满足分批投入试运、分批动用的需要，阶段性施工进度计划应满足总进度控制目标的要求。

3. 施工顺序的安排应符合施工工艺要求。

4. 施工人员、工程材料、施工机械等资源供应计划应满足施工进度计划的需要。

5. 施工进度计划应符合建设单位提供的资金、施工图纸、施工场地、物资等施工条件。

6. 填写要求

（1）用表：北京市《建筑工程资料管理规程》DB11/T695—2016 中的《施工进度计划报审表》（C1-4）。

（2）申报部分：根据报审内容的不同，在"附件"栏分别勾选"施工总进度计划"或"阶段性进度计划"。

（3）专业监理工程师应对施工总进度计划/阶段性进度计划进行审查后在"审查意见"栏签署意见，根据不同情况审查意见包括但不限于：

①施工进度计划符合施工合同中工期的约定；

②施工进度计划中主要工程项目无遗漏，满足分批投入试运、分批动用的需要，阶段性施工进度计划满足总进度控制目标的要求；

③施工顺序的安排符合施工工艺要求；

④施工人员和施工机械的配置、工程材料的供应计划满足施工进度计划的需要。

（4）总监理工程师在专业监理工程师的"审查意见"基础上给出"审核意见"。审核意见包括：

①同意专业监理工程师的审查意见，可按照本施工总进度计划/阶段性进度计划执行；

②修改后重新申报，具体修改建议见附件。

7. 签字、盖章要求：施工单位应加盖项目经理部章，项目经理签字并注明报审时间；还应加盖项目监理机构章，签字并注明审核时间。

8. 注意事项

（1）审批时限，对于施工总进度计划，应在工程动工前完成申报、审核工作。对于阶段性进度计划，建议参建各方事先约定，一般在相应工程阶段开始前 7 天完成编制、申报、审核工作。

（2）份数、留存方：《施工进度计划报审表》应一式三份，项目监理机构、建设单位、施工单位各一份。

（3）经项目监理机构审查判定为"修改后重新申报"的《施工进度计划》，应存留于项目监理机构作为过程依据。施工项目经理部应根据项目监理机构的审批要求认真修订、完善《施工进度计划》并及时履行重新申报手续。

9.《施工进度计划报审表》采用示例 SP-4 的格式编制并填写。

示例 SP-4

施工进度计划报审表 （C1-4）		资料编号	
工程名称			

<table>
<tr><td colspan="4">
致:(项目监理机构)
　　根据施工合同的约定,我方已完成工程施工进度的编制和批准,请予以审查。
　　附件:□ 施工总进度计划
　　　　　□ 阶段性进度计划

施工项目经理部（盖章）
施工单位项目负责人（签字）:

年　　月　　日
</td></tr>
<tr><td colspan="4">
审查意见:
经审查,本施工总进度计划满足建设工程施工合同中工期的约定,请总监理工程师审核。

专业监理工程师（签字）:

年　　月　　日
</td></tr>
<tr><td colspan="4">
审核意见:
同意申报。

项目监理机构（盖章）:
总监理工程师（签字）:

年　　月　　日
</td></tr>
</table>

注:本表由施工单位填写,一式三份,项目监理机构、建设单位、施工单位各一份。

（五）分包单位资质报审文件

1.分包单位资格审查应包括下列基本内容:

（1）营业执照、企业资质等级证书;

（2）安全生产许可证书;

（3）类似工程业绩;

（4）中标通知书;

（5）分包单位项目负责人的授权书;

（6）专职管理人员和特种作业人员的资格;

（7）分包单位与施工单位签订的安全生产管理协议。

2. 填写要求

（1）用表：北京市《建筑工程资料管理规程》DB11/T 695—2016 中的《分包单位资质报审表》（C1-8）。

（2）申报部分：表格中填写清楚拟选择的分包单位名称，对应的施工范围（部位、工程量及合同额）应明确，并填写在列表中。

（3）报审表的必要附件包括：中标通知书、分包单位资质材料、分包单位业绩材料、分包单位质量管理体系、分包单位项目负责人的授权书、分包单位专职管理人员和特种作业人员的资格证书。

（4）专业监理工程师对报审表所列施工范围及附件进行审查后，应在"审查意见"栏签署意见，并以附件的形式给出具体审查意见（如根据分包工程的复杂程度和特殊性对分包单位进行了考察，建议将考察报告作为附件报建设单位）。审查意见包括："经审查该分包单位能满足相应施工范围施工的资质能力要求，拟同意申报"；"经审查该分包单位不能满足相应施工范围施工的资质能力要求，拟不同意申报"等。

（5）总监理工程师在专业监理工程师的"审查意见"基础上给出"审核意见"。审核意见包括："同意申报，该分包单位可在指定的施工范围内开展施工"；"不同意申报，施工单位应另行选择分包单位从事指定施工范围内的施工"。

3. 签字、盖章要求：施工单位应加盖项目经理部章，项目经理签字并注明申报时间；项目监理机构盖项目监理机构章，总监理工程师签字并注明审核时间。

4. 注意事项

（1）审批时限：分包工程开工前审核施工单位报送的《分包单位资质报审表》，如分包单位资格不符合要求，可能会耽误分包工程按期开工。可将该工作提前，要求施工单位在发出分包工程中标通知书或签订分包工程合同前，向项目监理机构报送《分包单位资质报审表》。

（2）份数、留存方：《分包单位资质报审表》应一式三份，项目监理机构、建设单位、施工单位各一份。

（3）分包单位资质不能满足要求，应要求施工单位应重新选择分包单位，重新履行申报环节。分包单位资质满足要求，但申报的相关管理人员或特种作业人员资格或人数被项目监理机构认为不满足要求时，施工单位应及时知会分包单位根据具体情况补充或更换专业人员，以满足分包单位资格报审的要求。

（4）分包单位的申报环节未能完成前，应禁止开展相应施工范围的分包施工活动。

（5）项目监理机构未能同意分包单位报审的报审表、附件以及项目监理机构的书面审查意见，应作为过程资料留存。

5.《分包单位资质报审表》采用示例 SP-5 的格式编制并填写。

示例 SP-5

分包单位资质报审表 （C1-8）		资料编号	
工程名称			
施工单位			
分包单位		报审日期	

致：×××监理公司（监理单位）

　　经考察，我方认为拟选择的×××工程公司（专业承包单位）具有承担下列工程的施工资质和施工能力，可以保证本工程项目按合同的约定进行施工。分包后，我方仍然承担施工单位的责任。请予以审查和批准。

　　附：1.分包单位资质资料

　　　　2.分包单位业绩资料

　　　　3.中标通知书

分包工程名称（部位）	工 程 量	分包工程合同额	备 注
预应力静压管桩	××根（总长××m）	××万元	
合计		××万元	

施工项目经理部（公章）

施工单位项目负责人（签字、加盖执业印章）：

　　　　　　　　　　　年　　月　　日

审查意见：

经审查，该分包单位满足相应施工范围施工的资质要求，申报资料齐全，请总监理工程师审核。

专业监理工程师:（签字）

　　　　　　　　　　　年　　月　　日

审核意见：

同意该分包单位进场施工。

项目监理机构（公章）

总监理工程师（签字、加盖执业印章）:

　　　　　　　　　　　年　　月　　日

注：本表由施工单位填写，一式三份，项目监理机构、建设单位、施工单位各一份。

（六）工程开工报审文件

1.工程开工前监理工程师应核查主要内容：

（1）政府主管部门已签发"建筑工程施工许可证"。

（2）施工组织设计已通过项目总监理工程师审核。

（3）测量控制桩已查验合格。

（4）企业资质和安全生产许可证，施工单位与分包单位的安全协议。施工单位项目经理部管理人员已到位，施工人员、施工设备已按计划进场，主要材料供应已落实。

（5）施工现场道路、水、电、通信等已达到开工条件。

（6）对毗邻建筑物、构筑物和地下管线专项保护措施。

（7）影响开工的其他条件。

2. 填写要求

（1）用表：北京市《建筑工程资料管理规程》DB11/T695—2016 中的《工程开工报审表》（C1-5）。

（2）申报部分：应按本项目的施工许可证的名称填写"我方承担的＿＿工程"中下划线处的工程名称。开工日期应按施工许可证的开工日期填写。

"附件：证明文件资料"建议由施工单位编制开工报告，应包括监理规范中提及的相关证明文件，如设计交底记录、图纸会审记录、经总监理工程师签认的施工组织设计等，并说明施工单位现场质量、安全生产管理体系的现状，管理及施工人员配备情况，施工机械现状，主要工程材料落实情况以及进场道路及水、电、通信等的现状，供项目监理机构判断是否具备开工条件。

（3）审批部分：

"审核意见"："经审核，施工单位提交的相关证明资料以及现场各项施工准备工作能够满足开工需求，同意开工申请。"或"经审核，施工单位提交的相关证明资料以及现场各项施工准备工作不足以满足开工需求，不同意开工申请。"

"审批意见"：建设单位在监理单位审核批准的基础上，可简单批复"同意开工。"

3. 签字、盖章要求：建设单位加盖建设单位公章，建设单位代表签字；施工单位加盖施工单位公章，并由项目经理签字；项目监理机构加盖项目监理机构章，总监理工程师签字并加盖执业印章。

4. 注意事项

（1）审批时限：项目监理机构收到《工程开工报审表》后，应及时针对报来的证明文件资料及项目现场情况进行核查，做出是否同意开工的判断。对于不同意开工的情况，也应及时反馈施工单位以采取完善措施。审批时限不宜超过一周。

（2）份数、留存方：《工程开工报审表》应一式三份，项目监理机构、建设单位、施工单位各一份。

（3）其他注意事项：不同意的情况下，应对不满足要求的事项做出描述，以便施工单位继续完善。申报的相关文件留存项目监理机构，作为过程记录。

5.《工程开工报审表》采用示例 SP-6 的格式编制并填写。

示例 SP-6

工程开工报审表 （C1-5）		资料编号	
工程名称			

致：×××开发公司（建设单位）
　　×××监理公司（项目监理机构）
　　我方承担的×××楼工程，已完成相关准备工作，具备开工条件，申请于××××年××月××日开工，请予以审批。
附件：证明文件资料

施工单位（盖章）
施工单位项目负责人（签字）：

　　年　　月　　日

审核意见：
经审查，施工单位提交的相关证明资料以及现场个项施工准备工作能够满足开工条件，同意开工，报建设单位审批。

项目监理机构（盖章）
总监理工程师（签字）：

　　年　　月　　日

审批意见：
同意开工。

建设单位（盖章）
项目负责人（签字）：

　　年　　月　　日

注：本表由施工单位填写，一式三份，项目监理机构、建设单位、施工单位各一份。

（七）工程复工报审文件

1. 用表：北京市《建筑工程资料管理规程》DB11/T695—2016中的《工程复工报审表》（C1-6）。

2. 申报部分：填写时，应载明对应的《工程暂停令》的编号及相应的暂停部位（工序），并明确填写申请复工的日期。

"附件：证明文件资料"建议施工单位编制复工报告，针对对应的《工程暂停令》中所描述的引起工程暂停的原因，描述整改、处理后的现状，以证明原因已消失，具备复工条件。

3. 审批部分：

"审核意见"："经审核，施工单位提交的证明文件资料可以证明引起工程暂停的原因已消除，具备复工条件。同意复工。"或"经审核，施工单位提交的证明文件资料无法证明引起工程暂停的原因已消除，尚不具备复工条件。不同意复工。"

"审批意见"：建设单位在监理单位审核的基础上独立做出是否同意复工的判断，并签署"同意复工"或"不同意复工"。不同意复工的情况下也应书面说明理由。

4.签字、盖章要求:建设单位应盖建设单位公章,建设单位代表签字并注明审批日期;施工单位应加盖项目经理部章,项目经理签字;加盖项目监理机构章,总监理工程师签字并注明审核日期。

5.注意事项

(1)审批时限:考虑到监理规程 7.2.5 条"因施工单位原因暂停施工的,项目监理机构应及时检查施工单位的停工整改过程,验收整改结果"的要求,项目监理机构对工程暂停过程进行跟踪监控的,在施工单位申报复工时,应能及时判断工程现状及工程暂停原因是否消除,因此审批时限不宜过长,建议以三天为限。

(2)份数、留存方:《工程复工报审表》应一式三份,项目监理机构、建设单位、施工单位各一份。

(3)其他注意事项:不同意复工的情况下,项目监理机构应对未消除的原因做出描述,以便施工单位继续整改。申报的相关文件留存项目监理机构,作为过程记录。

6.《工程复工报审表》宜采用示例 SP-7 的格式编制并填写。

示例 SP-7

工程复工报审表 (C1-6)		资料编号	
工程名称			
致:×××监理公司(项目监理机构) 　　编号为 ××××《工程暂停令》所停工的 ××× 部位(工序)已满足复工条件,我方申请于 ×××× 年 ×× 月 ×× 日复工,请予以审批。 附件:证明文件资料 <div style="text-align:right">施工项目经理部(盖章) 施工单位项目负责人(签字): 　　　　　年　　　月　　　日</div>			
审核意见: 经审查,施工单位提交的相关证明文件资料可以证明引起工程暂停的原因已消除,具备复工条件,同意复工,报建设单位审批。 <div style="text-align:right">项目监理机构(盖章) 总监理工程师(签字): 　　　　　年　　　月　　　日</div>			
审批意见: 同意复工 <div style="text-align:right">建设单位(盖章) 项目负责人(签字): 　　　　　年　　　月　　　日</div>			

注:本表由施工单位填写,一式三份,项目监理机构、建设单位、施工单位各一份。

（八）工程变更报审文件

1. 用表

《设计变更通知单》使用《建筑工程资料管理规程》DB11/T 695—2016 中的表 C2-3。

《工程变更洽商记录》使用《建筑工程资料管理规程》DB11/T 695—2016 中的表 C2-4。

《工程变更费用报审表》使用《建筑工程资料管理规程》DB11/T 695—2016 中的表 C1-12。

2. 签字、盖章要求

（1）《设计变更通知单》由总监理工程师或总监理工程师代表签字;《工程变更洽商记录》由总监理工程师或总监理工程师代表签字;《工程变更费用报审表》由负责造价的监理工程师和总监理工程师签字。

（2）施工单位应加盖项目经理部章，由项目经理签字；盖项目监理机构章，并由专业监理工程师、总监理工程师签字确认。建设单位应加盖建设单位公章，由建设单位代表签字。

3. 注意事项

（1）工程变更文件的附件一般包括以下内容：

①变更内容说明（含必要性、具体内容等）；

②有关会议纪要及其他可作为依据的文件（联系单、委托函等）；

③变更引起的工程量变化分析；

④变更引起的合同价款的增减估算，估算应科学、精细；

⑤变更对工期、接口的影响分析；

⑥必要的附图及计算资料；

⑦所影响的图纸名称、编号；

⑧其他变更说明资料等。

（2）《工程变更洽商记录》，其附件一般包括以下内容：

①洽商方案说明（含必要性、具体方案等）；

②有关会议纪要和联系单、委托函等；

③洽商引起的工程量变化分析；

④洽商引起的合同价款的增减估算，估算应科学、精细；

⑤洽商对工期、接口的影响分析；

⑥必要的附图及计算资料；

⑦其他洽商需要的支持性资料等。

（3）《工程变更费用报审表》附件一般包括以下内容：

①经审批的《工程变更单》；

②变更过程现场影像资料；

③变更工程验收合格证明；

④工程量现场确认单（含现场测量记录和影像资料）；

⑤变更单价组成明细表。

4.《设计变更通知单》、《工程变更洽商记录》、《工程变更费用报审表》采用示例SP-8的格式编制并填写。

示例 SP-8.1

设计变更通知单 （C2-3）			资料编号	001
工程名称	北京 ××× 楼		专业名称	结构
设计单位名称	北京 ××× 设计院		日期	2016 年 3 月 8 日
序号	图号	变更内容		
1 2 3	结施 02、03 结施 -14 结施 -30	DL1、DL2 梁底标高 -2.000 改为 -1.800，切 DL1 上挑耳取消。 Z10 中配筋 $\Phi18$ 改为 $\Phi20$，根数不变。 KL-42，44 的梁高 700 改为 900。		
签字栏	建设单位	监理单位	设计单位	施工单位
	北京 ××× 开发公司	北京 ××× 监理公司	北京 ××× 设计院	北京 ××× 公司

注：本表由变更提出单位填写。

示例 SP-8.2

工程变更洽商记录 （C2-4）			资料编号	08-00-C2-001
工程名称	北京 ××× 楼		专业名称	暖通专业
提出单位名称	北京 ××× 工程公司		日期	2016 年 3 月 23 日
内容摘要				
序号	图号	洽商内容		
1	暖施 -04 暖施 -05	地下二层 P（Y）-B2-1 系统、地下一层 P（Y）-B1-2 系统排烟风管、地下一层车库补风风管，原设计为防火板制作，现改为 1.5mm 镀锌钢板制作。		
签字栏	建设单位	监理单位	设计单位	施工单位
	北京 ××× 开发公司	北京 ××× 监理公司	北京 ××× 设计院	北京 ××× 工程公司

注：本表变更提出单位填写。

示例 SP-8.3

工程变更费用报审表 （C1-12）					资料编号	
工程名称					日期	

致＿＿＿＿＿＿＿＿＿＿＿＿＿＿＿＿＿＿＿（项目监理机构）：
　　根据第（　　　　）号设计变更通知单 / 工程变更洽商记录，申请费用如下表，请审核。

项目名称	变更前			变更后			工程款 增（＋）减（－）
	工程量	单价	合价	工程量	单价	合价	

施工单位名称：　　　　　　　　　　　　　　　　　　　　项目经理（签字）：

专业监理工程师审核意见：

审核意见详见附件，报建设单位审核。

项目监理机构（盖章）：　　　　　　　　　　　　专业监理工程师（签字）：

审批意见：

注：本表由施工单位填写，监理单位签署审核意见。

（九）费用索赔报审文件

1. 批准施工单位费用索赔应同时满足下列条件：

（1）施工单位在建设工程施工合同约定的期限内提出费用索赔；

（2）索赔事件是因非施工单位原因造成，且符合建设工程施工合同约定；

（3）索赔事件造成施工单位直接经济损失。

2. 项目监理机构应及时收集与索赔有关的资料。

3. 项目监理机构处理费用索赔应严格遵循在建设工程施工合同约定的期限和相关合同条款。

4. 项目监理机构在处理费用索赔时，应充分与建设单位和施工单位协商。

5. 填写要求

（1）《费用索赔报审表》采用北京市地方标准《建筑工程资料管理规程》表 C1-10 的格式填写。

（2）填写要求：《费用索赔报审表》中应注明申报日期。

（3）签字、盖章要求：施工单位应加盖项目经理部章，由项目经理签字；监理单位应盖项目监理机构章，总监理工程师签字并加盖执业印章；建设单位盖建设单位公章，由建设单位代表签字。

6. 其他要求

《费用索赔报审表》附件一般为索赔事件证明资料，以及：

①索赔依据资料及相应条款；

②索赔金额计算；

③现场影像资料；

④工程量现场确认单；

⑤其他证明材料；

⑥索赔审查报告。

7.《费用索赔报审表》采用示例 SP-9 的格式编制并填写。

示例 SP-9

费用索赔报审表 （C1-10）		资料编号	003
工程名称	北京 ××× 楼		
致：北京 ××× 监理公司（项目监理机构） 　　根据施工合同专用合同条款第 16.1.2 第（4）、（5）条款的规定，由于甲供材料未及时进场，致使工期延误，且造成我施工人员停工的，我方申请索赔金额（大写）叁万伍仟元，请予批准。 　　索赔理由：因甲供进口大理石石材未按时到货，造成我施工人员窝工，无法进行后续施工。 　　附件：□ 索赔金额计算 　　　　　□ 证明材料 　　　　　　　　　　　　　　　　施工项目经理部（盖章） 　　　　　　　　　　　　　　　　施工单位项目负责人（签字）： 　　　　　　　　　　　　　　　　　　　　年　　月　　日			
审核意见： 　　　　　□ 不同意此项索赔 　　　　　□ 同意此项索赔，索赔金额为（大写） 　　　　　同意 / 不同意索赔的理由： 　　附件：□ 索赔审查报告 　　　　　　　　　　　　　　　　项目监理机构（盖章） 　　　　　　　　　　　　　　　　总监理工程师（签字、加盖执业印章）： 　　　　　　　　　　　　　　　　　　　　年　　月　　日			
审批意见： 　　　　　　　　　　　　　　　　建设单位（盖章） 　　　　　　　　　　　　　　　　项目负责人（签字）： 　　　　　　　　　　　　　　　　　　　　年　　月　　日			

注：本表由施工单位填写，一式三份，项目监理机构、建设单位、施工单位各一份。

（十）工程延期报审文件

1. 项目监理机构批准工程延期应同时满足下列条件：

（1）工程延期的提出应在建设工程施工合同约定的期限内提出工程延期；

（2）因非施工单位原因造成施工进度滞后；

（3）施工进度滞后影响到施工合同约定的工期。

2. 项目监理机构应及时收集与工程延期有关的资料。

3. 项目监理机构处理工程延期应严格遵循在建设工程施工合同约定的期限和相关合同条款。

4. 项目监理机构处理工程延期应充分与建设单位和施工单位协商。

5. 项目监理机构工程延期的最终审批意见应在影响事件结束后。

6. 工程延期需经建设单位批准方可成立。

7. 填写要求

（1）《工程临时 / 最终延期报审表》使用北京市地方标准《建筑工程资料管理规程》DB11/T 695—2016 中的表 C1-7。

（2）填写要求：《工程临时 / 最终延期报审表》应注明申报日期。

8. 签字、盖章要求：承包单位应加盖项目经理部章，由项目经理签字；监理单位应加盖项目监理机构章，由总监理工程师签字。

9. 注意事项

《工程临时 / 最终延期报审表》附件一般包括以下内容：

①延期事件描述；

②工程延期依据；

③申请延期时间及计算资料；

④有关延期的其他证明资料、文件、记录。

10.《工程临时 / 最终延期报审表》采用示例 SP-10 的格式编制并填写。

示例 SP-10

工程临时 / 最终延期报审表（C1-7）		资料编号	005
工程名称		北京 ××× 工程	
致：北京 ××× 监理公司（项目监理机构） 　　根据施工合同 ×××（条款），由于工程变更文件 -003，我方申请工程临时 / 最终延期 3（日历天），请予以批准。 附件：1. 工程延期依据及工期计算 　　　2. 证明材料 　　　　　　　　　　　　　　　　施工项目经理部（盖章） 　　　　　　　　　　　　　　　　施工单位项目负责人（签字）： 　　　　　　　　　　　　　　　　　　年　　月　　日			

续表

审核意见:
□ 同意工程临时 / 最终延期 3（日历天）。工程竣工日期从施工合同约定的 2016 年 3 月 14 日延迟到 2016 年 3 月 17 日。 □ 不同意延期，请按约定竣工日期组织施工。 <div align="right">项目监理机构（盖章） 总监理工程师（签章）： 　　　　年　　月　　日</div>
审批意见: 　　同意延期。   <div align="right">建设单位（盖章） 项目负责人（签字）： 　　　　年　　月　　日</div>

注：本表由施工单位填写，一式三份，项目监理机构、建设单位、施工单位各一份。

（十一）工程款报审文件

1. 填写要求

（1）《工程款支付报审表》使用北京市地方标准《建筑工程资料管理规程》DB11/T 695—2016 中的表 C1-11。

（2）填写要求：应注明申报日期。

2. 签字、盖章要求：施工单位应加盖项目经理部章，由项目经理签字；监理单位应加盖项目监理机构章，由总监理工程师签字。

3.《工程款支付报审表》附件一般包括以下内容：

①已完成工程量报表（可包括支付汇总表、财务月报、支付清单明细表、材料调差汇总表、材料调差明细表、计量报审表、计量汇总表、计量明细表等）；

②工程验收合格证明；

③计量编制说明（包括本期主要形象进度、形象进度节点完成情况、计量投资与形象进度匹配关系（基本吻合 / 超前 / 滞后）、超前或滞后的原因（不同单位工程或专业系统可单独描述）、合同中的主要工程项目预计投资总额是否超出控制概算、其他需要说明的事项）；

④开工报告、预付款保函、履约保函、中标通知书、经备案的施工合同（仅首次支付时附）；

⑤进城务工人员工伤险、施工人员意外伤害险等保险证明；

⑥变更、洽商、索赔费用批复资料（按合同约定）；

⑦其他证明材料。

4.《工程款支付报审表》采用示例 SP-11 的格式编制并填写。

示例 SP-11

工程款支付报审表（C1-11）	资料编号	ZF-002
工程名称	北京某商务大厦	

致：北京 ××× 监理公司（项目监理机构）
　　根据合同约定，我方已完成了地基基础分部工程的验收工作，建设单位应在 2016 年 3 月 4 日前支付该项工程款共计（大写：壹仟玖佰玖拾叁万柒仟贰佰伍拾柒元，小写：19937257.00 元），请予以审批。

附件：
□已完成工程量报表
□工程竣工结算证明资料
□相应支持性文件

施工项目经理部（盖章）
施工单位项目负责人（签字）：

审查意见：
1. 施工单位应得款为：19611038.00 元
2. 本期应扣款为：408236.00 元
3. 本期应付款为：19202802.00 元
附件：相应支持性材料

专业监理工程师（签字）：
年　　月　　日

审查意见：
同意，报建设单位审批。

项目监理机构（盖章）
总监理工程师（签章、加盖执业印章）：
年　　月　　日

审查意见：

建设单位（盖章）
项目负责人（签字）：
年　　月　　日

注：本表由施工单位填写，一式三份，项目监理机构、建设单位、施工单位各一份。

第八章

施工现场组织协调

| 第一节　施工现场组织协调的原则和内容 |

一、施工现场组织协调的原则

1. 目标性原则

实现工程建设目标是各参建单位的愿望，更是协调管理工作的总则，一切协调管理工作均要以有利于本工程建设目标的实现为原则。

2. 依法原则

依据合同条款及法律法规，在建设单位的授权范围内开展组织协调工作。

3. 协商原则

通过充分协商，以理服人，耐心细致地处理矛盾，力求使各参建单位通力合作，互利互谅，达成统一意见，实现多方共赢。

4. 尽早原则

尽量在矛盾冲突未发生或发生的前期尽早、及时地解决，避免矛盾冲突扩大化，避免各参建单位利益受损失，避免工程受到不良影响。

5. 连续性原则

要有连续性和一致性，下一次协调要在上一次协调的基础上，尽量不要推翻上一次的约定重新协调。

二、施工现场组织协调的内容

（一）监理单位与参建各方的协调

1. 监理单位与建设单位之间的协调工作

监理单位接受建设单位的委托，开展施工监理工作，维护建设单位的合法权益，促使工程项目实现既定目标。

监理人员应与建设单位授权代表保持联系，听取对监理工作的意见，在召开监理工作会议、延长工期、费用索赔、处理工程质量事故、支付工程款、设计变更与工程洽商的签认等监理活动之前，应征求建设单位的同意。

2. 监理单位与设计单位之间的协调工作

监理单位与设计单位之间虽只是业务联系关系，双方在技术上、业务上有着密切的关系，监理人员应充分理解建设单位、设计单位对工程的设计意图，如发现设计文件存在问题，应通过建设单位向设计单位反映，由建设单位与设计单位协商是否修改，监理工程师无权修改设计文件，监理工程师应配合做好工程变更工作。

3. 监理单位与施工单位之间的协调工作

监理单位与施工单位之间是监理与被监理的关系，监理单位按照有关法律、法规及合同中规定的权利，监督施工单位认真履行施工合同中规定的责任和义务，实现合同约定的各项目标。

监理单位与施工单位应保持正常工作关系，公正地维护施工单位的正当权益。

（二）参建单位之间关系的协调

1. 建设单位与施工单位关系的协调

建设单位与施工单位有共同履约的责任，是工程建设项目的主体，工作往来频繁，协调二者的关系就显得十分重要，协调的内容包括：

（1）施工阶段，对进度、质量、签证、索赔、合同争议问题的协调等。

（2）项目收尾阶段，主要协调各专业之间施工交叉配合、机电系统调试、成品保护等问题。

（3）验收阶段，主要协调分阶段验收的时间和单位工程质量竣工验收的时间等。

2. 建设单位与设计单位关系的协调

监理单位对建设单位与设计单位关系的协调主要依据设计合同和委托监理合同，协助建设单位与设计人员沟通。

3. 设计单位与施工单位关系的协调

在工程项目建设中，施工单位与设计单位没有合同关系，其关系建立在建设单位与二者均有合同关系上，且受国家有关法律规章制度的约束，设计单位必须参与施工的全过程，如进行设计交底、重点阶段验收、设计变更洽商、质量事故处理等。

协调的内容为协调处理施工期间与设计有关的问题。

4. 施工单位与各分包单位、供货单位关系的协调

施工单位与分包单位、供货单位签订合同，协调工作由施工单位负责。

建设单位与分包单位、供货（材料、设备、构配件）单位签订合同，监理单位协助建设单位开展相应的协调工作，协调的内容包括：

（1）需要驻厂（场）监造的设备、构配件，监理单位进行生产制造过程监督检查，并进行相关协调工作；

（2）依据施工合同要求施工单位对进场时间、场地、垂直运输、保管、防护等给予配合，或者按照合同要求由施工单位进行验收接管；

（3）分包单位进场时，依据施工合同、分包合同要求施工单位做好分包单位的进场配合工作；

（4）依据施工合同、分包合同，分包单位纳入总包的管理范围。

（5）施工中，分包单位与施工单位以及分包单位之间发生矛盾时，监理单位及时进行协调处理。

（三）参建各方工作联系

项目监理机构与工程建设参建各方之间的工作联系，宜采用工作联系单形式。

| 第二节　施工现场组织协调的工作方法和程序 |

一、施工现场组织协调的工作方法

项目监理机构应协调工程建设相关方的关系，施工现场组织协调的工作方法包括口头沟通协调、会议协调、书面协调等。

1. 口头沟通协调

一般问题可口头沟通协调，协调要注意沟通的方式方法，讲究沟通技巧和协调的原则，口头沟通协调达成一致意见后，在监理日志和监理日记上做书面记录，每月对监理协调工作在监理月报上进行统计汇总。

2. 会议协调

对于需要多方讨论的重要事项可通过监理会议协调，监理会议的要求和注意事项详见本章第三节和第四节。

3. 书面协调

重要事项需要及时解决，不存在争议的问题可通过书面协调，书面协调包括工作联系单、监理通知等，书面协调的要求和注意事项详见本章第五节。

二、施工现场组织协调的工作程序

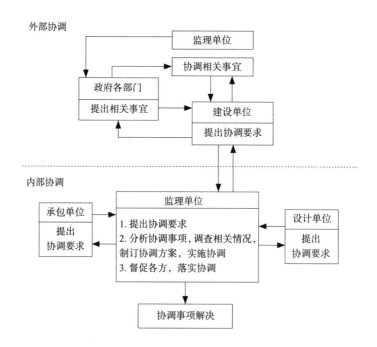

| 第三节　监理例会 |

监理例会是工程参建各方沟通情况、交流信息、协调处理、研究解决合同履行中存在问题的例行工作会议。

一、监理例会的组织

1. 监理例会应定期召开，一般宜每周 1 次。

2. 监理例会应由总监理工程师组织并主持。

3. 监理例会参加单位及人员：

①建设单位代表以及相关专业负责人等；

②施工单位项目负责人、项目技术负责人、质量负责人、安全负责人、工长等人员；

③总监理工程师、总监代表、专业监理工程师、造价工程师、监理员、资料员等；

④必要时，可邀请设计单位、分包单位、供货单位、检测单位、第三方监测单位等相关单位的代表参加监理例会。

二、监理例会的程序及主要内容

（一）检查上次例会议决事项落实情况

由相关单位汇报上次例会的议决事项落实情况、未完事项的原因以及将采取的措施。

（二）施工单位汇报工作

1. 工程进度、质量和安全生产情况，对存在的问题进行分析及采取的措施。

2. 下周进度计划、质量和安全工作重点及措施。

3. 需要协调解决的事宜

（三）协调处理问题

1. 监理工作中发现的问题，提出的要求。

2. 建设单位通报相关情况，提出需要处理的问题，并提出要求。

3. 协调解决需要处理的问题，形成本次会议议决事项，包括议决事项的责任人及完成时限。

（四）其他有关事项。

三、监理例会的准备

总监理工程师应组织监理人员及时收集、调查有关情况，为会议做好准备：

1. 会前了解上次例会决议执行情况及尚存在的问题；

2. 收集、调查工程施工的有关情况；

3. 项目监理部应事前确定有关事项的处理原则，准备好所需的资料；

4. 与有关各方通报情况、交换意见，尽量使问题在会前统一认识；

5. 对重大问题，宜在会前通知有关方面做好准备。

四、监理例会会议纪要

监理例会后，项目监理机构负责整理会议纪要，由建设单位、项目监理机构、施工单位会签后送达参会各方。

| 第四节　专题会议 |

项目监理机构可根据工程需要召开专题会议，解决监理工作范围内的工程专项问题。

1. 专题会议由总监理工程师或监理工程师主持。

2. 专题会议应认真做好准备并事先将会议议题通知有关各方，要求其做好准备。

3. 专题会议由项目监理部做好会议记录，并整理形成会议纪要，对议决事项应落实负责单位、负责人和时限要求。

4. 专题会议纪由参会单位代表会签后送达有关各单位，并应有签收手续。

第九章

监理文件编制要求与示例

| 第一节　监理工作文件编制的版式要求 |

一、封面及内衬页版式要求

1. 工程名称：

字体为微软雅黑二号加粗，居中。

2. 文件名称：

（1）监理规划及监理月报：字体为微软雅黑 40 号加粗，居中；

（2）监理实施细则：字体为微软雅黑 40 号加粗，居中，细则专业名称字体为微软雅黑二号加粗，居中；

（3）监理工作总结及工程质量评估报告：字体为微软雅黑 40 号加粗，居中。

3. 编制及审批栏：字体为微软雅黑三号加粗，居中

4. 公司名称及年月日：字体为微软雅黑三号加粗，居中

各监理文件封面及内衬样板详见后页。

二、内容版式要求

（一）编号规定

各章节中内容的编号层次顺序一律按以下规定：一、（一）、1、（1）、①、A、a 等。

（二）版式要求

1. 正文大标题字体为微软雅黑三号加粗，居中；

2. 文中层级为"一、二、三"等的标题，字体为宋体小四号加粗，1.5 倍行距，段前段后 0，空两字符；

3. 文中层级为"（一）、1、（1）、①、A、a"等的标题及内容，字体为宋体小四号，1.5 倍行距，段前段后 0，正文标题及内容每段首行空两字符；

4. 表格、框图、图片的标注，字体为仿宋小四号加粗，1.5 倍行距，段前段后 0，居中；

5. 页眉页脚的字体为宋体小五号，居中。

三、监理工作文件编写的基本格式及注意事项

1. 监理工作文件用 A4 复印纸打印，所有的图表插页为 A4 或 A3 复印纸。

2. 监理工作文件格式主要包括封面、审批页、目录、正文、封底。

3. 监理工作文件文本要求使用规范的简体汉字，使用国家标准规定的计量单位，如 m、mm、cm^2、mm^2、kg、t、kPa、MPa、L 等。不使用中文计量单位名称，如米、平方厘米、千克、吨、千帕、兆帕等。

4. 文中出现的数字尽量使用阿拉伯数字。如"地下 2 层"、"第 15 层"，不使用"地下二层"、"第十五层"等。

（监理规划封面样板）

×××工程

监理规划

北京建工京精大房工程建设监理公司

××××年××月××日

（监理规划内衬样板）

×××工程

监理规划

编制人：

审批人：

北京建工京精大房工程建设监理公司

××××年××月××日

（监理月报内衬样板）

×××工程
监理月报

编制人：

审批人：

北京建工京精大房工程建设监理公司

××××年××月××日

（监理实施细则封面样板）

×××工程
监理实施细则
（钢结构）

北京建工京精大房工程建设监理公司

×××× 年 ×× 月 ×× 日

（监理实施细则内衬样板）

×××工程
监理实施细则
（钢结构）

编制人：

审批人：

北京建工京精大房工程建设监理公司

×××× 年 ×× 月 ×× 日

（监理工作总结封面样板）

×××工程
监理工作总结

北京建工京精大房工程建设监理公司

××××年××月××日

（工程质量评估报告封面样板）

×××工程
工程质量评估报告

北京建工京精大房工程建设监理公司

×××× 年 ×× 月 ×× 日

| 第二节　监理规划编制要求与示例 |

一、编制依据

1. 国家和北京市（或工程所在地）有关工程建设的法律、法规、规章和规范性文件。

2. 国家和北京市（或工程所在地）有关工程建设的规范、规程和标准。

3. 经有关部门批准的工程项目文件和勘察设计文件。

4. 建设工程监理合同、建设工程施工合同及其他合同文件。

二、编制要求

1. 工程项目监理规划是项目监理机构全面开展监理业务的指导性文件，要求具体规划出项目监理工作做什么和如何做。

2. 监理规划的内容要有针对性、指导性，编制监理规划应充分考虑项目特点和项目监理机构的实际情况，做到监理目标明确、职责分工清楚、操作程序合理、工作制度健全，方法措施有效。对技术复杂、专业性强、危险性较大的分部分项工程，应在监理规划中制定监理实施细则编制计划。

3. 项目总监理工程师应在监理合同签订及收到施工合同和设计文件后组织项目专业监理工程师编制工程项目监理规划。如果设计文件分阶段提供，监理规划可分阶段编写，如：基坑支护和土方阶段、地基基础阶段、主体结构阶段、装饰装修阶段、机电安装阶段。

4. 编审程序与签章

监理规划编写完成后，总监理工程师进行审核，符合相关规定后报总工程师办公室审查。

总工程师办公室审查合格后，由总监签字报公司总工程师审批签字，并盖公司公章。

5. 监理规划报送

监理规划编制审批完成后，在召开第一次工地会议前报送建设单位，项目监理部同时留存一份。

6. 监理规划交底

总监理工程师应向专业监理工程师、监理员等进行监理规划交底，交底应形成书面交底记录，并作为监理规划的附件。

7. 监理规划调整

当项目实际情况或条件发生较大的变化时，应及时做好监理规划的修改、调整，并按原程序报审，修改调整后的监理规划应报送建设单位。

三、监理规划的内容

监理规划的内容一般应包括以下部分：

1. 工程项目概况；

2. 监理工作范围；

3. 监理工作内容；

4. 监理工作目标；

5. 监理工作依据；

6. 项目监理组织机构；

7. 监理人员岗位职责；

8. 监理工作制度；

9. 监理工作程序；

10. 工程特点分析与监理控制要点；

11. 监理方法措施；

12. 安全生产管理的监理工作方案；

13. 监理设施；

14. 监理实施细则编制计划；

附：监理工作程序框图。

四、监理规划编制示例

×××工程

监理规划

编制：

审核：

审批：

×××监理公司

年　月　日

监理规划报审表		编号	
工程名称		报审日期	

现报上关于工程，
阶段监理规划，请予以审定。

编制人（签字）： 　　　　　　日期：

总监理工程师（签字）： 　　　　　　日期：

审核意见：

审定结论:□同意 　□修改后再报 　□重新编制

公司技术负责人： 　（签字）

日期：

（公章）

注：此表与监理规划一起由总监理工程师交公司总工程师办公室。

监理规划审查记录表

工程名称		总监	
交稿时间		交稿人	
土建专业审查意见：			
审查人签字		日期	
电气专业审查意见：			
审查人签字		日期	
设备专业审查意见：			
审查人签字		日期	
修改结果认定：			
审查人签字		日期	
复查意见：			
复查人签字		日期	
审核意见：			
总工办主任签字		日期	
审批意见：			
企业技术负责人签字		日期	

注：

1.填表说明,此表与监理规划一起由总监理工程师交公司总工程师办公室,审查意见栏由各专业总工填写审查意见并签字,修改结果认定栏由总监理工程师填写意见并签字,复查意见栏由土建专业总工填写意见并签字,审核意见栏由总工程师办公室主任填写意见并签字,审批意见栏由企业技术负责人填写意见并签字。

2.此表由公司总工程师办公室和项目监理机构存档备查。

目　录

第一章　工程概况

第一节　工程项目概况

1. 工程名称：×××项目工程；

2. 工程地点：工程所在区域位置；

3. 建筑面积：××m²；工程占地面积：××m²；

4. 工程投资：××元人民币；

5. 结构类型：××；

6. 地上/地下层数：××××/××；

7. 计划开工日期：××××年××月××日；

8. 计划竣工日期：××××年××月××日；

9. 工程质量要求：按照施工合同约定的工程质量标准填写；如：合格、结构长城杯、建筑长城杯、鲁班奖、詹天佑。

10. 场区拆迁及市政资源情况；"三通一平"情况；交通情况等。

第二节　工程建设各方情况一览表

参建单位	单位名称	法定代表人	授权代表		
			姓名	职务	电话
建设单位					
勘察单位					
设计单位					
施工单位					
监理单位					
监督单位					
相关单位					

第三节　工程设计概况

一、工程地质水文条件

编制内容应包括：根据场区工程地质、水文地质勘察报告给出的场区地形、地貌情况；地层土质概况；地下水概况；土层的物理、力学指标、承载力标准值，压缩模量值；场地与地基的抗震条件评价，工程地质勘察结论和地基与基础设计的建议；对地基进行加固处理的建议等。

二、建筑设计概况

编制内容应包括：建筑物的名称，使用功能，平面布置，底层面积，建筑面积，地下/地上层数，人防（级别、用途），檐高，电梯设置，建筑物耐火等级，节能建筑设计要求，室内地坪 0.000 相当的绝对标高，防水做法，屋面作法，外装修做法，外墙保温做法等。

如果为群体建筑，应分别列表说明。

三、结构设计概况

编制内容应包括：持力土层的类别及承载力标准值；基础型式，埋深；地基处理的形式及要求；主体结构形式；抗震设防烈度及构件的抗震等级；阳台、楼梯构造；钢筋混凝土结构的混凝土强度等级和抗渗等级；钢筋级别；钢筋接头形式（当采用机械连接时应注明性能等级）；砌体结构所用砌体种类及强度等级，砌筑砂浆强度等级；楼板及屋面板形式；大跨度构件的说明等。

四、室内外装饰装修工程设计概况

编制内容应包括：室外墙面装修做法及室内不同功能房间不同部位的装修做法，可采取列表方式。

五、建筑电气工程设计概况

编制内容应包括：变配电系统、动力配电系统、照明系统、防雷接地系统。

六、智能建筑工程设计概况

编制内容应包括：电话、电视、计算机网络，楼宇自控，消防报警、安全报警等配置情况。

七、给水排水与采暖工程设计概况

编制内容应包括：生活给水、生活热水、中水供水、污水排水、雨水排水系统、消防水系统等。

八、通风与空调工程设计概况

编制内容应包括：冷热源系统、空调通风系统、空调冷冻水与冷却水系统、消防防排烟系统等。

九、节能工程设计概况

编制内容应包括：节能设计的要求、材料选用、各专业的节能措施等。

十、室外工程设计概况

一般应包括的内容：室外给水、中水、污水、雨水、热力、天然气；室外供电、室外照明；通信网络；小区围墙、道路、绿化、景观等。

第二章　监理工作策划

第一节　监理工作范围和内容

一、监理工作范围

按照《建设工程监理合同》约定的监理工作范围填写。

二、监理工作内容

按照《建设工程监理合同》约定的监理工作内容填写。

第二节　监理工作目标

一、质量控制目标

工程质量必须符合设计图纸和施工质量验收规范要求，并达到建设单位与施工单位签订的施工合同约定的工程质量标准。

本工程施工合同约定的工程质量标准为：×××。

二、进度控制目标

满足工程施工合同约定的工期要求。

计划开工日期××××年××月××日，计划竣工日期××××年××月××日，工期××日历天。

三、造价控制目标

以建设单位与施工单位的签约合同价为造价控制目标，本工程施工合同签约合同价为×××万元。

四、安全生产管理的监理工作目标

根据相关法律法规、工程建设强制性标准，履行建设工程安全生产管理的监理职责。坚持"安全第一、预防为主、综合治理"的方针，从源头上防范化解重大安全风险，实现建设工程监理合同约定的安全生产管理的监理工作目标。

建设工程施工合同约定的安全生产标准化管理目标等级：×××。

五、合同管理目标

熟悉各参建单位的合同文件，监督各方全面履行合同。

六、协调管理目标

通过组织协调，为实现预定的建设目标创造良好的工作环境。

第三节 监理工作依据

一、国家和北京市有关工程建设的法律、法规、规章、和规范性文件。

二、国家、行业和北京市有关工程建设的技术标准。

三、《建设工程监理规范》、《建设工程监理规程》。

四、经有关部门批准的工程项目基建文件、勘察文件、设计文件。

五、《建设工程监理合同》、《建设工程施工合同》，建设单位与第三方签订的涉及监理业务的合同、建设工程招投标文件。

第四节 项目监理机构

一、项目监理组织机构形式

为保证工程监理服务满足业主要求，项目监理组织机构为直线制结构，实行总监负责制。

组织结构框图如下：

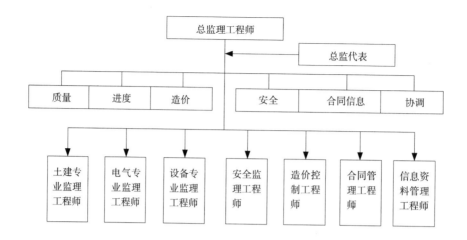

二、监理人员配备

1. 总监理工程师根据工程进展和监理服务需要提出人员配备调整计划，公司人力资源部将予以支持，以保证监理服务质量。具体监理人员调配情况详见监理月报。

2. 项目监理机构人员名单

序号	职务	姓名	性别	年龄	职称	专业	资格	备注
1	总监理工程师							
2	总监理工程师代表							
3	土建监理工程师							
4	电气监理工程师							
5	设备监理工程师							
6	造价监理工程师							
7	安全监理工程师							
8	信息监理工程师							
9	其他人员							

三、监理人员进场计划

根据本项目监理合同的约定及建设规模、技术要求、投资金额及施工工期等因素，制订监理人员进场计划，合理配置监理人员，以满足项目监理机构任务分工及确保顺利实现监理工作目标。

项目监理机构人员进场计划可使用文字叙述，也可采用表格描述。

例如：根据工程进展情况，项目监理机构人员分阶段进场，各阶段现场人数分别为：施工准备阶段人、地基基础施工阶段人、主体结构施工阶段人、机电安装阶段人、装饰装修阶段人、竣工验收阶段及收尾结算阶段人。

第五节 监理人员岗位职责

详见本书第一章第二节。

第六节 监理工作制度

为了更好地给业主提供服务，根据监理合同的要求，结合我公司的管理制度和对各项目监理机构的要求，建立和采取以下工作制度，为业主提供监理服务。

1. 监理会议制度；

2. 图纸会审制度；

3. 施工组织设计审核及审批制度；

4. 监理人员巡视制度；

5. 监理旁站制度；

6. 隐蔽工程检查制度；

7. 原材料见证取样及送检制度；

8. 工程材料、构配件、设备的质量检验制度；

9. 工程进度控制报审制度；

10. 工程造价控制报审制度；

11. 安全管理、绿色文明施工及紧急情况的监理应急处理制度；

12. 监理工作报告制度；

13. 工程信息和资料管理制度；

14. 总监理工程师对项目监理机构监理人员的工作检查考核制度；

15. 文件签认管理制度。

项目监理机构可根据工程实际情况对上述制度做调整。

第七节 监理工作设施计划

监理设施一般包括：办公家具、办公设备、工具仪器等，也可参照监理投标文件中的监理设施清单选择列表项目。

投入本项目的仪器、设备等监理设施清单列表。

序号	设备仪器名称	规格型号	数量单位	主要性能及功能
1	电脑			信息管理
2	打印设备			办公文件打印
3	数码相机			照片拍摄
4	全站仪			现场平行检测
5	楼板厚度测定仪			现场平行检测
6	钢筋位置测定仪			现场平行检测
7	钢筋保护层厚度测定仪			现场平行检测
8	裂缝观测仪			现场平行检测
9	游标卡尺 千分尺	0～150		测量钢材钢管厚度、直径
10	检测包 检测靠尺 角度尺	2m		现场平行检测
11	钢卷尺	5m		现场平行检测
12	激光测距仪	DIS70		距离检测
13	激光扫平仪			现场平行检测
14	混凝土回弹仪	HT75		现场平行检测
15	温度计			现场平行检测
16	温湿度仪			室内温、湿度检测
17	直螺纹扭矩扳手	TG60～360		现场平行检测
18	公斤扭矩扳手	0～300N		现场平行检测
19	涂层厚度测量仪	TS-2		现场平行检测
20	兆欧表	ZC-9		测量电阻
21	万用表			电气检测
22	接地电阻测试仪	ZC29B-1		测量电阻
23	数字风速仪	MS6252A		风量检测

注：本表投入本项目的仪器、设备等监理设施根据建设工程监理合同约定进行调整，也可根据工程进展列出进场计划。

第八节　质量控制点与停止点策划

一、质量控制停止点的概念

停止点：有关文件规定的某点，超过这一点之后，未经指定组织或管理机构批准，不能继续活动。超出停止点后，通常用书面形式批准其继续进行，但也可由授权的协商机构来批准。

停止点要求施工单位必须在规定的控制点到来之前通知监理单位派人员到控制点实施监控，如果监控方未在约定的时间到现场监督、检查，施工单位应停止进入该停止点相应的工序，并按合同规定等待监理工程师，未经认可不得越过该点继续活动。

二、质量控制停止点的设置

说明：《建筑工程施工质量验收统一标准》GB 50300—2013 第 3.0.3 条的规定："对于监理单位提出检查要求的重要工序，应经监理工程师检查认可，才能进行下道工序施工"，项目监理机构结合工程实际，编制工程质量管理关键工序一览表，并依据关键工序一览表设置质量控制停止点。

例如：混凝土设置停止点，钢筋隐蔽，预埋件隐蔽，模板尺寸、预留孔洞的检查，施工缝、后浇带施工等。

第九节　安全管理节点总体策划

依据《危险性较大的分部分项工程汇总表》，制定按照规定需要验收的危险性较大工程计划，并策划安全管理节点。

第十节　监理实施细则编制计划

监理实施细则是指导项目监理机构开展专项监理工作的操作性文件，应体现项目监理机构对于建设工程在专业技术、目标控制方面的工作要点、方法和措施，做到详细、具体、明确。

根据本工程的地质勘查报告、设计文件、施工合同、施工组织设计、专项施工方案以及其他相关文件资料，拟由专业监理工程师编制的监理实施细则编制计划如下：

序号	名称	编制人	备注
1	基坑支护工程监理实施细则		
2	地基基础工程监理实施细则		
3	地下防水工程监理实施细则		

序号	名称	编制人	备注
4	人民防空工程监理实施细则		
5	主体结构工程监理实施细则		
6	施工后浇带监理实施细则		
7	幕墙工程监理实施细则		
8	预应力工程监理实施细则		
9	钢结构工程监理实施细则		
10	装饰装修工程监理实施细则		
11	屋面工程监理实施细则		
12	施工旁站监理实施细则		
13	安全文明施工监理工作实施细则		
14	电气工程监理实施细则		
15	设备安装工程监理实施细则		
16	危险性较大工程监理实施细则		
17	建筑节能工程监理实施细则		
18	室外工程监理实施细则		
19	旁站监理工作方案		
20	见证试验监理方案		
21	平行检验监理方案		
22	住宅工程常见质量问题专项监理方案		

项目监理机构可根据工程项目具体情况对上述监理实施细则编制计划做调整。

第三章　施工阶段监理工作方法及措施

第一节　施工准备阶段的监理工作

一、施工图会审

二、分析监理合同与建设工程施工合同

三、参与设计交底

四、审查施工组织设计（施工方案）

五、查验施工测量成果

六、施工现场及周围环境的调查

七、第一次工地会议

八、施工监理交底

九、核查工程开工条件，核准工程开工

以上内容是施工准备阶段监理工作的概括描述，可根据工程具体情况进行细化和补充。可参照本书第一章第四节的内容。

第二节　工程质量控制

建设工程的质量是建设项目的核心，是建设监理三大控制的重点，也是建设单位非常重视的监理内容。

项目监理机构将有效地控制工程质量的形成过程，使工程质量满足质量目标的要求。

一、工程质量控制的原则

1. 以设计文件、规范、规程、标准及建设工程施工合同约定的技术标准等为依据，实现建设工程施工合同中约定的工程质量目标。

2. 对工程项目全过程实施质量控制，要以预控为重点、过程控制为关键、验收把关为主要手段。

3. 对工程项目建设的人、机、料、法、环等因素进行全面的质量控制，监督施工单位健全质量管理体系，并正常发挥作用。

4. 严格要求施工单位执行建筑材料、构配件和设备进场检验试验制度。

5. 禁止不合格的建筑材料、构配件和设备用于工程。

6. 每道施工工序完成，经施工单位自检符合规定后，才能进行下道工序施工，对于监理单位提出检查要求的重要工序，应经专业监理工程师检查认可，才能进行下道工序施工。

7. 建筑工程施工质量验收合格应符合下列规定：

（1）符合工程勘察、设计文件的要求；

（2）符合统一验收标准和相关专业验收规范的规定。

二、工程质量控制方法

工程质量控制方法包括以下主要内容：

1. 审核有关技术资料文件、报告或报表；

2. 建筑材料、构配件、设备进场检查验收与复验（见证试验）；

3. 对施工现场进行有目的的巡视检查；

4. 按旁站监理方案对关键部位和关键工序的施工过程进行旁站监理；

5. 按照合同约定和相关规定进行平行检验；

6. 按照相关技术标准的规定监督检查施工试验；

7. 对隐蔽工程、检验批、分项工程进行检查验收。

8. 定期对工程质量进行分析和报告

三、工程质量控制手段

工程质量控制手段包括以下主要内容：

1. 工程质量验收合格签认；

2. 工程量计量及支付；

3. 下达监理指令；

4. 建议撤换主要施工管理人员；

四、施工前质量控制

五、施工过程中的质量控制

六、单位工程竣工验收

以上四至五，可参照本书第二章工程质量控制的相关内容编写补充细化。

第三节　工程进度控制

一、工程进度控制的原则

1. 进度控制应以建设工程施工合同规定的工期为控制目标。

2. 采用动态控制的方法，对工程进度进行主动控制，注重跟踪检查，实施阶段性施工进度计划与总进度计划目标协调一致。

3. 工程进度计划调整时，必须保证合同规定的质量标准和安全生产标准，并与造价控制目标相互协调。

二、工程进度控制的方法

工程进度控制的主要方法包括以下主要内容：

1. 审核施工进度计划；

2. 监督施工进度计划的实施；

3. 检查施工进度，分析施工进度的偏差；

4. 督促施工单位采取施工进度纠正措施。

三、工程进度控制手段

综合运用监理手段实施进度控制：包括加强现场巡视、下达监理指令、召开监理例会、召开专题协调会、及时签署相关报表、协调好参建各方及外围相关单位的关系，对照进度计划处理工期问题等手段对工程施工进度实施控制。

四、工程进度控制措施

工程进度控制措施可参照本书第三章工程进度控制的相关内容编写。

第四节　工程造价控制

一、工程造价控制原则

1. 严格执行合同文件中所约定的合同价、单价、工程量计算规则和工程款支付方法；

2. 对报验资料不全、与合同文件的约定不符、未经监理工程师质量验收合格或违约的工程量，不予计量和审核；

3. 处理由于工程变更和违约索赔引起的费用增减应以施工合同文件为基础，坚持合理、公正；

4. 对存有争议的工程量计量和工程款支付，应采取协商的方法确定，在协商无效时，由总监理工程师做出决定，并可执行合同争议调解的基本程序；

5. 对工程量及工程款的审核应在建设工程施工合同文件所约定的时限内进行。

二、工程造价控制方法与措施

工程造价控制措施可参照本书第四章工程造价控制的相关内容编写。

第五节　安全生产管理的监理工作

一、安全生产管理的监理主要工作计划

阶段	控制内容	主责人
监理进场阶段	建立安全生产管理的监理工作机构，确定人员分工和岗位职责，健全管理制度，编制安全监理方案（或）细则，进行内部安全培训及内部安全监理工作交底	总监
施工准备阶段	审查施工组中的安全技术措施，核查施工单位现场安全生产管理体系的建立情况。 审核施工单位报审的危险性较大的分部分项工程清单。审查安全施工专项方案	总监（安全监理人员）
施工阶段	检查施工单位现场安全生产管理体系的运行情况	总监（总代）
	组织三方联合检查（每周一次）	总监（总代）
	日常巡视检查和危险性较大工程专项巡视检查	安全监理人员
	按照规定需要验收的危险性较大工程，监理单位组织相关人员进行验收	总监（安全监理人员）
	发现存在不安全因素或安全事故隐患时，应当以口头或以监理通知单要求施工单位整改	安全监理人员总监（总代）
监理报告	发现存在安全事故隐患，以口头或监理通知单要求施工单位整改；情况严重的，签发工程暂停令要求暂停施工，并报告建设单位。施工单位拒不整改或不停止施工的，监理应及时向建设单位和有关主管部门报告	安全监理人员总监（总代）

项目监理机构可根据工程实际情况对安全生产管理的监理主要工作计划进行补充调整

二、建立项目监理机构的安全管理体系

详见本书第五章第二节的相关内容。

三、施工准备阶段安全监理工作

详见本书第五章第三节的相关内容。

四、施工阶段安全监理工作

详见本书第五章第四节的相关内容。

五、危险性较大工程及其他重点设施安全监理

详见本书第五章第五节的相关内容。

六、安全管理资料

详见本书第五章第六节的相关内容。

第六节　合同管理

一、合同其他事项的管理原则

1.事前预控：监理工程师应采取预先分析、调查的方法，提前向建设单位和承包单位发出预示，督促双方认真履行合同，防止偏离合同约定事件的发生。

2.及时纠偏：发现合同实施中的问题，及时用《工作联系单》通知和督促违约方纠正不符合合同约定的行为。

3.充分协商：在处理过程中认真听取有关各方意见，与合同双方充分协商。

4.公正处理：严格按合同及有关法律、法规、规定和监理程序，公正、合理地处理合同其他事项。

二、合同其他事项管理的内容

1.工程变更的管理；

2.工程暂停及复工的管理；

3.工程延期的管理；

4.费用索赔的管理；

5.合同争议的调解。

三、合同其他事项管理的方法

合同其他事项管理的方法可参照本书第六章的相关内容编写。

第七节　信息资料管理

一、信息资料管理原则

1. 标准化原则。

2. 有效性原则。

3. 定量化原则。

4. 时效性原则。

5. 高效处理原则。

6. 可预见原则。

二、信息资料管理要点和重点

（项目部根据实际情况编制）

1. 建设单位提供的文件资料：

①施工类招投标文件、建设工程施工合同、分包合同、各类定货合同等；

②勘察、设计文件；

③地上、地下管线及建（构）筑物资料移交单（表）；

④建设工程竣工结算资料；

⑤其他应提供的文件。

2. 施工单位报审的施工资料：

①施工组织设计、施工方案及专项施工方案等；

②分包单位报审文件资料；

③施工控制测量成果报验资料；

④施工进度计划报审文件资料，工程开复工及工程延期文件资料；

⑤工程材料、设备、构配件报验文件资料；

⑥工程质量检查报验资料及工程有关验收资料；

⑦图纸会审记录、工程变更、费用索赔文件资料；

⑧工程款报审文件资料；

⑨施工现场安全报审文件资料；

⑩监理通知回复单、工作联系单；

⑪其他应报审的文件资料。

3.监理单位形成的监理资料：

①建设工程监理合同、监理单位监督检查记录；

②法定代表人授权书、工程质量终身责任承诺书；

③监理规划、监理实施细则、监理月报、监理会议纪要；

④工程开工令、暂停令、复工令、监理通知、工作联系单；

⑤监理日志、旁站记录、见证取样文件资料、监理资料台账；

⑥工程款支付证书，安全防护、文明措施费用支付证书；

⑦工程质量或生产安全事故处理文件资料；

⑧工程质量评估报告、监理工作总结。

三、监理资料的归档管理

1.应按单位工程及时整理、分类汇总，并按规定组卷形成监理档案；

2.应根据工程特点和有关规定保存监理档案，并应及时向有关单位、部门移交需要存档的监理资料。

四、信息资料管理方法与措施

项目部根据实际情况，并参照本书的相关内容编写。

第八节　协调管理

一、协调管理原则

1.守法是组织协调的第一原则：项目监理机构要在国家和地方有关工程建设法律、法规的允许范围内协调与工作。

2.在监理的职权范围内工作：项目监理机构的组织协调工作在委托监理合同所赋予监理的职权范围内行使权力，不得越级和超过范围。

3.坚持公正立场：公正、客观、实事求是是监理工作的基本准则。

4.以合同为依据：监理组织协调应以双方签订的合同为依据。对合同条款未约定的，遵循合情合理和参照行业规则的办法进行协调。对于明显不合理的合同条款，监理提出建设性的补充或修改意见, 以维护双方的权益。

5. 以事实为根据: 监理组织协调应以事实为根据, 才能正确地分析矛盾产生的症结, 寻求可行的解决方案, 以事实和数据说话, 可使当事人心服口服。

6. 协调与控制目标一致原则: 监理组织协调要依据合同进行, 合同规定的质量、工期、投资建设目标, 就是监理协调要力争实现的目标。

7. 总监是协调的核心。

8. 主动服务原则。

二、协调管理要点和重点

（项目部根据实际情况编制）

1. 项目监理机构内部的协调。

2. 与建设单位之间的协调。

3. 与设计单位之间的协调。

4. 与施工总承包单位之间的协调。

5. 与专业分包单位、材料设备供应单位之间的协调。

6. 与政府有关部门、工程毗邻单位之间的协调。

三、协调管理方法和手段

1. 会议协调: 监理例会、专题会议等方式。

2. 交谈协调: 面谈、电话、网络等方式。

3. 书面协调: 通知书、联系单、月报等方式。

4. 访问协调: 主要用于外部协调, 有走访或约见、邀访等方式。

5. 现场协调: 质量、进度、造价控制有时需要进行现场协调, 特点是直观、准确、快捷, 但现场协调后要形成文字意见。

第四章　工程特点难点分析与质量控制要点

依据设计概况, 从工程规模、地基基础形式、主体结构形式、防水材料及做法、装饰装修标准、机电安装、建筑节能等方面进行工程特点分析, 并应按照分部分项工程或重要工序提出监理质量控制要点。

项目监理机构应根据工程实际情况编写, 以下内容仅供参考。

第一节　土建专业工程特点难点分析与质量控制要点

一、土建专业工程特点难点分析

应从工程规模、地基基础、结构形式、防水材料及做法、装饰装修标准等方面进行土建专业的难点分析。

例如:本工程项目包括高层办公楼、商业、人防、车库及其他配套设施设备用房等,属于综合性建筑工程(或住宅小区为群体建筑),其建筑规模大、体量大。

土建专业工程难点包括:……

二、土建专业质量控制要点

应按土建专业的主要分部分项工程或重点工序分别提出土建专业监理控制要点,并应包括上述分析的难点及其他监理工作重点。

土建专业工程质量控制要点包括:

1. 基坑工程监理控制要点;
2. 防水工程质量控制要点;
3. 钢筋工程质量控制要点;
4. 模板工程质量控制要点;
5. 混凝土工程质量控制要点;
6. 钢结构工程质量控制要点;
7. 装配式工程质量控制要点;
8. 装修工程质量控制要点。

第二节　设备专业工程特点难点分析与质量控制要点

一、设备工程特点难点分析

应从本工程设备专业的系统构成、功能要求、各种管线的空间综合布置、各专业之间的接口以及组织协调管理等方面进行设备专业难点分析。

二、设备专业工程质量控制要点

应按设备专业的主要分部分项工程或重点系统分别提出设备专业监理控制要点，并包括上述分析的难点及其他监理工作重点。

第三节　电气专业工程特点难点分析与质量控制要点

一、电气专业工程特点难点分析

应从本工程电气专业的系统设置与技术要求、负荷等级、主要材料设备的性能要求、各专业各阶段接口管理、组织协调管理等方面进行电气专业难点分析。

二、电气工程质量控制要点

应按电气专业的主要分部分项工程或重点系统分别提出电气专业监理控制要点，并包括上述分析的难点及其他监理工作重点。

第四节　节能工程特点难点分析与质量控制要点

一、节能工程特点分析

应从本工程围护结构的节能、墙体节能、外窗节能、屋顶节能、设备专业节能、电气专业节能、综合节能技术措施等方面进行建筑节能工程的难点分析。

二、节能工程质量控制要点

应按土建专业、设备专业、电气专业分别提出土建专业监理控制要点，并包括上述分析的难点及其他监理工作重点。

附：监理工作程序框图

详见本书附录。

| 第三节　监理实施细则编制要求与示例 |

一、编制依据

1. 国家和北京市（或工程所在地）有关工程建设的法律、法规、规章、和规范性文件。
2. 国家和北京市（或工程所在地）有关工程建设的规范、规程和标准。
3. 经有关部门批准的工程项目文件和勘察设计文件。
4. 建设工程监理合同、建设工程施工合同及其他合同文件。
5. 监理规划。
6. 经批准的施工组织设计、施工方案、专项施工方案。

二、监理实施细则的编制范围

监理实施细则是根据有关规定、监理工作实际需要而编制的操作性文件，符合下列情况之一者应编写监理实施细则

1. 技术复杂、专业性较强的分部分项工程；
2. 危险性较大的分部分项工程；
3. 采用新工艺、新技术、新材料、新设备的分部分项工程；
4. 住宅工程质量常见问题；
5. 尚无相关技术标准的分部分项工程；
6. 其他有必要编制监理实施细则的分部分项工程。

三、监理实施细则的主要内容

监理实施细则的主要内容包括：

1. 监理工作依据；
2. 专业工程特点；
3. 监理工作流程；
4. 监理工作控制要点；
5. 监理工作的方法及措施。

四、监理实施细则的编制审批要求

1. 监理实施细则应结合工程项目的专业特点，施工环境、施工工艺等编制，监理实施细则应做到详细、具体、具有针对性和可操作性。监理实施细则必须在相应工程开始施工前编制审批完成。

2. 监理实施细则由专业监理工程师编制，总监理工程师审核批准，并由专业监理工程师和总监理工程师签字，加盖项目监理机构章。

3. 专业监理工程师应向监理员进行监理实施细则交底，交底应形成书面交底记录，并作为监理实施细则的附件。

4. 当项目情况发生较大变化或专业工程发生重大变更时，专业监理工程师应做好监理实施细则的修改、调整，并经总监理工程师批准后实施。

五、监理实施细则编制示例

1. 现浇混凝土结构工程监理细则示例（提纲性）；

2. 混凝土工程监理实施细则（实操性）。

×××工程

现浇混凝土结构工程监理实施细则

编制：

审批：

×××监理公司

×××项目监理部

年　月　日

一、工程项目概况

1. 工程基本概况
2. 专业工程设计概况

二、专业工程特点

1. 商业综合体建筑规模大，技术标准要求高，单体建筑多，施工区域范围大，施工组织管理统筹协调有一定难度。

2. 混凝土柱及墙与梁的强度等级不同，由于要求强柱、弱梁，混凝土柱的强度等级比梁的混凝土强度等级要高。

3. 框架结构的梁柱节点钢筋密集，梁在同一柱的交汇数量越多、越密集，施工难度就越大。

4. 本工程各方面关注度较高，建设单位及政府相关部门对工程质量、施工安全、绿色文明施工以及环境保护等方面的标准要求高。

三、监理工作依据

1. 国家和北京市有关工程建设的法律、法规及技术标准。
2.《建设工程监理规范》及《建设工程监理规程》。
3. 经有关部门批准的工程项目设计文件（含设计图纸、图纸会审记录、设计变更等）。
4.《建设工程监理合同》、《建设工程施工合同》及其他合同文件。
5. 经审批的监理规划。
6. 经监理审查通过的施工组织设计、施工方案、专项施工方案。

四、监理工作流程

监理工作流程详见监理规划编制示例。

五、材料和试验室考察要点

（一）搅拌站考察要点
1. 资质（企业资质和试验室资质）。
2. 试验室相关技术人员证书。
3. 计量及检测设备检定证书。
4. 原材料出厂及复试报告。

5. 业绩资料。

（二）试验室考察要点

1. 试验室的资质及试验范围。

2. 法定计量部门对试验设备出具的计量检定证明。

3. 试验室主要管理制度及其执行情况。

4. 试验人员资格证书。

六、监理工作控制要点

（一）钢筋工程

1. 确定钢筋的细部做法并在技术交底中明确。

2. 清除钢筋上的污染物和施工缝处的浮浆。

3. 对预留钢筋进行纠偏。

4. 钢筋加工符合设计和规范要求。

5. 钢筋的牌号、规格和数量符合设计和规范要求。

6. 钢筋的安装位置符合设计和规范要求，钢筋的接头宜设置在受力较小处；设置在同一构件内的接头宜相互错开，并使得钢筋最小搭接长度满足规范要求。钢筋安装时，受力钢筋的品种、级别、规格和数量必须符合设计要求。

7. 保证钢筋位置的措施到位。

8. 钢筋连接符合设计和规范要求。

9. 钢筋锚固符合设计和规范要求。

10. 箍筋、拉筋弯钩符合设计和规范要求。

11. 悬挑梁、板的钢筋绑扎符合设计和规范要求。

12. 后浇带预留钢筋的绑扎符合设计和规范要求。

13. 钢筋保护层厚度符合设计和规范要求。

（二）模板工程

1. 模板加工、支撑及拉结，模板的安装，模板的拆除按照经批准的施工技术方案执行。

2. 模板板面应清理干净并涂刷脱模剂。

3. 模板板面的平整度符合要求，模板的各连接部位应连接紧密。现浇结构模板安装的偏差及检验方法应符合规定。

4. 竹木模板面不得翘曲、变形、破损。

5. 框架梁的支模顺序不得影响梁筋绑扎。

6. 楼板支撑体系的设计应考虑各种工况的受力情况，楼板后浇带的模板支撑体系按规定单独设置。

7. 大模板及支撑体系属于超过一定规模的危险性较大的分项工程，必须编制专项施工方案，经专家论证后，按照专项方案进行模板施工和验收。

（三）现浇混凝土结构工程

1. 混凝土外加剂的质量应符合国家标准规定，严禁在混凝土中加水，严禁将洒落的混凝土浇筑到混凝土结构中。

2. 各部位混凝土强度符合设计和规范要求，墙和板、梁和柱连接部位的混凝土强度符合设计和规范要求。

3. 混凝土强度试块应在浇筑地点随机抽取，抽样与试件留置应符合规范规定，混凝土试块应及时进行标识，按规定设置施工现场试验室，同条件试块应按规定在施工现场养护。

4. 沉降缝、伸缩缝以及各种施工缝按照施工方案留置，并符合设计要求和规范要求。后浇带、施工缝的接茬处应处理到位，后浇带的混凝土按设计和规范要求的时间进行浇筑。

5. 混凝土浇筑要符合施工工艺要求，保证振捣密实、接茬密实。并按规范要求做好养护工作。沉降后浇带混凝土浇筑应该在结构完成 60 日，经沉降观测，结构沉降基本稳定，并经结构设计单位同意后方可实施。

6. 冬季施工时必须进行温度测试，以保证入模温度，浇筑完成后及时覆盖保温，采取适当的保温或加热措施，冬季施工应制作同条件养护试块。

7. 雨季施工浇筑混凝土应及时苫盖，避免雨水冲刷。如遇中到大雨，必须立即停止施工，合理设置施工缝，已浇筑完成的混凝土做好保护。需要继续施工时混凝土接茬按照规定进行界面剃凿处理。

8. 对大体积混凝土及冬季施工的混凝土，应进行测温以控制混凝土开裂。混凝土养护符合施工方案要求。

9. 混凝土构件的外观质量符合设计和规范要求，不应有影响结构性能和使用功能的尺寸偏差。

10. 楼板上的堆载不得超过楼板结构设计承载能力。

（四）质量控制停止点及见证点设置

1. 设置停止点：原材料、配合比检验，钢筋隐蔽，预埋件隐蔽，模板尺寸、预留孔洞的检查，施工缝、后浇带施工。

2. 设置见证点：钢筋原材或成型钢筋进场复试、钢筋连接接头抽样送检、混凝土坍落度测量、混凝土强度试块留置、混凝土试块标准或同条件养护、钢筋保护层厚度检查、砌体结构植筋试验、回填土取样试验。

七、监理工作的方法和措施

（一）施工前质量控制的监理工作方法和措施

1. 审核施工方案。

2. 审查检测试验计划，核查试验室。

3. 审核报验的施工机械及测量仪器。

4. 审查并复核基线放线测量。

5. 钢筋进场检验、混凝土进场检验详见本书第二章第五节。

（二）施工过程质量控制的监理工作方法和措施

1. 检查混凝土垫块，确保钢筋保护层厚度；检查钢筋焊接的焊接试验报告，核查焊接人员的上岗证，监督施工单位进行焊接性能试验并送实验室检测；按批量对钢筋焊接接头进行抽检。

2. 对钢筋制作加工、现场绑扎进行巡视检查，未经监理人员隐蔽验收的部位不得进入下一步施工。

3. 检查预埋螺栓、预埋管的位置及相对偏差，未经检查不得隐蔽。

4. 检查模板及支架的稳定性、尺寸、预留孔洞位置；检查圈梁、构造柱、系梁、芯柱的钢筋绑扎、搭接情况，未经隐蔽不得进入下一步施工。

5. 检查商品混凝土出厂凭证，混凝土强度等级、塌落度必须符合要求，现场见证混凝土试块制作，检查混凝土试件的留置，检查混凝土现场养护情况。

6. 检查施工缝、后浇带等留设及处理是否符合要求。

7. 旁站混凝土浇筑过程。

8. 检查同条件的混凝土试块强度，确定是否进行模板及其支架的拆除，并按规范要求的拆除顺序进行。

（三）监理记录

1. 监理应做好巡视检查记录和旁站记录，旁站部位包括梁柱节点钢筋隐蔽过程，混凝土浇筑、后浇带及其他结构混凝土、防水混凝土浇筑等。

2. 在现浇混凝土结构施工中，旁站监理人员按照规定填写混凝土浇筑旁站监理记录表。

3. 施工过程中的巡视、旁站、平行检验、检查验收等详见本书第二章。

八、监理记录

施工过程中的巡视、旁站、平行检验、检查验收等记录详见本书其他章节。

九、见证取样与送检的要求

详见本书其他章节。

×××项目

混凝土工程监理实施细则

编制人

审批人

北京建大京精大房工程管理有限公司

2021 年 4 月

一、编制依据

1. 施工组织设计、监理规划及施工图纸

序号	名称	日期
1	×××项目施工组织设计	2021年3月
2	×××项目支护图纸	2020年10月
3	×××项目建筑图纸	2021年3月16日
4	×××项目结构图纸	2021年3月16日
5	本工程监理规划	2021年3月
6	本工程混凝土施工方案	2021年4月

2. 主要规范、规程

序号	规范、规程名称	编号
1	《混凝土结构工程施工质量验收规范》	GB 50204—2015
2	《混凝土质量控制标准》	GB 50164—2011
3	《混凝土强度检验评定标准》	GB 50107—2010
4	《混凝土外加剂应用技术规范》	GB 50119—2013
5	《混凝土结构试验方法标准》	GB 50152—2012
6	《地下防水工程质量验收规范》	GB 50208—2011
7	《混凝土泵送施工技术规程》	JGJ/T 10—2011
8	《回弹法检测混凝土抗压强度技术规程》	JGJ/T 23—2011
9	《北京市建筑结构长城杯工程质量评审标准》	DB11/T 1074—2014
10	《北京市建筑长城杯工程质量评审标准》	DB11/T 1075—2014
11	《混凝土结构施工图平面整体表示方法制图规则和构造详图》	16G 101—1
12	《建筑物抗震构造详图》	20G 329—1
13	《建设工程监理规范》	GB/T 50319—2013
14	《建设工程监理规程》	DB11/T 382—2017

二、工程概况

1. 工程简介

项目	内容
工程名称	×××项目
工程地点	×××
建设单位	×××公司
设计单位	×××公司
监理单位	北京建大京精大房工程管理有限公司
施工单位	×××公司
建筑功能	住宅楼、配套
结构类型	框架-剪力墙
开、竣工日期	合同开工日期2020年10月15日，合同竣工日期2023年4月30日，总工期927日历天。
建筑面积	总建筑面积163685.04m²，其中地上建筑面积107437m²，地下建筑面积56248.04m²。
单体个数	××栋单体及地下车库
檐高、结构布局（地上、地下层数）	××楼地上25层/地下3层；××楼地上24层/地下3层；××楼地上17层/地下3层；××楼地上16层/地下3层；××楼地上14层/地下3层；××楼地上11层/地下3层

2. 设计概况

序号	项目名称		×××项目		
1	建筑面积（m²）	总建筑面积	××××m²	地下建筑面积	××××m²
				地上建筑面积	××××m²
2	层数	地下	2层/3层	地上	××/××/××/××
3	层高（m）	车库	××/××	首层	××
		首层以上	××/××/××/××		
4	建筑高度	建筑总高	××楼76.5m、××楼38.95m、××楼52.8m、××楼79.65、××楼45.05m、××楼43.65m、××楼34.5m、××43.65m、××楼49.75m。		
		±0.00绝对标高	××/××/××/××m		
5	结构形式	基础类型	筏板基础		
		结构类型	装配式剪力墙、框架结构		
			楼板	钢筋混凝土现浇楼板	

续表

序号	项目名称	×××项目		
6	地下防水	结构自防水	地下室底板、外墙、埋在土中的顶板、水池侧壁均采用抗渗混凝土，混凝土抗渗等级：基础及地下二层墙体 P8；地下二层顶板、地下一层及以上 P6。各楼混凝土标号及抗渗等级与此不同时，以各楼为准。	
		材料防水	筏板	4mm+3mm 厚 SBS 聚酯胎改性沥青防水卷材 + 冷底子油一道
			外墙	自防水混凝土墙板、4mm+3mm 厚 SBS 聚酯胎改性沥青防水卷材 + 冷底子油一道
			顶板	2.0mm 厚非固化橡胶沥青防水涂料 +4.0mm 厚 SBS 耐根穿刺防水卷材
			屋面	3mm+3mmSBS 改性沥青防水卷材，四周遇墙上翻高过屋面完成面 300mm，并收于女儿墙侧壁凹槽内（或挑口下阴角处），卷材底刷冷底子油一道；
		构造防水	施工缝	3mm 厚钢板止水带
			后浇带	P8（P6）高一等级混凝土 +3mm 厚钢板止水带
7	结构断面尺寸	基础底板厚度（mm）	500、600、700、1000	
		外墙厚度（mm）	250、300、400	
		内墙厚度（mm）	200、250	
		柱断面（宽 × 长）	600×600、600×700、600×800、600×1000、600×1100、800×600、700×600	
		梁断面（宽 × 高）	300×1250、200×600、300×700、300×1000、300×800、200×900、300×950、300×1200、250×950、250×600、300×550、250×1000、200×800、250×1000、400×600、400×650、400×700、400×1300、500×700、500×800、700、550×800、550×900、600×900、650×900、700×1100、800×750、800×850	
		楼板（mm）	120、130、140、150、160、180、190、200、250、300、350、400、450	
8	楼梯结构形式	板式楼梯、装配式楼梯		
9	坡道结构形式	梁板式坡道		
10	施工缝设置	竖向结构水平施工缝	墙柱水平施工缝留置在梁底	
		水平结构施工缝	梁板跨中三分之一处。	
11	钢筋类型	非预应力	HPB300、HRB400、CRB600H	
12	水电设备情况	详见水电设备图纸		
13	其他	无		

3. 混凝土概况

混凝土设计强度：

×× 楼	垫层	基础	墙、连梁	柱	梁、板	楼梯	构造柱、圈梁
基础板顶	C20	C35	C35	C35	C35	C35	C25
−7.030 ~ −3.300	/	/	C45	C45	C35	C35	C25
−3.300 ~ −0.150	/	/	C55	C55	C35	C35	C25
−0.150 ~ 31.350	/	/	C55	C55	C30	C35	C25
31.350 ~ 62.850	/	/	C45	C45	C30	C35	C25
62.850 ~ 屋面	/	/	C40	C40	C30	C35	C25
×× 楼	垫层	基础	墙、连梁	柱	梁、板	楼梯	构造柱、圈梁
基础板顶 ~ −3.300	C20	C35	C35	C35	C30	C35	C25
−3.300 ~ 9.000	/	/	C45	C45	C30	C35	C25
9.000 ~ 18.150	/	/	C40	C40	C30	C35	C25
18.150 ~ 27.300	/	/	C35	C35	C30	C35	C25
27.300 ~ 屋面	/	/	C30	C30	C30	C35	C25
2 ~ 10 号楼社区文化设施	垫层	基础	墙、连梁	柱	梁、板	楼梯	构造柱、圈梁
基层顶 ~ 屋面	C20	C35	C45	C45	C35	C35	C25

混凝土环境类别：

结构构件部位	环境类别	结构构件部位	环境类别
基础底板及地下室外墙	二 b	室内潮湿环境（卫生间、厨房）	二 a
室内正常环境	一	混凝土外露构件	二 b

钢筋的混凝土保护层厚度：

	一类	二 a 类	二 b 类	基础底板下侧 / 基础梁下侧	40/40
板、墙	15	20	25	基础底板上侧	20
梁	20	25	35	地下室外墙内侧 / 外侧	20/30
柱	20	25	35	基础梁上侧	30

注：1. 混凝土保护层厚度除应符合本上表中的规定外，受力钢筋保护层厚度不应小于受力钢筋直径；

　　2. 梁、板中预埋管的混凝土保护层厚度应 ≥ 30mm；

　　3. 当梁、柱中纵向受力钢筋的混凝土保护层厚度大于 50mm 时，应在受力筋外侧加 Φ6@200 双向抗裂钢筋或采取其他抗裂措施，次钢筋保护层厚度为 25mm。

三、监理工作流程

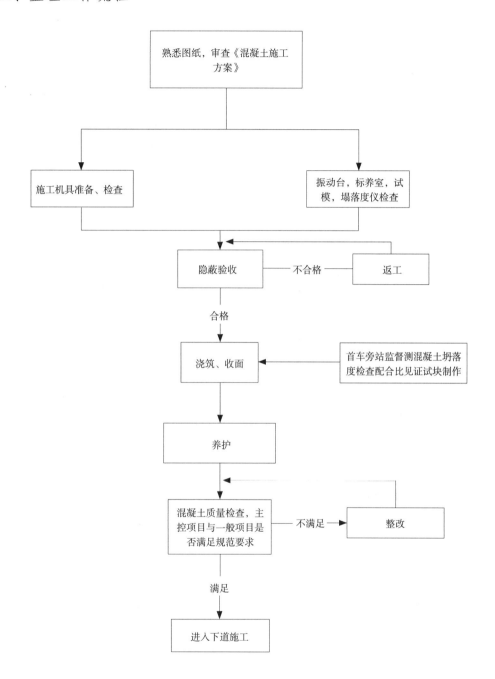

四、监理工作中的控制要点

1.商品混凝土质量

（1）禁止自行搅拌混凝土。

（2）混凝土搅拌站的供应能力、原材料质量、试验检验水平应满足项目工程建设需求。

（3）混凝土配比申请单、混凝土小票等资料应齐全，需记录商品混凝土出站时刻、到场时刻、开始浇筑时刻、浇筑完成时刻，使混凝土浇筑具有追溯性。

2. 混凝土浇筑

（1）混凝土应按方案分层浇筑。

墙、柱浇筑混凝土分层浇筑时，使用混凝土分层控制尺杆，用以控制下料高度，防止出现分层过厚的情况，同时振动棒管上也要有相应的标尺，用以控制振动棒插入的深度。

基础混凝土浇筑时，采用"斜面分层"的方法进行浇筑，每层控制在400mm左右。下料时，混凝土自然流淌，采用一个坡度（1∶8左右）斜向分层浇筑。

（2）墙体混凝土浇筑前应用同配比减石子砂浆，均匀入墙根，厚度5～10cm。

（3）坍落度的抽检在开始浇筑混凝土后第一罐抽检一次，然后每隔2小时检查一次，不合格应退场。

（4）混凝土凝结时间及和易性应符合要求，严禁向混凝土加水，采取加外加剂措施。

（5）混凝土振捣密实，不产生离析，不过振、不漏振。每一振点的延续时间，应使混凝土表面呈现浮浆，一般为20～30s。

（6）混凝土振捣时出现漏浆、上浮、变形过大等现象，立即停止浇筑，对出现问题的部位及类似部位进行修补、加固或增加支撑，确保没有问题可以继续。

（7）冬季施工留置同条件试块、冬转常温试块。

（8）爬架固定点混凝土强度有特殊要求时单独留置试块。

（9）混凝土浇筑前关注模内清理是否干净。

（10）混凝土旁站过程中使用金茂质量APP。

（11）楼板厚度控制：

①钢筋马镫型号使用正确。

②浇筑收面时挂线量测，并用楼板厚度标尺，随时检查楼板厚度。

3. 混凝土养护

（1）混凝土应在浇筑完毕后12小时养护，混凝土浇筑完后用压光机收光，铺塑料薄膜养护，遇风大或天热失水严重时，振捣后不压光直接铺塑料薄膜覆盖，浇水次数应能保持混凝土湿润状态。

（2）冬季禁止浇水养护，应覆盖塑料布、保温被等，防止混凝土裂纹出现。

（3）夏季高温应增加浇水养护次数，并保证表面湿润。

（4）混凝土墙面淋水进行养护，浇水次数应保证混凝土墙面呈湿润状态。框架柱包裹塑料布进行养护。

（5）梁板应洒水养护，覆盖塑料布。

（6）混凝土养护时间不得少于7天。

4. 混凝土施工成品保护

（1）已浇筑混凝土楼板、楼梯踏步需混凝土强度达到 1.2MPa 时，方可进行下道工序，防止加荷载、上人过早产生裂缝。

（2）冬期施工，混凝土表面覆盖保温时禁止直接踩踏混凝土表面，应站在脚手板上操作。

（3）混凝土浇筑完应保持钢筋、预埋件、预埋管、洞口位置正确。

（4）墙、柱、楼梯阳角应用木板护角保护。

5. 大体积混凝土控制

施工工艺：

根据泵送大体积混凝土的特点，采用"分段定点，一个坡度，薄层浇筑，循序推进，一次到顶"的方法进行浇筑。

（1）底板混凝土应当分层浇筑，每层浇筑厚度 500mm 左右，由远端向泵方向斜向推进的方式连续浇筑，不得中断。分层振捣时，上层混凝土应在下层混凝土初凝之前浇筑。混凝土不得漏振、欠振和过振。

（2）混凝土终凝前，应采用抹面机械或人工多次抹压。

（3）凡板面上有墙体"吊脚模板"部位，应控制下料，在板浇平振实后，稍作停歇，再浇板面上"吊脚模板"内的墙体，浇筑墙体并振捣之后，不得再插捣"吊脚模板"附近墙体，必要时可用木褪适度敲打"吊脚模板"外侧，使可能存在的沉缩裂缝闭合。

（4）底板面混凝土分两次找平，第一次随振捣随找平，表面还留有部分水分时立即进行第二次找平，并随即覆盖塑料薄膜，以免因表面水分散失过快导致干缩裂缝出现的几率增加。

6. 混凝土温度控制：

（1）对于大体积混凝土施工，控制其温差裂缝的形成是施工的关键。因此，必须加强施工中的温度控制，在混凝土浇筑和养护过程中，做好测温工作，控制混凝土的内部温度与表面温度之差不超过 25℃、表面温度与环境温度之差均不超过 20℃，如超过要立即采取相应保温措施。

（2）每段混凝土浇筑完毕后，指派专人测温，测温操作要规范正确，并把测温记录表及时填写好。测温记录必须真实、准确、完整，字迹工整。测温员对养护不到位、温差过大、混凝土温度过高或过低等不正常现象要有很灵敏的反应。

7. 大体积混凝土防裂措施：

（1）浇筑大体积混凝土施工时，由于凝结过程中水泥散出大量水化热，因而形成内外温度差较大，易使混凝土产生裂缝，因此，必须采取措施降低水化热。本工程采用 60 天后期强度混凝土，减少每立方米混凝土中水泥用量。使用粗骨料，尽量选用粒径较大、级配良好的粗骨料；掺加粉煤灰等掺合料，或掺加相应的缓凝型减水剂，改善和易性，降低水灰比，以达到减少水泥用量、降低水化热的目的。

（2）加强施工中的温度控制，采取相应的保温措施减小混凝土内外温差。严格控制混凝土的出罐温度和浇筑温度。合理安排施工顺序，控制混凝土在浇筑过程中均匀浇筑，避免混凝土拌合物堆积高差过大。

（3）加强测温和温度监测与管理，随时控制混凝土内的温度变化，内部温度与表面温度之差不超过25℃、表面温度与环境温度之差均不超过20℃，基础底板部分采用覆盖一层塑料薄膜再在上面覆盖棉毡的方法进行保温养护，并根据所测温差及时调整保温及养护措施。

（4）提高混凝土极限拉伸强度，选用良好级配的粗骨料，严格控制其含泥量，加强混凝土的振捣，提高混凝土的密实度和抗拉强度，减小收缩变形，保证施工质量；采用两次振捣法，即浇筑后及时振捣并排除表面积水，在混凝土初凝前再用平板振捣器将混凝土通振一遍，这样可以提高混凝土早期或相应龄期的抗拉强度和弹性模量。

8. 冬雨季施工控制

严格按施工方案督促施工单位落实到位。

9. 质量通病防治控制

要求施工单位做好技术交底，狠抓落实根部烂根、顶部漏浆、实体空隙等质量问题控制。

五、监理工作方法及措施

（一）事前控制

1. 熟悉设计

监理工程师做好图纸研读，了解设计的构造、设计参数、材料性能、施工工艺等技术要求。

2. 审查施工方案

（1）施工方案中对本工程的专业性重点、难点是否分析充分。

（2）方案的主要内容必须满足施工工艺标准及验收规范要求，从人、机、料、法、环五个因素审查其正确性、完整性，监理审核批准后方可开工。

（3）施工部署是否合理，如施工段划分是否合理，施工进度安排是否合理，商品混凝土供应站距离是否满足浇筑时间要求，现场泵车布置是否合理，劳动力组织计划是否与进度计划一致，特殊环境下如冬期、雨季施工部署是否周到等。

（4）操作工艺、工序安排、细部做法是否有可操作性。

（5）是否有质量保证措施。

（6）审核对质量通病采取的技术防范措施和质量保障措施是否有针对性，对不足之处要求其补充、完善。

（7）施工方案中安全施工和环保措施是否合理、完善。

（8）是否具有安全事故应急预案。

3. 施工人员、机具、作业环境的落实

（1）检查管理人员资格

检查承包单位（分包单位）项目经理部管理人员的岗位设置、人员资格、数量与施工方案一致。

（2）检查操作人员资格

混凝土工的数量必须满足施工方案中的计划安排。

（3）检查施工机械和工具

混凝土输送泵、泵管、卡具、串筒、料斗、振动器及刮尺等机具设备按需要准备充足，并考虑发生故障时的修理时间，现场有备用振动器和备用泵。现场使用的所有机具均需验收通过，方可使用。

（4）施工作业环境及作业条件符合规范要求。

（5）施工采用的方法执行了施工方案且符合工程建设强制性标准情况。

（二）事中控制

1. 混凝土配合比

本工程使用商品混凝土，选择的商品混凝土站必须具备相应的企业等级和资质，必须能够保证混凝土的连续供应和混凝土的质量。混凝土站应能满足现行国家、地方规范及技术部门提出的各项混凝土技术要求（不低于国家、地方规范），包括混凝土的配合比要求、强度指标、坍落度要求、原材料要求、外加剂和掺合料要求。检查商品混凝土站提供的进场混凝土技术资料：

（1）水泥品种、标号及每立方米混凝土中的水泥用量；

（2）骨料的种类和最大粒径；

（3）外加剂、掺合料的品种及掺量；

（4）混凝土强度等级和坍落度；

（5）混凝土配合比和标准试件强度；

（6）对轻骨料混凝土尚应提供其密度等级。

2. 隐蔽验收

浇筑混凝土前，应检查和控制模板、钢筋、保护层和预埋件的尺寸、规格、数量和位置，其偏差值应符合现行国家标准《混凝土结构工程施工质量验收规范》GB 50204—2015 的规定。

此外，还应检查模板支撑的稳定性、刚度以及接缝的密合情况。模板和隐蔽项目应分别进行预检和隐检验收，符合要求后方可进行浇筑。

浇筑混凝土前应办理专业会签单，验收通过进行下道工序施工。

3. 签署混凝土浇筑申请单

由施工单位提交混凝土浇筑申请单,内容包括:工程名称、申请浇灌部位、申请方量、强度等级、坍落度、浇筑时间等。申请单由项目技术负责人审核、签字后报监理单位，监理工程师确认具备浇筑条件后签署混凝土浇筑申请单。

4. 混凝土进场技术措施

（1）每车必须有小票，注明工程名称、浇筑部位、混凝土强度、配合比、外加剂、坍落度、出机时间温度、运输车号等。现场必须有专人签记小票主要内容，并填写浇筑记录表的各项内容，浇筑记录应随小票一同交施工单位保存备查。

（2）车辆进场后由施工单位派专人指挥调度，并在小票上加盖名章，记录时间，收集小票存档；监理随机抽检小票，不定时核查施工单位负责小票检查存档的人员是否在岗。

（3）核对进场的商品混凝土资料。其强度等级符合设计图纸要求。泵送混凝土配合比除必须满足混凝土设计强度和耐久性的要求外，还要满足可泵性要求。

5. 混凝土浇筑技术措施

（1）在墙、柱钢筋上必须抄出 +0.5m 标高控制线，并用油漆划上红色三角做标记，现场备有水准仪，对集水坑等标高重点控制，以便随时抄平，控制标高正确性。

（2）应保护的柱筋、墙筋根部用塑料薄膜包裹，高度不小于 500mm。

（3）施工缝处混凝土表面必须满足下列条件：已经清除浮浆、剔凿露出石子、用水冲洗干净、湿润后清除明水。注意施工缝、钢筋上的油污、水泥砂浆及浮锈等杂物清除干净。

（4）在浇筑混凝土前，对模板内的杂物和钢筋上的油污等应清理干净，对模板的缝隙和孔洞应予堵严，对木模板浇水湿润，但不得有积水。

（5）混凝土运输、浇筑及间歇的全部时间不应超过混凝土的初凝时间（超过初凝时间应按施工缝处理）。同一施工段的混凝土应连续浇筑，并在底层混凝土初凝之前将上一层混凝土浇筑完毕，且振捣必须插入下层 50mm，以消除两层间的接缝。

（6）混凝土自泵管口下落的自由倾落高度不得超过 2m。

（7）剪力墙以及柱采用 ZX-50 插入式振动棒振捣，遇有梁重叠部分钢筋较密，HZ-50 振捣棒无法插入时，可选用 ZX-30 振捣棒，同时采用 HZ-50 振捣棒在模板外侧进行振捣；梁内混凝土用插入式振捣器振捣。

（8）振动棒的插点要均匀排列，插入角度应与混凝土表面成约 45° ~ 50° 或垂直，按浇筑顺序有规律地移动，不得漏振，每次移动的距离不应大于振动棒作用半径的 1.5 倍。

（9）振动棒振捣时，应快插慢拔，防止混凝土分层、离析或出现空洞，每一点的振捣时间不宜过短，也不宜过长，可通过对浇筑混凝土表面变化的观察进行控制，以混凝土表面呈水平不再显著下沉，不再出现气泡，表面泌出灰浆为准，并将模板边角填满充实，一般为 20 ~ 30 秒。用平板振动器振捣楼板混凝土时，每一位置上连续振动一定时间，以混凝土表面均匀出现浆液为准，移动时要成排一次进行，前后位置和排与排之间应有 1/3 平板宽度的搭接，以防漏振。

（10）墙、柱浇筑混凝土时应分段分层连续进行，浇筑层高度应根据结构特点、钢筋疏密决定，一般为振捣器作用部分长度的 1.25 倍（约为 450mm）。

（11）墙、柱浇筑混凝土时，为准确下料，使用混凝土分层控制尺杆，尺杆上按每隔20cm划厚度控制线并钉上小钉，用以控制下料高度，防止出现分层过厚的情况，同时振动棒管上也要有相应的标尺，用以控制振动棒插入的深度。浇筑完后，随时将插筋调整到位。板混凝土浇筑后应在墙、柱插筋周边150mm范围内压光找平，当高低差超过5mm时，将超高混凝土打磨、修补到位，以便上层墙、柱模板与楼板采用硬拼缝。浇筑楼板混凝土时，下料不能太集中，堆积高度不得超过500mm，使局部荷载太大，造成模板支撑失稳。

（12）浇筑混凝土时应经常观察模板、钢筋、预留孔洞、预埋件和插筋等有无移动、变形或堵塞情况，发现问题应立即处理，并在已浇筑的混凝土凝结前修整好。

（13）从施工缝处开始继续浇筑时，要注意避免直接靠近缝边下料。振捣时，宜向施工缝处逐渐推进，应加强对施工缝接缝的捣实工作，使其紧密结合。

（14）混凝土泵送过程中，不得把拆下的输送管内的混凝土撒落在未浇筑的地方。排除堵塞，重新泵送或清洗混凝土泵时，布料设备的出口应朝向安全方向，以防堵塞物或废浆高速飞出伤人。

（15）浇筑时，按混凝土浇筑平面布置图布设泵管，泵送混凝土前，先泵水冲洗，将水用吊斗吊出场外，再泵送与混凝土同配合比的水泥砂浆1.5m³，将润管砂浆均匀分散开，防止过厚的砂浆堆积，确保泵管全部湿润畅通，方可泵送混凝土。泵送间歇时间较大或混凝土产生离析时，立即用压力水将泵管内的残存混凝土清除干净。

6. 旁站

在混凝土浇筑施工时，首车旁站，并做好旁站记录。

旁站时主要工作内容如下：

（1）核查混凝土浇筑施工准备情况：混凝土浇筑所需的机具、人员的配备是否符合施工要求；

（2）混凝土浇筑工程量的核查：商品混凝土，是否按照设计要求；

（3）混凝土质量检查：浇筑前，现场抽查混凝土坍落度是否满足设计要求，混凝土是否存在影响质量的和易性、泌水性等问题；

（4）施工程序、施工操作是否符合施工方案：混凝土浇筑顺序和振捣是否符合施工方案，以及施工规范要求；

（5）施工当日的气象情况和外部环境情况对施工有无影响。

7. 见证取样及测坍落度

（1）确定做复试及取样留置的混凝土试块种类和数量并见证取样。根据《混凝土结构工程施工质量验收规范》GB 50204—2015规定取样制作试块。

①混凝土应在现场按每100m³取样制作三组试块，不足100m³时，按100m³制作（当一次连续浇筑超过1000m³时，同一配合比混凝土按每200m³取样制作三组试块）；一组为28天标养试块；一组为7天标准养护试块，控制早期强度。根据同条件实体检验计划要求留置一组同条件实体检验用试块，梁板还需要增加一组拆模试块。

②抗渗试件按每500m³取样,每次在浇筑地点随机取样、留置两组,6个试件为一组,并送入标养室养护,养护期不少于28天;混凝土的抗渗试块、强度试块的试样必须取自同一车次拌制的混凝土拌和物。

③同条件养护试件是在拆模后置于靠近相应结构构件或结构部位的适当位置并采取与相应结构构件或结构部位相同的养护方法,在等同条件自然养护到一定等效养护龄期进行强度试验。

④试验混凝土实体检验试块必须同条件养护,且到600℃·d必须准时送压。

(2)现场设置标养室。混凝土试样在浇筑地点随机抽取,每种强度等级均按规范规定留置且按有关规定做见证试验。标养试块放置在标养室内养护,标养室温度20±2℃、湿度≥95%;同条件试块放置在楼层中,与楼层混凝土同样采用洒水覆盖的养护措施(试块制作后,在拆模前要用塑料布覆盖,同时对试件进行编号的纸条压入试模下)。

(3)坍落度试验:施工时应根据温度以及天气情况适当调整坍落度。坍落度的抽检在开始浇筑混凝土后第一罐抽检一次,然后每隔4小时检查一次。禁止往混凝土中直接加水。抽检试件时,应记录好车号、坍落度及抽检时间等情况。

8.混凝土养护

(1)大体积混凝土养护时间不得小于14天,普通混凝土不少天7天。养护期间,当混凝土内外温差稳定后,可采取洒水养护的方式进行养护(冬施时按冬施有关要求进行养护),保证混凝土能在潮湿环境中达到预期强度要求。

(2)楼板混凝土浇筑完12小时内采取塑料薄膜覆盖养护,其敞露的全部表面覆盖严密,严防混凝土出现脱水和收缩裂缝。楼板混凝土在可上人后开始洒水养护,浇水次数应能保持混凝土处于湿润状态(冬施按冬施要求养护)。普通混凝土养护时间不少于7天,对掺用缓凝型外加剂的混凝土养护不少于14天,防水混凝土养护时间不少于14天。

(3)地下室墙体施工和主楼墙体常温施工均采用淋水的方法养护,即拆模后立即在墙体定期定时喷水洒水养护,保证墙体湿润。养护时间不少于14天。

(4)框架柱混凝土,采用拆模后立即缠裹一层塑料薄膜并浇水湿润的方式,使混凝土长时间保持湿润。

9.混凝土拆模

(1)侧模拆除时,混凝土强度应以能保证其表面及棱角不因拆模而受到损坏,预埋件或外露钢筋插铁不因拆模而松动,并能满足拆模时不粘模、不掉角时,方可拆除侧模。

(2)当混凝土强度达到1.2MPa(现场以手指略用力压,混凝土表面无指痕)后,方可开始拆模。

(3)墙柱拆模要求:同条件试块拆模时表面及棱角不破坏,墙柱开始试拆模,先拆一块模板,确保墙体表面积棱角无破坏方可大范围拆模。

（4）梁板模板拆除时，同条件混凝土强度等级应达到以下要求。

现浇结构拆模时所需混凝土强度

结构类型	结构跨度（m）	按设计的混凝土强度标准值的百分率计（%）
板	≤ 2	≥ 50
	>2，≤ 8	≥ 75
	>8	≥ 100
梁	≤ 8	≥ 75
	>8	≥ 100
悬臂构件		≥ 100

（三）事后控制

1.混凝土结构质量检查：

现浇结构的外观质量不应有严重缺陷。

现浇混凝土结构的允许偏差

项次	项目			允许偏差值（mm）结构长城杯标准	检查方法
1	轴线位置	基础		10	尺量
		独立基础		10	
		墙、柱、梁		5	
2	垂直度	层高	≤ 5m	5	经纬仪、吊线、尺量
			> 5m	8	
		全高（H）		H/1000，且 ≤ 30	
3	标高	层高		±5	水准仪、尺量
		全高		±30	
4	截面尺寸	基础宽、高		±5	尺量
		柱、墙、梁宽、高		±3	
5	表面平整度			3	2m靠尺、塞尺
6	角、线			3	拉线、尺量
7	保护层厚度	基础		±5	尺量
		柱、梁		+5、-3	
		墙、板		±3	
8	楼梯踏步板宽度、高度			±3	尺量
9	电梯井筒	长、宽对定位中心线		+20、-0	钢尺检查
10		筒全高（H）垂直度		H/1000，且 ≤ 30	经纬仪、量尺
11	阳台、雨罩位移			±5	吊线、尺量

续表

项次	项目		允许偏差值（mm）	检查方法
			结构长城杯标准	
12	预留孔、洞中心线位置		10	尺量
13	预埋螺栓	中心线位置	3	尺量
14		螺栓外露长度	+5、-0	

2. 结构实体检验

结构实体检验按照《混凝土结构工程施工质量验收规范》GB 50204—2015 中相应规定执行。

（1）对涉及混凝土结构安全的有代表性的部位进行结构实体检验。结构实体检验应包括混凝土强度、钢筋保护层厚度、结构位置与尺寸偏差以及合同约定的项目；必要时可检验其他项目。

（2）结构实体检验由施工单位组织实施，监理见证实施过程。除结构位置与尺寸偏差外的结构实体检验项目，应由具有相应资质的检测机构完成。

（3）结构实体混凝土强度应按不同强度等级分别检验。检验方法宜采用同条件养护试件方法；当未取得同条件养护试件强度或同条件养护试件强度不符合要求时，可采用回弹 - 取芯法进行检验。

结构实体混凝土同条件养护试件强度检验应符合规范规定；结构实体混凝土回弹 - 取芯法强度检验应符合规范规定。

混凝土强度检验时的等效养护龄期可取日平均温度逐日累计达到 600℃·d 时所对应的龄期，且不应小于 14 天。日平均温度为 0℃及以下的龄期不计入。

（4）钢筋保护层厚度检验应符合规范规定。

（5）结构位置与尺寸偏差检验应符合规范规定。

（6）按照金茂要求对混凝土强度做全面检测。

六、技术安全措施

1. 所有进入施工现场的人员，必须戴好安全帽，系好帽带。佩戴安全防护用品。不得酒后作业。

2. 混凝土振捣人员戴绝缘手套，穿绝缘鞋。停机后，要切断电源，锁好开关箱。电动振捣器须使用按钮开关，不得用插头开关；振捣器的扶手，必须套上绝缘胶皮管。雨天进行作业时，必须将振捣器加以遮盖。电器设备的安装、拆修，必须由电工负责，其他人员一律不准乱动。振动器不准在初凝混凝土、地板、脚手架、道路和干硬的地方试振。移动振动器时，要切断电源后进行。各种振动器，在做好保护接零的基础上，还要安装漏电保护器。严禁用振动器撬拨钢筋和模板，或将振动器当大锤使用。

3. 地泵等电动机具有接地、接零保护措施，非电工禁止随意接电。

4. 塔吊吊运物料时，必须由信号工指挥，严格遵守相关的安全操作规程。

5. 施工单位必须配备专门的看模人员，发现支撑有松动，及时处理以防胀模和伤人。

6. 浇灌 2m 以上高度的混凝土应搭设操作平台，不得站在模板或支撑上作业，不得直接在钢筋上踩踏、行走。操作平台脚手架上部满铺脚手板，两端用铅丝绑紧，不得有探头板及飞跳板。其周围要有不低于 1.2m 的防护栏杆。

7. 夜间施工时配备足够的照明设施和警示灯。

8. 振捣临边构件时，要有防护措施，防止坠落。

9. 施工用电线、电箱均应架空保护，不得直接铺在钢筋、钢管上。非电工不得私自拆、接线，非专业人员不得动用机电设备。

10. 混凝土泵应按要求搭设安全防护棚，挂上安全操作规程标牌。泵车司机必须经专业培训，持证上岗。混凝土地泵必须严格按规定进行操作，严禁违章操作。加强地泵的保养和维修，坚持一班三检制度，即：班前检查、泵送中的检查、工作完成后的检查修理。

11. 输送管道的接头处要严密可靠不漏浆，安全阀完好，管路的架子要搭设牢固，检修时卸压。泵送混凝土时，混凝土泵的支腿应完全伸出，并插好安全销。

12. 布料杆支设要严格按照交底施工，根部全面加固，严禁减少支腿。非使用状态时调整配重。工作面上泵管支架宽度要大于支架高度的 1.5 倍，防止管线倒塌伤人。

13. 排除堵塞、重新泵送或清洗混凝土泵时，布料设备的出口应朝安全方向，以防堵塞物或废浆高速飞出伤人。

14. 地下室施工过程中，应加强四周边坡的观测，若发现位移现象或其他情况，应立即停止作业，并及时向有关部门汇报。

15. 各部位施工时，监理工程师认真检查承包单位书面上报的安全交底。

七、文明施工及环保措施

1. 混凝土施工时，现场要派专人进行洒水降尘，对遗撒在道路上的混凝土要及时清扫干净。

2. 进入现场的机械车辆做到少发动、少鸣笛，以减少噪声。

3. 施工操作人员不得大声喧哗，操作时不得出现刺耳的敲击、撞击声。

4. 混凝土浇灌需连续作业时，必须办理夜间施工证，报有关部门批准后方可进行施工。

5. 严格控制噪声污染，认真做好噪声监测工作。地泵统一采用隔声棚；夜间严禁使用强噪声机械；混凝土振捣采用环保型振捣棒或其他降噪措施；合理安排施工工序，控制夜间施工噪声值在 55dB 以下。

6. 现场做到活完场清，及时清理现场的落地灰。施工垃圾要采用容器吊运，落地灰及时收集，以为他用，减少浪费。施工中严禁从建筑的窗洞口扔撒垃圾。

7. 现场设置洗车池和沉淀池，罐车在驶出施工现场前均要用水冲洗，以保证市政交通道路的清洁，减少粉尘的污染。废水经沉淀池后方可排入市政污水管线。

8. 进入施工现场严禁吸烟。

9. 施工中，现场要清理整齐，对不用的料和散混凝土，安排专人及时清理，集中到堆料场。

| 第四节　旁站监理方案编制要求与示例 |

根据原建设部（建市 [2002]189 号）《房屋建筑工程施工旁站监理管理办法（试行）》的定义，旁站监理是指监理人员在房屋建筑工程施工阶段监理中，对关键部位、关键工序的施工质量实施全过程现场跟班的监督活动。

房屋建筑工程的关键部位、关键工序，在基础工程方面包括：土方回填，混凝土灌注桩浇筑，地下连续墙、土钉墙、后浇带及其他结构混凝土、防水混凝土浇筑，卷材防水层细部构造处理，钢结构安装；在主体结构工程方面包括：梁柱节点钢筋隐蔽过程，混凝土浇筑，预应力张拉，以及装配式结构、钢结构、网架结构和索膜安装。

一、旁站监理方案的编制和要求

1. 项目监理部在编制监理规划时，应当制定旁站监理方案，明确旁站监理的范围、内容、程序和旁站监理人员职责等。

2. 旁站监理方案由总监理工程师组织专业监理工程师编制，经总监理工程师审核批准。

3. 旁站监理方案应当送建设单位和施工企业各一份，并抄送工程所在地的建设行政主管部门或其委托的工程质量监督机构。

4. 旁站监理方案可根据工程情况和施工工艺特点进行必要的补充和修改，补充修改后的旁站监理方案应经总监理工程师审核批准后实施。

二、旁站监理方案的内容

1. 工程概况。

2. 旁站监理方案的编制依据。

3. 旁站监理的工作程序。

4. 旁站监理人员的主要职责。

5. 旁站监理的范围。

6. 旁站监理的主要工作内容。

7. 旁站监理记录填写要求。

8. 旁站监理记录表（样表）。

三、旁站监理方案编制示例

编制旁站监理方案时，可根据工程实际情况对旁站监理方案编制示例中的"旁站监理的范围"和"旁站监理的主要工作内容"进行补充调整。

旁站监理方案编制示例见附录二。

×××工程

旁站监理方案

编制：

审批：

×××监理公司

年　月　日

一、工程概况

1. 工程名称。

2. 工程建设地点。

3. 工程规模。

4. 设计概况。

二、旁站监理方案的编制依据

1.《建设工程监理规范》GB/T 50319—2013。

2.《房屋建筑工程施工旁站监理管理办法（试行）》（建市 [2002] 189 号）。

3. 国家和地方有关工程建设的现行法律、法规和规章、规范、规程、标准。

4. 经有关部门批准的设计文件及相关资料。

5. 委托监理合同、施工合同。

6.《监理规划》、《监理实施细则》。

三、旁站监理的工作程序

（一）旁站监理的工作程序

1. 施工单位根据项目监理机构编制的旁站监理方案，在需要监理旁站的关键部位和关键工序施工前 24 小时，书面通知项目监理部；

2. 项目监理机构由总监理工程师安排旁站监理人员按照旁站监理方案中的内容及规范规定和施工方案的内容实施旁站监理；

3. 旁站监理人员实施旁站监理时，发现施工单位有违反工程建设强制性标准和施工方案的行为时，有权责令整改；发现施工活动已经或可能危及工程质量的，应及时向总监报告，由总监下达局部暂停施工指令或采取其他应急措施；

4. 旁站监理人结束时，如实填写旁站监理记录；

5. 旁站监理记录作为监理资料归档备查。

（二）旁站监理的流程

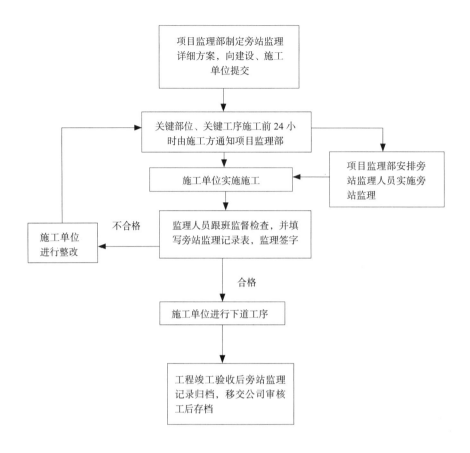

四、旁站监理人员的主要职责

1. 检查施工单位现场质检人员到岗、特殊工种人员持证上岗及施工机械、建筑材料准备情况。

2. 在现场跟班监督关键部位、关键工序施工时执行施工方案及执行工程建设强制性标准情况。

3. 检查进场材料、建筑构配件、设备和商品混凝土的质量检验报告等；并可在监督之下进行检验或委托有资格的试验单位进行复验。

4. 做好旁站监理记录和监理日记，保存旁站监理原始记录。

五、旁站监理的范围

依据相关规范、标准等规定和要求，结合实际工程，对以下关键部位、关键工序的施工质量实施旁站监理：

（一）基础工程

在基础工程方面包括：土方回填，混凝土灌注桩浇筑，地下连续墙、土钉墙、后浇带及其他结构混凝土、防水混凝土浇筑，卷材防水层细部构造处理，钢结构安装等。

（二）主体结构工程

在主体结构工程方面包括：梁柱节点钢筋隐蔽过程，混凝土浇筑，预应力张拉，装配式结构、钢结构、网架结构和索膜安装，防水工程，装配式混凝土结构工程等。

（三）规范规程规定的其他工程

1. 根据工程实际情况，除以上旁站监理的范围外，规范规程规定应旁站的其他工程，如：厕浴间施工防水、超高层防雷接地测试、节能工程外墙保温饰面板粘接强度测试。

2. 设备、电气及其他相关专业规范规程规定应旁站的工程。

3. 北京市地方标准《建设工程监理规程》规定对下列涉及结构安全及重要功能的关键部位和关键工序实施旁站：

（1）地基处理中的回填、换填、碾压、夯实等工序的开始阶段。

（2）每个工作班的第一车预拌混凝土卸料、入泵。

（3）每个工作班的第一车预拌混凝土的稠度测试。

（4）每个工作班的第一个混凝土构件的浇筑。

（5）每个楼层的第一个梁柱节点的钢筋隐蔽过程。

（6）预应力张拉过程。

（7）装配式结构中竖向构件钢筋连接施工。

（8）住宅工程的第一个厕浴间防水层施工及其蓄水试验。

（9）住宅工程排水系统的第一次通球试验过程。

（10）高度超过100m的高层建筑的防雷接地电阻测试。

（11）建筑节能工程中外墙外保温饰面砖粘结强度检测过程。

六、旁站监理的主要工作内容

（一）基坑支护锚杆张拉质量过程旁站监理

1. 检查锚杆注浆情况：检查注浆量是否达到设计注浆量要求；注浆的材料强度试件留置及养护是否符合相关规定；检查注浆顺序保证注浆饱满；

2. 检查张拉与锁定，待锚体强度达到设计强度80%即可进行预应力张拉，张拉主要步骤应按设计要求进行。张拉完毕按设计要求用卡片锁紧。

（二）护坡桩混凝土浇筑工序旁站监理

1. 商品混凝土进场质量检验：检查预拌混凝土运输单，抽测混凝土塌落度等参数。

2. 旁站监理混凝土浇筑过程，及时检查混凝土的坍落度和易性及供应情况，掌握混凝土面高度和导管底部高度，检查填写混凝土浇筑记录，以及混凝土试块的制作；

（三）基础底板及地下结构防水混凝土浇筑旁站监理

1. 检查测定混凝土的坍落度、和易性、入模温度。

2. 按照《见证取样及送检计划》要求见证抽取混凝土7天、28天、600℃·d抗压试块及混凝土抗渗试块。

3.督促施工单位严格按审批后的施工设计组织、施工方案安排施工,控制浇捣顺序,保证分段分层循环连续浇筑,检查混凝土振捣均匀性,严禁出现振捣不实和漏振情况。

4.观察浇捣面混凝土状况,一旦发现混凝土有初凝前兆,应及时督促施工单位调整局部混凝土浇捣顺序,避免出现施工冷缝。

5.观察模板、支架、钢筋、预埋件和预留孔洞情况,当发现有变形、位移时,及时督促承包方进行处理。

(四)土方回填质量旁站监理

监理主要控制回填土料的质量、分层厚度、密实度应符合设计和规范要求。

1.填土应分层进行,并尽量采用同类土填筑,不得将各种土混杂在一起。

2.填土必须具有一定的密实度,以避免建筑物的不均匀沉降。

3.土的最优含水量和最大干密度应符合设计和规范要求。含水量符合压实要求的黏性土,压实系数满足设计要求,已填好的土如遭水浸,应把稀泥铲除后,方能进行下道工序。

4.工程土方回填前应清除基底的垃圾、树根等杂物,抽除坑穴积水、淤泥,验收基底标高。

5.对填方所用料应按设计要求会同有关人员验收后方可使用。

(五)梁柱节点钢筋的隐蔽过程

1.旁站监理监督检查梁柱节点钢筋的规格必须符合设计的要求,钢筋的弯钩及弯折应符合施工验收规范的规定。

2.钢筋的绑扎应横平竖直,间距均匀。

3.梁柱类构件的纵向受力钢筋在搭接长度范围内,应按设计要求配置箍筋,当设计无具体要求时,应符合施工规范的要求。

4.受力钢筋的混凝土保护层厚度,可用水泥砂浆垫块或塑料卡,垫在钢筋与模板之间进行控制,垫块应布置成梅花形,保护层厚度应符合设计要求。

(六)混凝土工程施工质量旁站监理

1.钢筋及预埋管线的隐检工作是否已报验签字。

2.检查《混凝土浇灌申请书》《预拌混凝土运输单》及《混凝土开盘鉴定》附水泥、砂石、掺和料检测报告(放射性、集料碱活性、混凝土碱含量、氯离子含量)资料是否齐全,是否与设计及规范要求一致。

3.检测混凝土坍落度实测值是否符合要求。大体积混凝土测温孔留置数量和位置是否与方案一致。

4.检查混凝土浇筑是否连续,检查混凝土的振捣方法、浇筑顺序是否与施工方案一致。

5.混凝土冬施期,检查混凝土浇筑冬施入模温度,测温孔留置数量与位置是否与方案一致。

6.混凝土浇筑过程中,楼板负筋(上铁)是否被踩弯曲变形。

（七）防水工程施工质量旁站监理

采用 SBS 卷材防水，监理主要控制卷材接缝的搭接宽度、接缝是否严密、满粘不空鼓、预埋管、阴阳角接缝等处细部做法是否符合设计和规范要求。

（八）钢结构安装

焊接工艺评定和焊接工艺试验、焊缝探伤、高强度螺栓连接构件的摩擦面抗滑移系数试验及高强度螺栓紧固轴力或扭矩系数复检试验、重要部件和重点工艺部位首件实行旁站监理。

（九）外墙保温节能工程

检查外墙面基层处理完成情况，保温板粘贴顺序排列，上下错缝粘贴，阴阳角处做错茬处理。保温板的拼缝不得留在门窗口的四角处。在保温板背面满涂抹胶粘剂。检查锚固件的安装情况。

七、旁站监理记录的内容和要求

（一）旁站记录的内容

1. 旁站的施工作业内容；

2. 设计要求及完成的工作量；

3. 施工单位质检人员和工长的到岗情况，特殊工种人员持证情况；

4. 施工机械、材料准备及供应情况；

5. 现场抽检情况（包括按规定对进场材料的抽检情况）；

6. 现场见证情况；

7. 现场施工执行施工组织设计（专项）施工方案及工程建设强制性标准情况。

（二）旁站记录要求

1. 工程名称：应与建设工程施工许可证的工程名称一致，精确到单位工程；

2. 记录编号：旁站记录的编号按照单位工程分别设置，按时间自然形成的先后顺序，从 001 开始连续标注；

3. 旁站的关键部位、关键工序：填写内容包括旁站的楼层、施工流水段、分项工程名称；

4. 旁站开始时间：应填写开始的年、月、日、时、分；

5. 旁站结束时间：应填写结束的年、月、日、时、分；

6. 旁站关键部位、关键工序施工情况；

7. 施工当日的气候情况和外部环境情况；

8. 发现问题处理情况。

八、旁站监理记录表（样表）

旁站监理记录表（样表）

旁站记录 (B-7)		编号	
工程名称			
旁站部位和工序		施工单位	
旁站开始时间		旁站结束时间	
旁站部位和工序施工情况：			
监理工作			
发现问题及处理情况			
监理单位名称：北京建大京精大房工程管理有限公司 旁站监理人员（签字）： 年　月　日			

注：此表由旁站监理人员填写。

| 第五节 见证取样送检计划编制要求与示例 |

见证取样与送检是项目监理机构对施工单位进行的涉及结构安全的试块、试件及工程材料现场取样、封样、送检工作的监督活动。依据国家标准《建设工程监理规范》GB/T 50319—2013 和北京市地方标准《建设工程监理规程》DB/T 342—2017 的相关规定，编制见证计划。

一、见证取样计划编制的原则

1. 根据本工程特点、专业要求及行业主管部门的相关规定确定见证项目，使其具有针对性。

2. 按照有关规定和监理合同的约定，写明工程材料、构配件、设备等见证的项目、数量。

3. 应明确见证工作要求和监理人员的职责。

4. 由总监理工程师组织专业监理工程师编制，由总监理工程师审核批准。

5. 见证取样计划应在工程开工前、收到施工单位报送的检测试验计划后编制完成。

二、见证取样和送检的范围

（一）住房和城乡建设部的文件规定

《房屋建筑工程和市政基础设施工程实行见证取样和送检的规定》建建 [2000]211 号，第五条"涉及结构安全的试块、试件和材料见证取样和送检的比例不得低于有关技术标准中规定应取样数量的 30％"。第六条"下列试块、试件和材料必须实施见证取样和送检"：

1. 用于承重结构的混凝土试块；

2. 用于承重墙体的砌筑砂浆试块；

3. 用于承重结构的钢筋及连接接头试件；

4. 用于承重墙的砖的混凝土小型砌块；

5. 用于拌制混凝土和砌筑和砌筑砂浆的水泥；

6. 用于承重结构的混凝土中使用的掺加剂；

7. 地下、屋面、厕浴间使用的防水材料；

8. 国家规定必须实行见证取样和送检的其他试块、试件和材料。

（二）北京住建委的文件规定

《北京市建设工程见证取样和送检管理规定（试行）》京建质 [2009]289 号，第四条 "下列涉及结构安全的试块、试件和材料应 100% 实行见证取样和送检"：

1. 用于承重结构的混凝土试块；

2. 用于承重墙体的砌筑砂浆试块；

3. 用于承重结构的钢筋及连接接头试件；

4. 用于承重墙的砖和混凝土小型砌块；

5. 用于拌制混凝土和砌筑砂浆的水泥；

6. 用于承重结构的混凝土中使用的掺合料和外加剂；

7. 防水材料；

8. 预应力钢绞线、锚夹具；

9. 沥青、沥青混合料；

10. 道路工程用无机结合料稳定材料；

11. 建筑外窗；

12. 建筑节能工程用保温材料、绝热材料、粘结材料、增强网、幕墙玻璃、隔热型材、散热器、风机盘管机组、低压配电系统选择的电缆、电线等；

13. 钢结构工程用钢材及焊接材料、高强度螺栓预拉力、扭矩系数、摩擦面抗滑移系数和网架节点承载力试验；

14. 国家及地方标准、规范规定的其他见证检验项目。

三、见证计划编制示例

×××工程

见证计划

编制：

审批：

×××监理公司

×××项目监理部

年　月　日

监理见证计划

一、工程概况

（一）工程基本概况

1. 工程名称

2. 工程建设地点

3. 工程规模

（二）设计概况

1. 钢筋工程

钢筋	钢筋种类	HPB300、HRB400
	直径	一级：$\phi 6$、8、10、18，三级：$\phi 8$、10、12、14、16、18、20、22、25、28、32、36、40。
钢筋接头：钢筋直径 $\geqslant$ 18mm 采用直螺纹连接，其余采用绑扎搭接。		

2. 混凝土工程

序号	项目	内容	
1	结构形式	基础结构	筏板基础、条形基础
		主体结构	框架剪力墙、框架核心筒结构
2	混凝土强度等级	垫层	C15
		防水保护层	C20 细石
		基础和底板；梁板、外墙和框架柱	C30、C30P6、C35、C35P6、C40、C50
		楼梯	C30

3. 砌体工程

墙体工程	地上墙体	钢筋混凝土墙体、金属幕墙基层墙体、加气混凝土砌块墙体、轻钢龙骨整体式玻璃隔墙、灰砂砖墙体
	地下墙体	钢筋混凝土墙体、加气混凝土砌块墙体
	外墙墙体	玻璃幕墙、加气混凝土砌块墙

4. 防水工程概况

防水工程	底板防水	4mm+3mm 厚聚酯胎弹性 SBS 改性沥青防水卷材（Ⅱ型）
	外墙卷材防水	4mm+3mm 厚聚酯胎弹性 SBS 改性沥青防水卷材（Ⅱ型）
	屋面防水	上人屋面 / 不上人屋面：4mm+3mm 厚聚酯胎（Ⅱ型）SBS 改性沥青防水卷材。 种植屋面：4.0mm 厚铜复合胎基改性沥青（SBS）耐根穿刺防水卷材 +3.0mm 厚聚酯胎 SBS 改性沥青防水卷材。 种植屋面（防腐木上人屋面）：4mm+3mm 厚聚酯胎（Ⅱ型）SBS 改性沥青防水卷材。 金属屋面：4mm+3mm 厚双面自粘橡胶沥青复合 SBS 改性沥青防水卷材
	顶板防水	4.0mm 厚铜复合胎基改性沥青 SBS 耐根穿刺防水卷材（Ⅱ型）（复合铜胎 1.2mm 厚）、4.0mm 厚聚酯胎弹性 SBS 改性沥青防水卷材（Ⅱ型）
	墙面涂膜防水	1.5mm 厚聚合物水泥基防水涂料、1.5mm 厚聚氨酯防水涂料
	楼（地）面涂膜防水	1.2mm 厚单组份聚氨酯防水涂料、1.5mm 厚水泥基防水涂料、1.5mm 厚聚氨酯防水涂料、1.5mm 厚聚合物水泥基防水涂料
	地下顶板防水	4.0mm 厚聚酯胎弹性 SBS 改性沥青防水卷材（Ⅱ型）、4.0mm 厚铜复合胎基改性沥青 SBS 耐根穿刺防水卷材（Ⅱ型）（复合铜胎 1.2mm 厚）
	后浇带防水	4mm+3mm 厚聚酯胎弹性 SBS 改性沥青防水卷材（Ⅱ型）

5. 门窗工程概况

甲级防火门耐火等级为 1.2 个小时，一级防火门耐火等级为 0.9 小时，丙级防火门为 0.6 小时。

门窗工程	门	钢制甲级防火门、钢质乙级防火门、钢制丙级防火门、甲级钢制防火隔声门、成品钢制保温门、防火卷帘门、成品木质门、成品木质百叶门、成品玻璃门、防爆破门、单扇固定门槛混凝土密闭门、双扇固定门槛混凝土防护密闭门、双扇双向受力混凝土防护密闭门、双扇活门槛钢筋混凝土防护密闭门、成品无障碍木质百叶门
	窗	成品铝合金窗、金属（塑钢、断桥）窗、成品百叶窗

6. 钢结构工程设计概况

钢结构主要包括圆管柱、箱型构件、H 型构件及圆管构件。钢结构主要规格包括：B400×200×12×10、B500×200×16×20、B400×200×12×10、ϕ480×16、ϕ180×10、ϕ245×16、ϕ159×10、ϕ245×10。钢柱规格主要包括：ϕ900×30、ϕ700×20。

7. 其他设计概况

二、见证取样送检依据

1. 国家和北京市有关工程建设的法律、法规、规章和规范性文件；
2. 国家、行业和北京市有关工程建设的技术标准；

3. 经有关部门批准的工程项目基建文件、勘察文件、设计文件；

4. 本工程《建设工程施工合同》、《建设工程监理合同》及有关的招标投标文件等；

5. 经批准的监理规划；

6. 经审核的施工试验计划。

三、见证取样和送检工作要求

（一）有见证取样和送检的项目如下：

1. 用于承重结构的混凝土试块；

2. 用于承重结构的钢筋和连接接头试件；

3. 地下、屋面、厕浴间使用的防水材料；

4. 用于结构实体检验的混凝土同条件试块；

5. 墙体节能工程采用的粘结材料、墙强网；

6. 建筑外窗按地区进行的复检；

7. 屋面节能用的保温隔热材料；

8. 国家规定必须实行有见证取样和送检的其他试块、试件和材料；

9. 建筑节能工程用散热器、风机盘管机组、保温材料、电缆、电线等；

10. 钢结构工程用钢材及焊接材料、高强度螺栓预拉力、扭矩系数、摩擦面抗滑移系数和网架节点承载力试验；

11. 国家及地方标准、规范规定的其他见证检验项目。

（二）见证人员

分别列出土建、电气、设备等专业见证人员名单。

（三）见证人员职责和要求

1. 负责见证取样和送检的现场见证工作；

2. 见证取样方法、抽样检验方法应严格按相关工程建设标准执行；

3. 见证人员应按照见证取样和送检计划，对施工现场的见证取样和送检进行见证。施工现场有见证取样必须由见证人员随机确定；

4. 试验人员应在试样或其包装上作出标识、封志，并由见证人员和试验人员签字；

5. 见证人员填写见证记录；

6. 试验人员和见证人员应共同做好样品的成型、保养、存放、封样、送检等全过程工作。

四、见证取样和送检程序

1. 施工、建设、监理单位共同考察试验室，确定承担有见证试验的试验室；

2. 办理"有见证取样和送检见证人备案书"；

3. 试验员在现场按有关标准进行原材料取样和试样制作前，应通知见证人到场见证；

4. 见证人应对试样进行监护，并和施工方试验人员共同将试样送至试验室或采取有效的封志措施送样；

5. 承担有见证试验的试验室，在检查确认委托文件和试样的见证标识、封志无误后，方可进行试验，否则应拒绝试验；

6. 试验室在有见证取样和送检项目的试验报告上应加盖"有见证试验"专用章，由施工单位汇总后与其他施工资料一起纳入工程技术资料档案；

7. 有见证取样和送检的试验结果达不到规定标准要求的，试验室及时通知项目监理机构及施工单位。

五、见证取样和送检计划

（一）主要材料需要量

序号	材料名称	规格	需要量		备注
			单位	用量	
1	钢筋	HPB300 钢	t	120	分批
		HRB400 钢	t	6910	
2	预拌混凝土		m³	33273	按每次浇灌量
3	SBS 防水卷材		m²	48000	分批
4	聚苯板		m²	18922	分批
5	水泥基防水涂料		t	630	分批
6	水泥		t	897	分批
7	砂子		t	680	分批

（二）见证取样和送检计划

1. 防水、钢筋见证取样和送检计划

序号	分项工程名称	品种、规格	取样基数	计划用量（t）	取样总数	见证组数	试验组数
1	防水工程	4mm+3mm 厚聚氨酯Ⅱ型 SBS 改性沥青防水卷材	500 ~ 1000 卷	48000m²	48000m²	10 组	10 组
2	钢筋工程	Ⅰ级钢 6	60t	60	60	1 组	1 组
		Ⅰ级钢 8	60t	39	39	1 组	1 组
		Ⅰ级钢 10	60t	21	21	1 组	1 组
		Ⅲ级钢 8	60t	522	522	9 组	9 组

续表

序号	分项工程名称	品种、规格	取样基数	计划用量（t）	取样总数	见证组数	试验组数
2	钢筋工程	Ⅲ级钢10	60t	1122	1122	19组	19组
		Ⅲ级钢12	60t	496	496	9组	9组
		Ⅲ级钢14	60t	426	426	8组	8组
		Ⅲ级钢16	60t	232	232	4组	4组
		Ⅲ级钢18	60t	407	407	7组	7组
		Ⅲ级钢20	60t	355	355	6组	6组
		Ⅲ级钢22	60t	136	136	3组	3组
		Ⅲ级钢25	60t	2353	2353	40组	40组
		Ⅲ级钢28	60t	307	307	6组	6组
		Ⅲ级钢32	60t	463	463	8组	8组
		Ⅲ级钢36	60t	725	725	13组	13组
		Ⅲ级钢40	60t	28	28	1组	1组
		Ⅲ级钢50	60t	5	5	1组	1组

2. 砌体工程见证取样和送检计划

序号	分项工程名称	品种、规格	取样基数	计划用量	取样总数	见证组数	试验组数
1	砌筑工程	水泥	200t	800	800	4组	4组
		砂子	200t	1250	1250	7组	7组
		轻集料混凝土空心砌块	1万块	60789	60789	8组	8组

3. 直螺纹接头见证取样和送检计划

序号	部位	型号	接头数量（头）	见证组数	试验组数
1	×××工程	22	178	1组	1组
		25	7824	16组	16组
		28	1168	3组	3组
		32	3121	7组	7组
		36	477	1组	1组

4. 混凝土试块见证取样和送检计划

部位		强度等级	方量 m³	标养 7天	标养 28天	600℃	同条件 14天	抗渗标养 60天	冬施临界	冬施转常温 28天	见证组数	试验组数
基础垫层		C15	627	7	7						14	14
基础底板		C30P6	10128	51	51	3	4	20			125	129
独立基础		C30P6	1022	6	6	3	4	3			15	19
一层至四层	墙柱	C50	1300	7	7	4					14	14
	梁板	C30	2342	12	12		12	12			48	48

5. 其他见证取样和送检计划

钢结构工程正在深化设计，钢结构工程和其他专业工程的见证取样和送检计划会进行后续补充。

六、主要原材料取样要求

1. 钢筋原材料复试

（1）根据本工程施工进度，在钢筋进场时，核对所有钢筋与所需钢筋是否一致，对钢筋出厂质量合格证进行验收和进场钢筋的外观质量检查，并核对钢筋所挂炉牌是否与合格证一致，同时根据取样标准进行见证取样。钢筋复试合格后，方可下料施工。

（2）抗震等级为一、二、三级的框架和斜撑构件（含梯段），其纵向受力钢筋采用普通钢筋时，钢筋的抗拉强度实测值与屈服强度实测值的比值不应小于1.25，钢筋的屈服强度实测值与屈服强度标准值的比值不应大于1.3，且钢筋在最大拉力的总伸长率实测值不应小于9%。

①钢筋出厂质量合格证的验收：钢筋出厂质量合格证包括品种、规格、数量、机械性能（屈服点、抗拉强度、冷弯，延伸率）、化学成分（碳、磷、硅、锰、硫、钒）的数据及结论、出厂日期、检验部门印章、合格证的编号；

②进场钢筋的外观质量检查：钢筋应逐批检查钢筋表面是否有裂纹、折叠、结疤、耳子等缺陷，带肋钢筋表面标志是否清晰明了，标志牌上强度级别、厂名、直径等是否齐全；

③第一次取样不合格时，需对原批钢筋取双倍试样进行试验，合格后方可使用。

（3）每进场一批，热轧钢筋60t为一验收批，做拉伸及冷弯（屈服点强度、极限强度、伸长率）试验。钢筋材质中，不同钢号、不同炉号的钢筋为混合批，如果含碳量差超过 0.2% 或含锰量差超过 0.15% 时，必须对不同炉号和钢号分别做复试。

钢筋在正式连接之前都必须做现场同条件下的焊接性能试验（每一批同规格、同等级、同接头型式钢筋做一次班前连接试验），合格后方可进行正式连接。

2. 钢筋接头试验

钢筋连接试

水平钢筋直径 ≥ 18 时，采用机械连接，直径 ≤ 16 的钢筋采用绑扎搭接。钢筋接头应分层分部位按要求见证取样。

①工艺检验：

钢筋连接工程开始前及施工过程中，应对每批进场接头进行工艺检验；进行工艺检验时每种规格钢筋的接头不少于 3 根。

②现场检验：

接头的现场检验按验收批进行，同一施工条件下采用同一批材料的同等级、同型式、同规格接头，以 500 个为一验收批进行检验与验收，不足 500 个也作为一个验收批。每一验收批必须在工程结构中随机截取 3 个试件做单向拉伸试验。现场检验连续 10 个检验批抽样试件抗拉强度试验一次合格率为 100%，检验批接头可扩大 1 倍。

3. 试块的留置要求

本工程采用商品混凝土，每次取样应至少留置一组标准养护试件，一组同条件养护试件，顶板应留置一组拆模试块。按照等级、同厂家每 100m³ 浇筑混凝土方量为一个检验批留置，一次连续浇筑超过 1000m³ 时，按 200m³ 一批次留置试块；抗渗混凝土按照同一检验批、同一配合比，至少留置一组；连续浇筑混凝土每 500m³ 应留置一组标准养护抗渗试件（一组为 6 个抗渗试件），且每项工程不得少于两组。基础底板、地下室以及主体结构 7 天、14 天、28 天以及 60 天具体留置试块组数参见见证计划表。

同条件试块应符合 GB 50204 的要求。砌体结构同一混凝土强度等级，每一楼层应留置一组；混凝土结构同一混凝土强度等级，同一批次每 500m³ 混凝土应留置一组，不足 500m³ 按 500m³ 计。同条件试块拆模后应放置在相应结构构件适当位置与结构构件进行相同条件养护。

4. 砌墙砖及砌块

烧结普通砖每 15 万块为一验收批，不足 15 万块也按一批计，每一验收批随机抽取试样一组（10 块）。

普通混凝土小型空心砌块、轻集料混凝土小型空心砌块每 1 万块为一验收批，不足 1 万块也按一批计，每批从尺寸偏差和外观质量检验合格的砖中，随机抽取抗压强度试验试样一组（5 块）。

七、见证记录表

见证记录 （B-14）		资料编号	
工程名称			
试件名称		生产厂家	
试件品种		材料出厂编号	
试件规格型号		材料进场时间	
材料进场数量		代表数量	
试样编号		取样组数	
抽样时间		取样地点	
使用部位 （取样部位）			
检测项目 （设计要求）			
见证记录			
检测结果判定依据	产品标准		
	验收规范		
	设计要求		
抽样人	签字日期		见证人	签字日期
有见证送检章			
送检情况	检测单位		
	送检时间		

注：本表监理单位填写。

| 第六节　平行检验监理方案编制要求与示例 |

平行检验是项目监理机构在施工单位自检的同时，按有关规定和建设工程监理合同约定对同一检验项目进行的检测试验活动。

一、平行检验监理方案编制的原则

1. 根据本工程特点、专业要求及行业主管部门的相关规定确定平行检验项目，使其具有针对性。

2. 按照建设工程监理合同的约定，写明工程材料、构配件、设备等平行检验的项目、数量、频率，使其具有可操作性。

3. 应明确平行检验工作要求和监理人员的职责，平行检验不代替施工单位的质量检验。

4. 对于平行检验中发现有不合格的，项目监理机构应要求施工单位对平行检验所涉及范围的项目进行 100% 检查。

5. 由总监理工程师组织专业监理工程师编制，由总监理工程师审核批准。

6. 平行检验监理实施细则的编写时限、编审程序、签章要求、数量要求、调整要求及基本格式应符合监理实施细则的要求。

二、平行检验项目的约定和规定

1. 对用于工程的材料、构配件、设备进行平行检验，按照监理单位与建设单位签订的建设工程监理合同约定的项目、数量、频率等内容进行。

2. 对施工质量进行的平行检验，应符合工程特点、专业要求及行业主管部门的相关规定，并符合建设工程监理合同的约定。

三、平行检验记录要求

1. 工程名称：应与建设工程施工许可证的工程名称一致，精确到单位工程；

2. 资料编号：记录的编号按照单位工程分别设置，按时间自然形成的先后顺序，从 001 开始连续标注；

3. 平行检验的部位：填写内容包括检验的楼层、所在轴线网。

4. 检验批容量：应按审批的检验批划分及接头容量填写。

5. 平行检验记录应写明规范标准规定值，并如实记录实测值。

四、平行检验监理方案的内容

1. 工程概况；

2. 监理工作依据；

3. 平行检验的项目；

4. 监理平行检验计划；

5. 平行检验记录表。

五、平行检验监理方案编制示例

×××工程

平行检验监理方案

编制：

批准：

北京建工京精大房工程建设监理公司

×××项目监理部

年　月　日

平行检验监理方案

一、工程概况

×××工程总建筑面积 74985m，地上 69727m，地下 5258m，容积率 0.83。本工程地上主体建筑分别为×××等八个单体。

（一）建筑设计

（二）结构设计

基础及结构构件强度等级

基础及非结构构件	垫层	基础（包括筏板、独立柱基、止水板、基础梁、地沟）		圈梁	构造柱	
	C15	C30		C20	C20	
地下车库	梁板、外墙	框架柱	剪力墙	楼梯	坡道	设备基础
	C35	C40	C35	C35	C35	C30
××中心	框架柱				梁、板	楼梯
	基础至二层楼面		二层楼面至屋面		C30	C30
	C50		C45			
××中心	框架柱				梁、板	楼梯
	基础至二层楼面		二层楼面至屋面		C30	C30
	C50		C40			
××中心	框架柱				梁、板	楼梯
	C40				C30	C30
门厅发信台	框架柱				梁、板	楼梯
	C40				C30	C30

二、监理工作依据

1.《建设工程监理规范》GB/T 50319—2013

2.《建设工程监理规程》DB11/T 382—2017

3. 专业工程质量验收规范

4. 设计图纸和技术资料

5. 已批准的监理规划、监理细则和施工组织设计

6. 建设工程监理合同

三、平行检验的项目

1. 住宅工程和重点工程的结构混凝土强度抽检

住宅工程和重点工程的结构混凝土强度抽检；可由项目机构采用回弹法对混凝土强度进行检测，每个混凝土等级、每楼层检验一次，也可委托具有资质的检测机构按照相关标准规定的方法进行检测，填写《混凝土强度回弹平行检验记录》(B-8)。

2. 承重结构的钢筋机械连接螺纹接头的拧紧力矩和挤压接头的压痕直径抽检

承重结构的钢筋机械连接，应对螺纹接头拧紧力矩进行抽样检查，每楼层每种规格的钢筋至少检验 5 个接头,应均匀分布。填写《钢筋螺纹接头平行检验记录》(B-9)。

3. 承重结构的钢筋焊接连接焊缝尺寸、外观质量等项目抽检

承重结构的钢筋焊接连接，应对焊缝的尺寸、外观质量等项目进行抽样检验，每楼层至少检验 5 处。填写《钢筋焊接接头平行检验记录》(B-10)。

4. 砌筑结构的住宅工程，承重墙体（柱）的砂浆饱满度抽检

采用砌体结构的住宅工程，应对承重墙体（柱）的砂浆饱满度进行抽样检验，每楼层至少检验 3 处，每处 3 个砌体，取平均值。填写《砌体砂浆饱满度平行检验记录》(B-11)。

5. 建设工程监理合同约定的其他项目

四、监理平行检验计划

序号	平行检验项目	平行检验内容	检验批次	备注
1	混凝土强度	采用回弹法对混凝土强度进行检测	每个混凝土等级、每楼层检验一次	
2	钢筋螺纹接头	对螺纹接头拧紧力矩进行抽样检查	每楼层每种规格的钢筋至少检验 5 个接头	
3	钢筋焊接接头	应对焊缝的尺寸、外观质量等项目进行抽样检验	每楼层至少检验 5 处	
4	砌体砂浆饱满度	应对承重墙体（柱）的砂浆饱满度进行抽样检验	每楼层至少检验 3 处，每处 3 个砌体	
5	合同约定的其他项目			

五、平行检验记录

平行检验记录按照《建设工程监理工程》DB11/T 382—2017 的相应表格填写。

1.《混凝土强度回弹平行检验记录》

2.《钢筋螺纹接头平行检验记录》

3.《钢筋焊接接头平行检验记录》

4.《砌体砂浆饱满度平行检验记录》

| 第七节 监理月报编制要求与示例 |

一、监理月报的作用

监理月报应全面反映工程进展及监理工作情况，它的作用是：

1. 向建设单位、监理公司领导汇报当月监理工作；

2. 向监理公司领导汇报监理工作；

3. 总结本月工作，提出下一阶段监理工作重点和建议。

二、编制依据

1. 国家标准《建设工程监理规范》GB/T 50319—2013；

2. 北京市地方标准《建设工程监理规程》DB 11/382—2017；

3. 北京市地方标准《建筑工程资料管理规程》DB 11/T695—2017；

4. 北京市团体标准《工程监理资料管理标准化指南》TB 101-201—2017（以下简称"标准化指南"）；

5. 北京市以外的外埠房建项目如当地有地方标准或相关规定，应执行当地标准或规定，无标准或规定的均按本规定执行。

三、编制的基本要求

1. 由总监理工程师组织，项目监理机构全体人员分工负责提供资料和数据，指定专人负责具体编制，完成后由总监理工程师签字。监理月报需报送建设单位，项目监理机构留存一份。

2. 监理月报所含内容的统计周期为上月的 26 日至本月的 25 日，下月 5 日前发送建设单位。

3. 监理月报内容应按目录顺序排列，基本格式和所含内容应符合要求，各种表格不得任意变动。如建设单位有特殊要求需要调整时，应事前向公司总工办汇报，并将修改后的监理月报向公司总工办备案。

4.监理月报使用 A4 规格纸打印，图表插页使用 A4 或 A3 规格纸，按规定试样加封面、目录、正文、封底，装订成册。

5.监理月报经总监理工程师审批后签发。

6.自项目监理机构进场后至撤场前每月均应编制监理月报。

7.工程尚未正式开工、因故暂停施工、竣工验收后的收尾阶段以及工程比较简单、工期很短的工程可以采取编写"监理简报"的形式，向建设单位汇报工程的有关情况。

监理简报的内容为：

（1）工程进展简况；

（2）本期工程进度控制、质量控制、造价控制、安全生产的管理监理工作及合同、信息管理等方面的情况；

（3）本期工程变更的发生情况；

（4）其他需要报告和记录的重要问题；

（5）监理工作小结。

四、编写的注意事项

1.月报的内容要实事求是，按要求逐项编写。要求文字简练，表达有层次，突出重点，力免繁琐，多用数据说明，数据必须有可靠的来源。

2.各项内容编排顺序不得任意调换或合并；各项内容如本期未发生，应将项目照列，并注明"本期未发生"。

3.各种技术用语应与设计、施工技术规范规程中所用术语相同。

4.各项图表填报的依据及各表格中填报的统计数字，均应由监理工程师进行实地调查或进行实际计量计算，如需施工单位提供时，应核对无误。

五、监理月报编制示例

_____工程

监理月报

月　份

编　制

审　批

北京建大京精大房工程管理有限公司

×××项目监理部

年　月　日

目 录

（二）工程造价控制的监理工作

七、合同其他事项管理

（一）工程变更

（二）工程停工、复工、延期

（三）费用索赔

八、下月监理工作重点及建议

（一）下月监理工作重点

（二）意见和建议

九、监理工作统计

一、工程概况

（一）工程基本情况

工程名称					
工程地点					
工程性质					
建设单位					
勘察单位					
设计单位					
施工单位					
质量监督					
开工日期		竣工日期		工期天数	
质量目标		合同价款		承包方式	
工程项目一览表					
单位工程名称					
1	建筑层数				
2	建筑层高				
3	建筑高度				
4	结构形式				
5	建筑安全等级				
6	设计使用年限				
7	防水等级				
8	抗震设防烈度				
9	耐火等级				
10	地上建筑面积				

填写说明：

1. 工程名称：应与监理合同中工程名称相同。

2. 工程地点：应与监理合同中工程地点相同。

3. 工程性质：本栏目所指的工程性质，是以投资性质划分，如：国家（或地方）固定资产投资、单位自筹资金、房地产开发投资、民营建设投资等，如为中外合资，可冠以"合资"。

4. 开工日期、竣工日期：

（1）开工日期：如实际开工日期与合同开工日期一致，可填合同开工日期；如不一致时应按以下填法：

合同：××××年××月××日

实际：××××年××月××日

（2）竣工日期；合同约定竣工日期

合同：××××年××月××日

5. 工期天数：根据合同约定的工期天数填写。

6. 质量目标：按施工合同约定的质量目标填写。

7. 总合同价款：根据施工合同的签约合同价填写。

8. 承包方式：根据施工合同填写。

9. 单位工程：单位工程名称：该单位工程设计图纸的名称。如为群体工程，应将每个单位工程分别填写，尤其是地下车库及地下室为独立的单位工程应单独列出。

（1）建筑层数：按设计图纸标明的地上层数、地下层数写明，如有人防时应注明，如"地下2层为人防"。

（2）建筑层高：按设计图纸标明。

（3）建筑高度：按设计图纸标明。

（4）结构形式：应注明砖混、钢筋混凝土框架、框架剪力墙、全现浇剪力墙、钢筋混凝土排架、钢框架、钢排架、装配式结构等。

（5）~（9）建筑安全等级、设计使用年限、防水等级、抗震设防年限、耐火等级、建筑面积均按照设计说明给定的数据填写。

（10）地上建筑面积：按设计单位提供的建筑面积填写。

示例

工程项目一览表		
××楼		
1	建筑层数	地上20层，地下4层
2	建筑层高	地上层高2.8m，地下一层3.9m，地下二层3.5m，地下三层、地下四层3.4m
3	建筑高度	60.9m
4	结构形式	抗震墙结构
5	建筑安全等级	二级
6	设计使用年限	50年
7	防水等级	屋面、地下防水等级一级
8	抗震设防烈度	八度
9	耐火等级	二级
10	地上建筑面积	5876m^2

×× 楼		
1	建筑层数	G3-1 地上 16 层，G3-2 地上 12 层， G3-3 地上 11 层，G3-1 地上 14 层，地下 4 层
2	建筑层高	地上层高 2.8m，地下一层 3.9m，地下二层 3.5m， 地下三层、地下四层 3.4m
3	建筑高度	G3-1 高 49.7m，G3-2 高 38.5m，G3-3 高 35.7m，G3-4 高 44.1m
4	结构形式	抗震墙结构
5	建筑安全等级	二级
6	设计使用年限	50 年
7	防水等级	屋面、地下防水等级一级
8	抗震设防烈度	八度
9	耐火等级	一级
10	总建筑面积	25159m^2
地下车库及地下室		
1	建筑层数	地下室 4 层，地下车库 3 层
2	建筑层高	地下室层高同上，地下一层、地下二层车库层高 3.4m，地下三层车库 4.1m
4	结构形式	框架、剪力墙结构
5	建筑安全等级	二级
6	设计使用年限	50 年
7	防水等级	地下防水等级一级
8	抗震设防烈度	八度
9	耐火等级	一级
10	总建筑面积	41650m^2

（二）施工基本情况

示例：

1. 当前施工阶段／收尾阶段

土建专业：地基与基础□　主体结构☑　屋面结构□　二次结构□　装饰装修□

电气专业：预留预埋☑　电气安装□　单机试运转□　系统调试□

设备专业：预留预埋☑　设备安装□　单机试运转□　系统调试□

收尾阶段：预验收□　竣工验收□　监理工作收尾□

2. 施工进度：

计划开工：2013 年 12 月 17 日　　计划竣工：2016 年 6 月 3 日

本月进度完成情况：按计划完成□　提前□　滞后☑（约 3 天）

与总进度计划比较：基本持平□　提前□　滞后☑（约 30 天）

3. 施工质量：

合同目标：合格☐　结构长城杯☑　建筑长城杯☐　鲁班奖☐　其他☐

现场实际：合格☐　　受控☐　一般问题☑　缺陷☐　事故☐

4. 安全施工：

现场安全管理体系：健全☑　不健全☐

施工单位安全管理组织机构：总包单位应设 5 人，实际 6 人，

安全施工状态：受控☐　一般问题☑　一般隐患☐　重大隐患☐

5. 综合评价：

管理体系运行有效，质量、进度、安全管理需加强和改进。

说明：根据本工程实际情况，选择适当的位置在方框内划√，如群体工程中的单位工程进度不一致，按单位工程分别填划。

二、项目监理机构与施工单位项目组织机构

（一）项目监理机构组织框图与本月监理人员配备

示例：

1. 组织结构框图

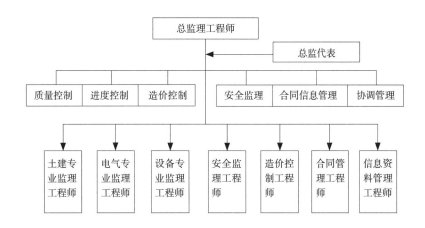

2. 项目部本月监理人员情况表

序号	职务	姓名	性别	专业	职称	任职资格
1	总监	×××	男	土建	高级工程师	注册监理证
2	总监代表	×××	男	土建	工程师	注册监理证
3	土建工程师	×××	男	土建	工程师	注册监理证
4	土建工程师	×××	男	土建	工程师	监理培训证

序号	职务	姓名	性别	专业	职称	任职资格
5	安全工程师	×××	男	安全	工程师	安全注册证
6	设备工程师	×××	女	设备	工程师	注册监理证
7	电气工程师	×××	男	电气	工程师	注册监理证
8	造价工程师	×××	女	造价	工程师	监理培训证
9	资料员	×××	男	土建	/	/
10	其他人员					

说明：框图按照规划格式，内容按照现场实际填写。本月监理人员配备表格按照规划格式，内容按照本月实际在场人员填写，并说明本月进场或撤离人员的日期。

（二）施工单位现场组织机构框图与人员配备

说明：用框图表示施工单位现场组织机构、项目经理部的组织结构及人员姓名、职务、主要负责的工作等。

（三）主要分包单位承担分包工程情况

示例：

分包工程情况表

分包项目名称	分包单位名称	施工资质	项目负责人
第三方监测	×××公司		×××
劳务分包	×××公司		×××
××专业分包	×××公司		×××
人防专业分包	×××公司		×××
搅拌站	×××公司		×××
消防专业分包	×××公司		×××

说明：以分包合同形式将某项专业工程（如精装修工程、玻璃幕墙、钢结构安装、网架制造安装等）分包的某些专业工程队或公司。第三方检测、混凝土搅拌站也列入本表。

三、工程进度控制

（一）工程实际完成情况与总进度计划和月进度计划比较

示例：

依据上报的总施工进度和月进度计划，现地下主体结构施工进度有延误，整体进度大约滞后1个月，与工期延误间歇性阵雨及局部质量问题导致停工有关，但总体处于可控状态，要求施工单位在保证工程施工安全和质量的前提下，加快地下主体结构工程施工进度。

　　7月31日及8月20日由于施工现场质量问题,监理单位分别下发工程暂停令两份,经施工单位严格按照要求进行整改,自检合格后报监理单位检查验收合格,同意复工。

　　说明:

　　简要说明完成工程总进度计划和本月完成进度计划的情况,是否因工程延误或工程量增加等原因而修改总进度计划,第几次修改及修改日期。

　　(二)本月工料机动态及天气情况

　　1.本月工料机动态

　　示例:

工、料、机动态

	工种	木工	钢筋工	架子工	混凝土工	焊工	电工	水工	其他	合计
人工	人数	50	50	16	28	10	18	16	85	273
	持证人数		6			10	18		10	44
主要材料	名称	单位	上月库存		本月进场量		本月消耗量		本月库存量	
	钢筋	t	197		1254		1023		428	
	人防门	樘	0		156		156		0	
主要机械	名称		生产厂家			规格型号			数量	
	调直机		×××			×××			4台	
	弯曲机		×××			×××			10台	
	套丝机		×××			×××			4台	
	切断机		×××			×××			7台	
	塔吊		×××			×××			4台	

　　说明:本表反映施工单位现场人员、主要材料及施工机械的动态变化情况。

　　(1)人员包括总包单位和分包单位。凡规定必须持证上岗的工种应填写经过监理人员核实的持证人数,非特殊工种人员填入其他栏。

　　(2)主要材料是指主要建筑材料,如钢筋(材)、防水材料、保温材料、砖、砌块、门窗、装饰装修物资、预应力工程物资、钢结构工程物资、木结构工程物资、幕墙工程物资、建筑给排水及采暖工程物资、通风与空调工程物资、电气工程物资、智能建筑工程物资等。

　　(3)主要机械指已进入施工现场的施工用大中型机械设备,如塔式起重机、施工升降机、物料提升机、打夯机、打桩机、压路机、钢筋切断机、钢筋弯钩机、空压机等，要求标明生产厂家、型号和数量。

2. 天气情况

说明天气是否对工程施工有影响，如果有影响，是何种天气，以及影响的日期、部位、工序、天数等。

（三）本月工程进度控制采取的措施及效果

示例：

监理例会提出并督促施工单位加大人力、物力投入，根据天气预报，合理安排流水施工节奏，减少雨季对施工作业活动的影响。不过，由于目前地下室施工阶段总的作业面约 1.2 万 m²，每天至少有两个流水段浇筑混凝土，施工强度已经最大化，即使施工单位积极做了努力，在保证工程质量和施工过程安全的条件下，施工速度也基本达到了极限，所以效果不明显。鉴于本项目总工期要求较宽裕，施工单位没有条件，也没有必要赶工期。

说明：

（1）按各单位工程说明本期工程形象部位完成情况，如未完成时，应分析未完成计划进度的原因及采取的补救措施。

（2）监理工程师对影响进度的各种因素采取的对策，在进度控制过程中所做的工作。

（四）工程进度照片

说明：

（1）照片应反映工程形象进度或主要施工部位。

（2）每张照片应加以说明。

（3）如工程项目为群体工程包括多个单位工程时，应按单位工程予以说明。

四、工程质量控制

（一）施工组织设计/（专项）施工方案审查

说明：审查施工组织设计/（专项）施工方案的名称、份数（包括次数），提出的问题、意见，修改情况等。

（二）工程材料、构配件及设备进场报验及复试

示例

1. 土建专业

土建专业工程物资报验情况表

序号	材料名称	报验编号	规格型号	使用部位	数量（t）	验收结果	复验情况
1	钢筋原材	01-06-C4-056	HRB400E22mm/12m	G3 号楼地下二层墙柱	57.732	合格	

续表

序号	材料名称	报验编号	规格型号	使用部位	数量（t）	验收结果	复验情况
2	正反丝套筒	01-06-C4-057	φ28、φ25	G3号楼地下二层墙柱	60.170	合格	
3	钢筋原材	01-06-C4-058	HRB400E18mm/12m、HRB400E 28mm/12m	G1号楼地下二层墙、柱、板	58.128、56.832	合格	
4							

土建专业复验及见证试验情况表

序号	试验报告编号	试验内容	施工部位	试验组数	是否见证	合格组数	试验结论	监理结论

说明：

（1）工程物质是指主要建筑材料，如钢筋（材）、防水材料、保温材料、砖、砌块、门窗、装饰装修物资、预应力工程物资、钢结构工程物资、木结构工程物资、幕墙工程物资、建筑给排水及采暖工程物资、通风与空调工程物资、电气工程物资、智能建筑工程物资等。

（2）工程物质应按土建、设备、电气专业分别统计。

2. 设备专业

设备专业材料、设备报验情况表

序号	材料名称	报验编号	规格型号	使用部位	数量	验收结果	复验情况
1							
/	/	/	/	/	/	/	/

设备专业复验及见证试验情况表

序号	试验报告编号	试验内容	施工部位	试验组数	是否见证	合格组数	试验结论	监理结论

3. 电气专业

电气专业材料、设备报验情况表

序号	材料名称	报验编号	规格型号	使用部位	数量	验收结果	复验情况
1							
/	/	/	/	/	/	/	/

设备专业复验及见证试验情况表

序号	试验报告编号	试验内容	施工部位	试验组数	是否见证	合格组数	试验结论	监理结论

（三）施工测量、施工试验

1. 施工测量

说明：可按照施工测量记录表 C3-1 ~ C3-5 的施工测量名称、部位，复测/检查结果等编写施工测量的监理工作。

2. 主要施工试验

（1）土建专业

土建专业施工试验情况表

序号	试验报告/记录编号	试验内容	施工部位	代表数量	是否见证	试验结论	监理结论

（2）设备专业

设备专业施工试验情况表

序号	试验报告/记录编号	试验内容	施工部位	代表数量	是否见证	试验结论	监理结论

（3）电气专业

电气专业施工试验情况表

序号	试验报告/记录编号	试验内容	施工部位	代表数量	是否见证	试验结论	监理结论

（四）检验批、分项、分部工程验收

示例：

1. 检验批、分项工程验收

检验批、分项工程报验情况表

序号	部位	分项工程、检验批名称	报验单号	验收情况	
				施工自评	监理验收
1	V1-1、2、3段地下二层顶板梁楼梯、V1-1、2、3段地下一层墙柱、V1-1、2、3段地下一层顶板梁楼梯	钢筋加工、安装	010602-020、021、022、023、024、025、026、027、028	合格	合格
2	V1-1、2、3段地下二层顶板梁楼梯、V1-1、2、3段地下一层墙柱、V1-1、2、3段地下一层顶板梁楼梯	模板安装、拆除	010601-020、021、022、023、024、025、026、027、028	合格	合格
3	V1-1、2、3段地下二层墙柱、V1-1、2、3段地下一层墙柱	混凝土外观质量	010603-026、027、028、029、030、031	合格	合格
4					
	/	/	/	/	/

本月一次验收合格率：100/%

说明：

（1）将同一分项的检验批验收情况进行统计，"检验批名称"应符合各专业施工验收规范的规定。

（2）分项工程、分部工程的划分和名称应符合《建筑工程施工质量验收统一标准》GB 50300 的规定。

2. 分部工程验收情况

示例：

分部工程验收情况统计表

序号	分部工程名称	本月		累计	
		合格项	合格率 %	合格项	合格率 %
1					
	/	/	/	/	/

（五）工程质量控制的监理工作

1. 工程质量情况分析

示例

本阶段施工未出现重大质量问题。施工单位基本上能按照规范、标准要求施工并在出现不符合时按照监理指令认真整改，消除质量问题，工程质量总体上处于受控状态。

本月发生的一些小的质量问题和通病分析如下：

7月31日及8月20日监理单位因施工现场存在质量问题分别下发局部工程暂停令两份，施工单位严格按照要求进行整改并自检合格，报监理单位检查验收合格后，方可复工并继续进行工程施工。另外监理巡视检查中发现一些质量通病，已要求施工单位采取有效措施改正。为此，监理多次强调，施工单位应加强技术交底尤其是作业工长应实时对作业班组进行技术交底，应着重指出质量通病可能发生的状况和引起质量通病的原因。

本阶段的质量通病表现在：部分混凝土外观质量较差，原因在于施工单位未按施工方案进行混凝土养护，与作业人员技术交底不彻底；钢筋绑扎过程，施工作业人员未按设计要求与图集规范进行施工作业，造成钢筋间距、顺直度、搭接位置和搭接长度、钢筋位移处理不规范；施工现场混凝土浇筑完成后，污染上层竖向钢筋，施工单位未事先采用塑料薄膜遮盖，从而未能保证上层钢筋握裹质量；工程作业面未搭设有效的作业通道，导致钢筋位移现象，以上问题要求施工单位规范处理，并采取可靠措施，避免再次发生。

2. 本月采取的质量控制措施及效果

示例

审查施工单位技术交底记录，审核工程施工方案，依据我方已审批的施工方案和编制的监理细则进行现场质量监督，巡查过程中发现质量问题，及时要求施工单位整改，实际操作过程中发现质量隐患部位，及时与施工单位协调，保证工程施工质量。

就现场屡次出现的质量问题下发工作联系单、监理通知，要求施工单位重视引起类似质量问题的原因，并汲取经验，杜绝类似质量问题再次发生。质量问题严重部位下发工程暂停令，严格要求施工单位按规范处理完成，自检合格后上报监理单位检查验收合格，同意复工。

部分混凝土外观质量较差，要求施工单位严格混凝土浇筑过程交底及混凝土养护管理，按方案要求收面并覆盖塑料薄膜，浇水养护；钢筋绑扎过程中，钢筋间距、顺直度、搭接位置和搭接长度出现部分问题，责令立即整改问题部位，现已调整并重新报验，验收合格；混凝土浇筑完成后，污染上层竖向钢筋，要求施工单位采用塑料薄膜遮盖，保证上层钢筋握裹质量；针对钢筋位移等质量通病现象，监理部下发工程工作联系单014和016至施工单位，要求施工单位根据相关图集和设计要求编制整改措施，认真处理，加强质量自控，消除以上问题及现场存在的其他质量问题。

在监理的督促和控制下，随意切钢筋等较严重的质量问题已经完全消除，一般的质量通病发生情况明细好转，工程质量管理形势向好。

关于施工方总包单位投标项目经理及管理人员到岗事宜，本项目部下发通知单002至施工单位，并抄送至建设单位，要求施工单位尽快安排人员到岗。

工程质量问题及处理措施

序号	问题项目	问题描述	处理措施	处理结果	验收情况
1	墙体混凝土浇筑	混凝土结构外观有麻面、烂根、涨膜和缺边掉角等质量通病	按照施工方案及相关规范要求，采取相应处理措施，同时加强工序质量控制，做好班前技术交底，严格依据规范及方案要求施工作业	整改完成	合格
2	钢筋绑扎质量问题	钢筋位移处理不规范，钢筋污染清理不干净，混凝土界面剔凿不到位	按照施工方案及相关规范要求，采取相应处理措施，同时，钢筋位移处理如不满足1:6要求，按照设计单位同意的做法处理	整改完成	合格
3	违规操作	（1）墙柱钢筋锚固部位随意采用电焊切除。 （2）楼梯间休息平台钢筋上下铁筋端部在混凝土墙体上打孔插入，甚至未打孔直接顶在墙上。 （3）楼梯梁梁窝处随意切除墙体水平筋	按照施工方案及相关规范要求，采取相应处理措施，同时加强工序质量控制，做好班前技术交底，严格依据规范及方案要求施工作业	整改完成	合格

（六）工程质量控制照片

说明：

1. 监理工作照片反映监理人员在现场检查、验收的实景。

2. 工程质量问题照片应反映整改前后的对比。

3. 每张照片标注监理工作或工程质量问题。

4. 如工程项目为群体工程包括多个单位工程时，应按单位工程予以说明。

五、安全生产管理的监理工作

（一）专项施工方案审查与执行情况

说明：审查安全专项施工方案的名称、份数（包括次数），提出的问题、意见，修改情况等。

专项施工方案审查情况

序号	方案名称	编制单位	审批单位	方案是否需要专家论证	是否通过专家论证	监理审查意见
1	G1号楼地上模板施工方案	项目部	施工单位	是	通过	通过
2	悬挑式卸料平台施工方案	项目部	施工单位	是	通过	否
3	G1号楼地上模板施工方案	项目部	施工单位	是	通过	否
4	/	/	/	/	/	/

专项施工方案实施情况

序号	分项工程名称	实施阶段	是否按照方案实施	专项验收	是否受控
1	超大截面梁及超厚顶板支撑安全专项施工方案	实施中	是	符合要求	受控
2	轮扣式模板支撑工程安全专项施工方案	实施中	是	符合要求	受控
3	临电施工方案	实施中	是	符合要求	受控
4	/	/	/	/	/

（二）施工现场安全检查及专项检查

1. 施工现场危险性较大分部分项工程清单

2. 重大危险源：基坑☑ 边坡☑ 塔吊☑ 高支模☑ 脚手架□ 外幕墙（高度）□ 室外电梯□ 吊篮□ 其他□（　　　　　）

3. 日常、定期、专项安全检查情况

日常巡视检查 50 次，提出问题多条；

定期巡视（联合）检查 4 次，提出问题多条；

专项巡视检查 5 次，提出问题 21 条；

（三）危大工程验收

按照规定需要验收的危险性较大的分部分项工程项目，组织相关人员分阶段或整体验收的情况。

（四）安全生产管理的监理工作

1. 安全监理文件

《工作联系单》6 份，提出问题 10 条；

《监理通知》1 份，提出问题 2 条；

2. 安全会议情况

安全专题会议 5 次（安全联合检查会）；

3. 安全隐患整改复查情况

现场整改 21 条，复查合格 18 条，三条继续整改中，限期完成；

4. 安全生产管理存在的问题：虽未发生事故，但部分区域安全管理不尽如人意，个别管理人员的安全管理意识淡薄，现场生产部门未将安全置于生产之上，部分施工生产作业为追求生产便利未严格按照安全生产要求操作；现场一线民工自身安全意识不强；安全方面检查中没有发现较大的漏洞，但是小的隐患还是时有发现，所以安全管理方面需要时刻保持警惕之心，常抓不懈。

5. 重大安全隐患情况

是否存在重大安全隐患，针对重大安全隐患采取的措施。

6. 现场安全管理总体评价

（五）安全生产管理的监理工作照片

说明：

1. 监理工作照片反映监理人员在现场检查、验收的实景。

2. 安全问题照片应反映整改前后的对比。

3. 每张照片应加以说明反映的问题。

4. 如工程项目为群体工程包括多个单位工程时，应按单位工程予以说明。

六、工程造价控制

（一）工程量计量、工程款审批及支付

1. 工程量计量；

2. 工程款审批及支付。

说明：

1. 对《（　）月工程进度款报审表》进行核定，有差异的项目填入表格相应栏目。

2. 工程款支付凭证包括承包单位报送、监理批复的下列表格：

（1）《（　）月工程进度款报审表》；

（2）《工程变更费用报审表》；

（3）《费用索赔申请表》；

（4）《费用索赔审批表》；

（5）《工程款支付申请表》；

（6）《工程款支付证书》；

（7）其他与工程计量及工程款支付有关的凭证。

3. 各项工程款支付凭证的内容应相互交圈，表内项目逐项填写清楚，各项数据必须相互交圈。

示例：

工程款审批及支付汇总表　　　单位：元

工程名称		×××工程			合同价		39321.61 万
序号	项目内容	至上月累计		本月		至本月累计	
		申报数	核定数	申报数	核定数	申报数	核定数
1	工程进度款	3	3	17032960.96	15106390.52	71206091.66	58637716.43
2	变更费用	0	0	0	0	0	0
3	工程索赔	0	0	0	0	0	0
合计		3	3	0	0	71206091.66	58637716.43
合计付款数		43534325.91+12085112.41=55619438.32					

（二）工程造价控制的监理工作

说明：

工程计量与工程款支付的主要问题分析及措施，主要内容有：

1. 本期对工程计量与工程款审批签认方面的情况及采取的方法和措施；

2. 总监理工程师按施工合同约定，签发的工程价款结算支付情况（包括：工程预付款支付与抵扣、合同价款的调整）；

3. 监理工程师按施工合同约定，本期内抵扣工程预付款的情况；

4. 下一步如何搞好工程造价控制的建议；

5. 如本期内建设单位、承包单位提出费用索赔要求，或因工程变更导致的工程款增减的情况，均在本段中予以说明。

注：如建设单位明确表示在月报中增加其他表，可结合实际情况在月报中列出。

七、合同其他事项管理

（一）工程变更

示例：

工程变更情况表

序号	收文日期	洽商、变更编号	页数	签认情况
1	2014-8-8	××××	2	各方已签认
2	2014-8-8	××××	5	各方已签认
3	2014-8-8	××××	3	各方已签认
4	2014-8-8	××××	4	各方已签认
/	/	/	/	/

（二）工程停工、复工、延期

1. 工程暂停令的签发情况；

2. 工程复工报审主要内容及审批情况，工程复工令的签发情况；

3. 工程临时/最终延期审批情况。

（三）费用索赔

费用索赔情况（次数、数量、原因及审批情况）。

八、下月监理工作重点及建议

（一）下月监理工作重点

示例

本项目监理部计划下月重点监理工作如下：

质量方面：各专项施工方案审核，主体工程钢筋、模板、混凝土施工平行检验，入场材料见证取样、混凝土浇筑质量查验、各楼层放线验收、拆模质量验收、地下脚手架搭设验收和其他相关质量技术工作监督管理。

安全文明方面：监督现场安全文明施工秩序管理，审查新入厂人员（包括特种作业人员）交底记录，安全生产责任制落实，现场施工环境、场容场貌卫生清理，基坑变形各项数据监测和数据对比。

（二）意见和建议

示例

要求施工单位保持并加强现场安全文明施工秩序管理，加强生活区食堂卫生，安全防护用品采购、检查、管理及使用巡查。

做好进场材料标牌，标牌需标明材料入场时间、规格、数量、检测结果等，杜绝未检测或检测不合格产品投入工程建设中，材料质量状态标识实行动态化管理，及时更新。

做好工程技术、人员及材料准备计划和落实工作，建议施工部分需复试且试验周期长的材料需考虑提前入场抽检，保证材料质量。不合格产品禁止入场或勒令封样退场，退场程序按照建设单位要求由建设单位、监理单位、施工单位和材料供应单位相关负责人共同见证。

建议施工单位做好人员组织机构落实，明确各项工作负责人，责任到人，建立工程奖惩制度，提高管理及作业人员的积极性。做好各单位之间的协调沟通工作，保证工程施工顺利进行。

严格审查月工程进度款支付，保证工程资金投入。

九、监理工作统计

示例

监理工作统计表

序号	项目名称	单位	本年度		开工以来
			本月	累计	总计
1	监理会议	次	5	25	25
2	审批施工组织设计（方案）	项	2	41	41

序号	项目名称	单位	本年度		开工以来
			本月	累计	总计
3	审批施工进度计划（年季月）	次	0	3	3
4	熟悉 / 审核施工图纸	次	0	2	2
5	发出监理通知	份	3	5	5
6	工作联系单	份	6	14	14
7	发出工程暂停令	次	2	2	2
8	审定分包单位	家	0	14	14
9	原材料审批	件	11	66	66
10	构配件审批	件	11	66	66
11	设备审批	件	0	0	0
12	测量复核 / 检查		2	6	8
13	见证记录	次	157	296	296
14	旁站监理	项	94	158	158
15	平行检验	项	157	296	296
16	检验批	项			
17	分项工程质量验收记录	项	107	194	194
18	分部工程质量验收记录	项	0	0	0

| 第八节 会议纪要编制要求与示例 |

一、监理例会纪要

1. 项目监理机构应定期组织召开监理例会。监理例会应由总监理工程师或其授权的总监代表主持，指定一名监理工程师在专用的记录本上进行记录，根据记录整理编写会议纪要。

2. 会议纪要编写要点

（1）纪要的主要内容：

①上次监理例会决议事项的落实情况。如未落实，分析其原因及应采取的措施，明确责任单位和时限要求，并写入本次例会的决议事项中；

②与会各方对上次会议以来工程进度、质量、造价、安全文明、协调管理等情况的意见与建议；对工程中存在问题的分析，提出的改进措施等；

③本次会议的决议事项，应明确执行单位和执行人及时限要求。

（2）会议记录人员应在记录本上记录发言者姓名、发言的内容。

（3）工程建设各方的单位名称与工程相关合同中的名称一致。

3.会议纪要编写的基本要求

（1）会议纪要应在会后及时编写并打印成稿，经总监理工程师审核、签字后发送至各有关单位，自开会之日起最迟不得超过3个工作日。会议纪要须做到内容真实、简明扼要。

（2）会议纪要应注明：

①编号：按会议时间顺序编排；

②会议时间及地点；

③会议主持人；

④参加单位、参加人员姓名、职务；

⑤设置"与会各方代表会签"栏。

4.会议纪要的审签、发放和保存

①监理例会的会议纪要须经总监理工程师审查签发。

②监理例会纪要发放时应请接收单位在"发文记录本"上签字。

③监理例会的记录、会议纪要应作为监理资料保存。

二、专题会议纪要

1.专题会议是由总监理工程师或其授权的专业监理工程师主持，为解决工程专项问题而不定期召开的会议。由项目监理机构专人进行会议记录，根据记录整理编写会议纪要。

2.专题会议纪要的内容包括会议主要议题、会议内容、与会单位、参加人员及召开时间等。专题工地会议纪要的主要内容、基本要求及审签、发放、保存按监理例会纪要相关规定执行。

注：监理会议纪要首页及末页的格式附后。

三、会议纪要编制示例

×××工程监理例会

会 议 纪 要

编号：00X

总监签发：×××

时间：××××年××月××日

地点：×××

会议主持人：×××

参加人：建设单位：×××（   ）、×××（   ）
　　　　监理单位：×××（   ）、×××（   ）
　　　　施工单位：×××（   ）、×××（   ）
　　　　（其他单位）

会议内容：

一、上次监理例会决议事项的落实情况；

二、施工单位汇报上周工程情况、下周施工安排及需要协调解决的问题；

三、监理单位要求；

四、建设单位要求；

五、本次会议的决议事项。

公司名称

×××项目监理机构整理

××××年××月××日

与会各方代表会签：

建设单位	监理单位	施工单位	其他单位

×××× 工程 ×× 专题会议

会 议 纪 要

编号：00X

总监签发：×××

时间：××××年××月××日

地点：×××

会议主持人：×××

参加人：建设单位：×××（　）、×××（　）

监理单位：×××（　）、×××（　）

施工单位：×××（　）、×××（　）

（其他单位）

会议内容：

本次专题会议讨论情况

（续会议内容）

公司名称

××× 项目监理机构整理

××××年××月××日

与会各方代表会签：

建设单位	监理单位	施工单位	其他单位

| 第九节 工程质量评估报告编制要求与示例 |

一、编制要求

1. 项目监理部收到施工单位提交的《单位工程竣工验收报审表》（C8-5）及相应竣工资料后，总监理工程师组织监理工程师和施工单位共同对工程竣工质量验收资料进行审查，对工程实体质量进行检查验收，并签署竣工预验收意见。

2. 工程竣工预验收合格后，总监理工程师组织项目监理工程师编写工程质量评估报告，经总监理工程师审核后报公司总工程师办公室审查。

3. 工程质量评估报告经总工程师办公室审查合格后，由公司技术负责人审定，经总监理工程师和公司技术负责人签字，并加盖总监理工程师执业印章和单位公章。

4. 工程质量评估报告签字、盖章后，在单位工程竣工验收前提交给建设单位，并作为归档的监理资料保存。

二、工程质量评估报告的主要内容

1. 工程概况；

2. 工程各参建单位；

3. 工程质量评估范围；

4. 工程质量控制监理工作；

5. 工程质量验收情况；

6. 工程质量事故及其处理情况；

7. 工程竣工资料审查情况；

8. 工程质量评估结论。

三、工程质量评估报告示例

×××工程

工程质量评估报告

北京建大京精大房工程管理有限公司

××××年××月

工程质量评估报告

××× 工程项目,用地北侧靠近 ×× 路,东临 ×× 路,西侧、南侧 ×× 内部用地,建筑用地面积 84000m²。

规划许可证编号:×××× 号 2017 规(朝)建字 ×××× 号

施工许可证编号:××××[2017] 施建字 ×××× 号

合同开工日期 ×××× 年 ×× 月 ×× 日,合同竣工日期 ×××× 年 ×× 月 ×× 日;

工程实际开工日期 ×××× 年 ×× 月 ×× 日,工程预验收日期 ×××× 年 ×× 月 ×× 日。

一、工程概况

本工程为群体建筑,分别为 ××、××、××、××、××、×× 和 ×× 七个单体。总建筑面积 74985m²,其中地上 69727m²,地下 5258m²。

分单体建筑层数、建筑高度、地基基础形式、建筑结构形式等可列表说明。

1. 地基与基础工程

地基:独立基础下采用直径 400CFG 桩地基处理。

基础:独立柱基、条基、独立基础 + 防水板、地下室筏板基础。

地下防水:地下室部分 P6 抗渗混凝土自防水;地下室外墙、底板:4mm+3mm 厚 ⅱ 型聚酯胎材 SBS 改性沥青防水卷材二道;排水沟、集水坑底板及侧壁采用 1.5mm 厚聚氨酯防水涂料。

2. 主体结构工程

(1)钢筋混凝土:热轧钢筋 HPB300、HRB400,混凝土等级 C15、C20、C30、C35、C40、C45、C50;地下室:筏板、地下室外墙、室外与土接触的顶板均采用防水混凝土。

(2)钢结构

×× 大厅箱形钢网架结构体系,×× 大厅顶采用钢桁架结构。

×× 中心为 BRB 防屈曲支撑 + 混凝土框架结构,BRB 防屈曲支撑共计 122 根。

(3)型钢混凝土结构:在 ×× 中心设计了 BRB 防屈曲约束支撑,支撑支点柱设置了型钢混凝土结构柱。

(4)隔震支座:×× 中心在基础上设置直径 1000mm、800mm、700mm 隔震支座,隔震支座共计 95 个。

(5)砌体

本工程墙体除钢筋混凝土墙外均为非承重填充墙或轻隔墙,内墙隔墙为普通轻集料砌块，部分工作区为轻钢龙骨整体玻璃隔墙。

3. 装饰装修工程

（1）室内装修：内隔墙：轻钢龙骨整体装饰玻璃隔墙；外墙：玻璃幕墙、铝板幕墙；门窗：断桥铝合金门窗；楼地面：防滑地砖地面、架空防静电地板、PVC 楼面、自流平地面、水泥地面等；墙面：耐擦洗涂料墙面、薄型面砖墙面：纸面及钢板石膏板墙面、不锈钢踢脚、地砖踢脚、木踢脚；顶棚：涂料顶棚、铝方板、铝格栅、金属板吊顶。

（2）幕墙：××中心、××大厅外立面采用横明竖隐框架式玻璃幕墙体系；首层外立面采用混凝土挂板幕墙系统，××大厅内庭采用点式玻璃幕墙系统。

（3）门窗

外门窗采用断桥铝合金 6+12A+6 门窗，钢化中空 LOW-E 玻璃门窗及铝合金保温门；内门采用 40mm 厚成品混油木门；内窗采用成品铝合金窗；与墙体固定方法采用干法施工，外门窗与墙体边接处先行清除杂物并用聚氨酯发泡密封胶填充后，方可做外墙防水及饰面材料。

（4）室内防水

卫生间、淋浴间、厨房、空调机房、水泵房等楼地面采用 1.5mm 厚单组分聚氨酯防水涂料；除特殊注明外，防水层均沿四周墙体上卷 300mm 高，卫生间、淋浴间墙面防水高度至吊顶上 100mm；穿楼板立管均预埋防水套管并高出楼面 50mm，套管与立管之间采用防水密封膏填实。

4. 屋面工程

本工程屋面分为上人屋面、不上人屋面、种植屋面、金属屋面四种形式。

（1）屋面防水：平屋面：4mm+3mm 高聚物改性沥青防水卷材二道；种植屋面：3mm 厚 ii 型聚酯胎材 SBS 改性沥青防水卷材一道，4mm 厚 ii 型复合胎 SBS 改性沥青耐根穿刺防水卷材；用水房间单组分聚氨酯涂料；××大厅屋面为 EPDM 三元乙丙防水橡胶。

（2）保温隔热：外墙 80mm、85mm、100mm 厚岩棉防火保温板；××大厅屋面为 125mm 厚岩棉防火保温板；其他屋为 SF 憎水膨珠保温砂浆。

5. 给水排水及供暖工程

给水排水及供暖工程由给水系统、中水系统、热水系统、污废水系统、雨水排水系统、室内外消火栓系统、自动喷水灭火系统、气体灭火系统、建筑灭火器及室外给水排水管网等组成。消防工程由消防水系统、自动消防炮灭火系统、气体灭火系统、火灾报警系统等组成。

6. 通风与空调工程

通风与空调工程由冷热源、空调风系统、防排烟系统、空调水系统、组成通风空调系统。

7. 建筑电气工程

低压配电系统接地形式采用 TN-S 系统，PE 线与 N 线严格分开；由市政提供三路

10kV 电源 . 每路电源同时运行，高压互为联络。低压配电采用放射式与树干式相结合的配电方式。照明配电系统采用放射式与树干式相结合的配电方式，应急照明，疏散指示照明等采用双电源供电末端互投。第二类防雷建筑物，接地电阻不大于 0.5Ω。

8. 智能建筑工程

智能建筑工程包括火灾自动报警及消防联动控制、电气火灾监控、消防电源监控、防火门监控、综合布线、电话交换、信息网络、有线电视及卫星接收、信息导引及发布、公共广播、建筑设备管理、视频安防监控、入侵报警、出入口控制、电子巡查、停车场管理等系统。

9. 建筑节能工程

××中心屋面采用 SF 憎水膨珠保温砂浆，××大厅屋面防火保温岩棉板。外墙加气混凝土砌块（B05 级）外贴防火保温岩棉板。

10. 电梯工程

×× 电梯 14 台

二、工程各参建单位

参建单位统计表

单位	单位名称	项目负责人	联系电话
建设单位			
勘察单位			
设计单位			
施工单位			
监理单位			
监督单位			

专业分包单位统计表

序号	分包单位名称	分包工程项目	项目负责人	联系电话
1				
2				
3				
4	……			

三、工程质量评估范围

工程质量评估范围按照合同约定的监理范围编写。

（如果群体工程分单体按照单位工程编写质量评估报告，应说明"工程质量评估范围为×××单位工程的质量评估报告")

本工程共 10 个分部工程,包括:地基与基础、主体结构、建筑装饰装修、建筑屋面、建筑给水排水及采暖、通风与空调、建筑电气、智能建筑、建筑节能、电梯工程。

四、工程质量控制监理工作

工程质量监理控制工作包括:熟悉图纸,参加图纸会审和设计交底,理解设计意图,掌握关键工程部位的质量要求;编制监理规划,监理实施细则;审查施工组织设计、施工方案、专项施工方案;检验与复试材料、构配件和设备进场;巡视检查、旁站监理、平行检验情况、隐蔽工程检查验收、检验批验收;通过监理通知单、工作联系单、监理例会、专题会议等督促落实质量问题整改情况。

以预控为重点、过程控制为关键、验收把关为主要手段,工程质量始终处于受控状态。

五、工程质量验收情况

本工程使用的主要材料、构配件和设备进场时进行检验以及按照规定进行复验,符合规范及设计要求,材料、构配件和设备进场检验合格。

对涉及结构安全、节能、环境保护和主要使用功能的试块、试件及材料,进场时或施工中按规定进行见证取样,检验结论合格。

施工过程按照规定进行各项施工试验,各项试验结果符合规范及设计要求。

机电工程进行了单机试运转和系统调试,调试结果符合规范及设计要求。

隐蔽工程、检验批、分项工程、分部工程检查验收符合现行质量验收规范及设计要求,验收合格并签署了验收记录。

六、工程质量事故及其处理情况

工程施工过程中未发生工程质量事故。

(若发生工程质量事故,予以说明)

七、工程竣工资料审查情况

项目监理机构按照《北京市建筑工程资料管理规程》与合同约定,对工程竣工质量验收资料进行审查,单位工程质量控制资料完整,所含分部工程中有关安全、节能、环境保护和主要使用功能的检验资料完整,主要使用功能的抽查结果资料完整,观感质量检查记录资料完整。

八、工程质量评估结论

综上所述，该工程质量符合国家有关法律、法规和工程建设强制性标准的规定，符合设计文件和施工合同的要求，本单位工程质量竣工预验收合格，同意建设单位组织工程竣工验收。

总监理工程师（签字）：　　　　　公司技术负责人（签字）：

执业印章　　　　　　　　　　　　监理单位（章）：

北京建大京精大房工程管理有限公司

年　月　日

| 第十节　监理工作总结编制要求与示例 |

一、一般要求

1. 根据《建设工程监理规范》GB/T 50319—2013、《建设工程监理规程》DB 11/382—2017 及相关规范标准，工程竣工验收合格后，由总监理工程师组织监理人员编写监理工作总结。

2. 监理工作总结经总监理工程师审核签字，加盖项目监理机构章后报建设单位。

3. 监理工作总结内容应全面反映建设工程监理合同履行情况及监理工作成效，针对监理工作中遗留问题或后续工作做出说明并提出监理建议。

4. 监理工作总结作为归档的监理资料之一交公司档案室存档。

二、监理工作总结应包括的内容

1. 工程概况；

2. 项目监理机构和投入的监理设施；

3. 建设工程监理合同履行情况；

4. 监理工作成效；

5. 监理工作中发现的问题及其处理情况；

6. 说明和建议；

7. 工程照片。

三、监理工作总结示例

×××工程

监理工作总结

北京建大京精大房工程管理有限公司

×××× 年 ×× 月

工程监理工作总结

一、工程概况

本工程为×××工程项目，建设地点×××，建筑用地面积××××m²。

本工程为群体建筑，分别为×××、×××、×××、×××等××个单体。总建筑面积××××m²，其中地上××××m²、地下××××m²。

分单体建筑层数、建筑高度等可依据建筑说明列表。

建筑结构形式：钢筋混凝土框架剪力墙

地基基础形式：××楼采用桩基，为满堂板桩筏基础；××楼采用天然地基，基础为梁板式筏形基础。

本工程等级为1级，结构设计使用年限50年。结构形式为钢筋砼框架结构，抗震设防烈度8度。

防火设计建筑分类为一类，耐火等级：地上一级，地一级。屋面防水等级为1级，地下防水等级为一级。

本工程人防地下室防护单元1：核5常5级甲类一等人员掩蔽所。防护单元2：战时核6常6级人防物资库。平时用途均为汽车库。

规划许可证编号：×××号 2017规（朝）建字×××号

施工许可证编号：×××[2017]施建字×××号

计划开工日期　年　月　日，计划竣工日期　年　月　日。

实际开工日期　年　月　日，工程预验收日期　年　月　日。

工程竣工验收　年　月　日。

工程质量情况及受奖励情况（市优、长城杯、鲁班奖等）。

二、工程各参建单位

1. 参建单位统计表

单位	单位名称	项目负责人	联系电话
建设单位			
勘察单位			
设计单位			
监督单位			
监理单位			
承包单位			

2. 专业分包单位统计表

序号	分包单位名称	专业分包内容	项目经理	联系电话
1				
2				
3	......			

三、项目监理机构和投入的监理设施

1. 项目监理机构图

同监理月报的项目监理机构组织框图，应填入人员姓名。

2. 监理人员一览表

序号	姓名	职务/专业	起止日期	联系电话	备注（持证情况）

3. 监理工作设施的投入情况

项目监理部根据公司发布的有效文件一览表编制了项目有效文件目录，根据公司规定的新开工项目配置图书目录配备了各种规范、规程、图集等，满足监理工作的技术资料要求。

项目监理部根据合同约定和项目实际情况，配置了建筑工程检测仪器设备、检测工具等，检测仪器设备、工具的检测范围和精度符合要求，满足监理工作的技术检测要求。

项目监理部配齐了办公用品（计算机、打印机、数码相机、资料盒等），满足监理工作的办公需要。

四、建设工程监理合同履行情况

我公司依据建设工程监理合同和工程实际情况，组建项目监理部，于××××年××月进场开始监理工作。

（一）在施工准备阶段完成的主要监理工作

1. 在总监的组织下，各专业监理人员熟悉设计图纸、参加设计交底和图纸会审，并签署了图纸会审记录。

2. 由总监组织，各专业监理工程师参与完成了监理规划和监理细则的编制工作。

3. 项目监理部向施工单位进行了施工监理交底，明确相关合同约定和监理工作依据、内容、程序、方法，以及施工报审和资料管理的有关要求，并形成交底记录。

4. 项目监理部核查了施工单位的技术保证体系、质量安全管理体系，审核了专业分包资质，检查了主要专业工种持证上岗情况，以及施工设施和机械设备的进场检查验收情况，审查了施工组织设计（专项施工方案），复核了工程定位测量记录，核查了工程项目开工条件，于××××年××月××日签发了工程开工令。

（二）工程质量控制

1. 工程质量控制坚持预控的原则，严格要求施工单位执行有关材料、施工试验和设备进场检验验收制度，按规定对进场材料进行复试，坚持不合格的建筑材料、构配件和设备严禁在工程上使用。

2. 在施工过程中，监理人员通过现场巡视检查、现场旁站监理、平行检验，对隐蔽工程、检验批进行检查验收，坚持本道工序质量不合格或未进行验收不予签认，下道工序不得施工，加强施工过程的质量控制。

3. 项目监理部定期召开监理例会或专题会议，总结和解决施工中存在的各类问题。针对现场存在的质量问题，项目监理部以监理通知或工作联系单的形式要求施工单位处理落实，确保施工质量在可控范围。

4. 在分项工程、分部工程验收中按照设计要求，严格执行验收标准，确保分项分部工程验收合格，在工程竣工验收阶段严格执行工程质量预验收程序，对工程质量预验收阶段存在的质量问题督促施工单位进行消项处理，确保工程质量达到竣工验收合格的要求。

（三）工程进度控制

监理部积极配合建设单位推进施工进度，督促施工单位细化施工计划，及时做好施工组织与管理工作，合理调试进度计划，把影响因素降至最低。

1. 审核施工单位月进度计划，督促施工单位认真落实，全力以赴保证结构施工的进度，确保计划节点的实现。

2. 为了保证进度计划的落实，项目监理部和建设单位以及总包单位根据现场实际施工情况，利用进度专题会议、监理会议、工作协调会议等手段提高施工管理效率，处理好施工安全、质量与进度之间的关系，落实解决施工组织与管理中暴露出的问题。

3. 项目监理部还在每次的监理例会上，对每周进度完成情况进行分析，查找原因，提出相应的应对措施，力保计划目标顺利实施。要求总包单位认真分析进度滞后的原因，加强组织管理，合理调配工人，在保证质量安全的前提下完成进度计划目标。

4. 要求施工单位提前安排好施工工序、材料准备、机械设备调剂使用，及时解决现场的协调组织问题。

5. 要求施工单位要从组织管理、进场工人人数、对工人技能培训等方面进行调整，按计划赶工，把滞后的进度追上来。

6. 为了确保现场施工质量和进度，监理工程师加强对现场巡视检查和关键部位进行旁站，及时提出在旁站及巡视中发现的问题，并尽快进行整改，提高工作效率，促进施工进度。

（四）工程监理造价控制

按照施工监理合同的约定以及建设单位的要求，项目监理部只对施工合同内的工程造价按形象进度确认工程款支付。涉及工程量的计算、单价和工程总价的最终确认，建设单位委托专业造价咨询单位进行造价控制。

涉及工程变更、洽商等施工监理，仅对事项进行确认。

工程结算由建设单位委托的专业造价咨询单位负责，项目监理部只进行配合。

（五）安全生产管理的监理工作

1. 安全教育

监理部要求总分包单位加强组织领导，落实安全责任，认真做好安全生产事故预防工作，采取有效措施，坚决遏制安全生产事故的发生。及时组织新进场工人进场安全教育考试工作，考试不合格的工人严禁进入现场进行施工作业。

2. 坚持安全检查制度

①监理部建立安全联合巡查制度，组织建设单位和总分包单位共同对在施部位进行安全巡查，对存在问题发出巡检记录，要求施工单位进行整改，及时消除安全隐患。

②检查总分包单位专职安全员到岗到位情况，督促安全员对现场安全问题及时进行整改，消除安全隐患。

③每周安全检查制度。每周由项目监理部组织建设单位、总分包单位安全小组成员，分成安全检查小组，对现场安全、消防、环境卫生及各项安全措施的落实情况进行全面检查，召开安全专题会议总结检查情况，督促整改落实。

3. 做好日常安全监理监督检查工作

项目监理部全体监理工程师对本专业施工范围内的安全隐患负有检查、发现和制止的责任，制止无效时向安全监理工程师汇报，由安全监理工程师进行制止，安全监理工程师对工程所有部位的安全隐患负有检查和制止的责任，制止无效时向总监理工程师汇报。

①严格控制大型机械设备的检查与验收工作。对塔吊、物料提升机等大型机械严格进行审核与检查，严格按照相关规范规定要求内容督促施工单位进行落实，凡是验收手续不齐全的，一律不得使用。

②日常安全施工管理，针对施工现场存在的需要整改的问题，监理部及时整理下发了安全监理文件，督促施工单位进行整改，要求承包单位加强组织领导，落实责任，认真做好安全生产事故预防工作，采取有效措施，坚决遏制安全生产事故的发生。

（六）工程协调

协调参加工程建设各方之间的关系是监理单位的重要工作，监理单位应将自己置于协调工作的中心位置，从而发挥积极的作用。整个工程建设的过程都应处于总监理工程师的协调之下。

（1）与建设单位之间的协调工作

总监与全体监理工程师应尊重建设单位，加强与建设单位领导和工程部的联系与协商，听取建设单位对监理工作的意见。在召开监理例会或专题会议之前，先与建设单位代表进行研究与协调。邀请建设单位代表及专业技术人员参加工程质量、安全、文明施工现场的现场会或检查会，使建设单位人员获得第一手资料。各专业监理工程师与建设单位各专业工程师加强联系与交流。

（2）与承包单位之间的协调工作

监理部要求施工单位加强项目人员的协调管理，对监理部提出的质量或安全问题及时落实整改。利用监理会、专题会和日常座谈等形式与施工单位加强沟通联系，及时了解工程各方面的信息，热情服务，以协助解决承包单位的困难。站在公正的立场，维护承包单位的合法利益。取得了施工单位对监理部的理解与信任。

在合同工期内，监理部配合建设单位完成了监理合同约定的监理工作内容，圆满完成了监理工作任务。

五、监理工作成效

（一）监理工作成效综述

项目监理部进入施工现场后，主动与业主联系，熟悉工程各项环节，了解场地周围的地形地貌。为了明确地下管线位置与走向，项目监理部要求建设单位提供较为详细的地下障碍物及管线资料，并组织施工单位对场地周边地下管线进行调查。同时，对各个施工单位进行监理交底，通过监理交底使施工单位明确监理工作程序，积极配合监理工作，为监理部的下一步工作打下良好的基础。

在监理工作中，监理工程师加强巡视检查，项目部利用监理例会及时解决施工中发现的质量问题。针对现场存在的质量问题，监理部要求施工单位加强质量管理，做好各方的协调工作，积极采取相应措施，增加技术管理的力度，在确保质量的前提下，按合同工期完成进度计划。加强质量问题的整改力度和项目内部的管理，以及技术与质量、生产与安全的配合，特别是对分包的管理，施工前做好交底，施工中有人检查，对不按交底作业的情况应立即纠正，防止造成更大的影响。总包单位要增强质量管理人员的力量，及时调整不负责任的质检人员；各分包单位必须加强自检工作，严格做好施工过程控制和交接检查工作，提高一次验收合格率。

项目部制定了现场巡视检查制度，对现场有目的地巡视检查，发现问题通知承包单位改正。通过巡视检查及时发现施工中的质量问题，共同监督整改，能减少监理正式验收的时间，提高施工效率。

严格执行进场设备材料见证复试制度，严格控制用于工程的主要建筑材料、构配件、半成品的质量（如防水材料、钢筋等），保证了工程使用材料符合相关规范要求。

严格执行监理旁站制度，监理部按照《旁站方案》中的要求进行旁站，特别是混凝土施工，监理工程师全过程进行旁站监理，保证了混凝土施工质量。

认真落实平行检验制度，结构施工中监理工程师对钢筋接头的丝头拧紧力矩进行了平行检查，以保证钢筋连接质量。

严肃认真地做好各项隐蔽验收工作是监理的重要环节，上道工序未经验收或验收不合格不得进入下道工序是我们一贯坚持的原则。监理部利用各种方式督促建议相关单位解决管理上存在的问题，加大现场管理力度及深度，确保工程质量达标。

通过以上方法，监理部很好地控制了工程质量。

前期因电缆、配电箱等总包单位物资供应招标审批环节较多，进场不及时，加上钢结构、幕墙、精装单位招标进场滞后和深化设计等原因，造成后期施工进度极其紧张。为了保证节点工期，项目监理部针对施工单位总体施工进度计划的实施过程，一直督促施工单位细化分部工程的施工计划，合理组织调配人力物力，协调相关单位的施工进度，做好施工组织与管理工作，把影响因素降到最低，确保总体施工进度计划的顺利完成。

同时，根据进度计划对现场实际施工进度进行检查，为了保证进度计划的落实，项目监理部和建设单位以及总包单位根据现场实际施工情况，利用进度专题会议、监理会议、工作协调会议等手段提高施工管理效率，搞好施工安全、质量与进度之间的关系，落实解决施工组织与管理中暴露出的问题。

项目监理部还在每次的监理例会上，对每周进度完成情况进行分析，查找原因，提出应对措施，力保计划目标顺利实施。

通过以上方法很好地控制了施工进度。

在施工安全管理上主要采取预控的方法。监理部组织监理工程师对工程的特点和施工中存在的不安全因素进行预先分析，对施工用的各种机械设备、机具和环境进行安全评价，从管理、技术、防护上采取有效的防范措施，从而控制和消除施工过程中的各种不安全事故隐患，防止各类人身伤害事故的发生，把事故消灭于萌芽状态。

本工程无重大安全事故。

（二）监理工作统计

序号	项目名称	单位	开工以来累计	备注
1	监理例会	次		
2	专题会议	次		
3	审批施工组织设计（方案）	次		
	提出建议和意见	条		
4	审批施工进度计划（年季月）	次		
	提出建议和意见	条		
5	审核施工图纸	次		
	提出建议和意见	条		

续表

序号	项目名称	单位	开工以来累计	备注
6	发出监理通知	次		
7	发出工作联系单	次		
8	审定分包单位	家		
9	原材料审批	件		
10	构配件审批	件		
11	设备审批	件		
12	分项工程质量验收记录	次		
13	分部工程质量验收记录	次		
14	不合格通知项目	次		
15	监理抽查、复试	次		
16	监理见证取样	次		
17	考察施工单位试验室	次		
18	考察生产厂家	次		
19	发出工程部分暂停指令	次		
20	监理平行检验	次		
21	旁站监理次数	次		

六、监理工作中发现的问题及其处理情况

（一）幕墙的渗漏问题

本工程自××××年××月××日大雨之后出现多处幕墙开启扇渗漏问题，特别是共享大厅电动开启扇及幕墙体系渗漏严重，经多次整改处理基本达到不漏状态，但是由于设计体系问题，开启扇胶条老化后还会渗漏。

1. 主要原因在于各主体结构楼外造型为飞机外形设计,楼外檐向内倾斜 6.8° —7° 且窗为内开，形成雨水向内径流，当胶条封闭不严或老化时，极易产生渗漏问题。

2. 另外，造型要求共享大厅的外幕墙做成双曲，由于铝框无法拉制成曲形，因此在安装中用无齿锯在框身切割多条缝，然后人工弯成需要的形状，这给安装和封胶造成了麻烦，同时为了满足防火要求，电动开启扇上翻向外开，以及胶条封闭不严等，都是造成渗漏的主要原因。

此问题可能会给后期的使用与维护带来麻烦。

（二）施工进度未按计划完成

1. 工程不能按计划合同工期完成，主要是不确定的因素太多，涉及现场变更多，钢结构、幕墙、精装深化设计，材料、设备的选型，标准的确定，采购、定制及政治活动等诸多影响。

2. 受疫情影响

本工程于××××年××月××日因春节假期暂时停工，原计划××××年××月××日正式复工。××××年春节过后受疫情影响，工程产生延期。关于延期时间：××××年春节过后，由于受疫情的影响，属于不可抗力事件，工程到××月××日正式复工，各地疫情管控很严，工人进场缓慢，材料进场也受到影响，为了保证施工质量与施工安全,总承包单位提出的竣工时间为××××年××月××日，监理部根据实际情况回复基本同意，并向建设单位汇报。

3. 监理部针对×××项目部发来的××××号工作联系单《关于×××工程合同工期顺延相关事宜》。及时向甲方发文进行了汇报：

（1）关于合同工期：施工合同工期是××日历天。按《施工总承包合同文件》12.1条承包人暂停施工的责任："两会、高考、中考、国家和城市庆典、外交来访、运动会、交通管制、扬尘治理等政府行政主管部门发布的暂停施工和因降雨、大风、沙尘暴、雾霾等恶劣天气导致的暂停施工……"。合同工期包括除15.1条以外的影响因素。因此对由以上原因造成的工程延期不予认可。

（2）工程合同工期受15.1条合同风险以外的因素影响，造成工程延期，可以顺延。

以上问题由于工程进度滞后，总承包单位可能会受到建设单位的工期索赔。

七、说明和建议

1. 高度重视施工合同

监理工作中除应按合同完成监理工作外，还要设专人进行合同管理，注意建设单位与总承包单位签订的《施工合同》,因该施工合同中有些条款涉及监理的工作与时限，根据合同要求与时限，及时发出监理文件，涉及三控两管一协调。

另外，合同中限定了设备、材料的品牌与技术标准，要求监理工程师一定按合同规定验收。

2. 涉及结构复杂和机电设备安装种类多、精装高的情况，应根据项目情况配备专业较好的具有一定技术业务水平的监理工程师，保证工程顺利实施。

八、工程照片

1. 开工前照片；

2. 基础施工照片；

3. 主体施工照片；

4. 装修施工照片；

5. 竣工照片。

第十章

施工阶段监理工作收尾

工程竣工验收后，监理工作进入收尾阶段，监理工作收尾包括编写监理工作总结，移交监理资料及监理归档资料，审核竣工结算，结清监理费，移交办公、生活设施，项目监理人员撤离等。

一、编写监理工作总结

（一）项目监理工作总结

1. 监理工作总结由总监理工程师组织编写。

2. 监理工作总结应包括以下内容：

（1）工程概况；

（2）参建单位概况；

（3）项目监理机构；

（4）建设工程监理合同履行情况；

（5）监理工作成效；

（6）监理工作中发现的问题及其处理情况；

（7）说明和建议；

（8）工程照片。

3. 监理工作总结应由总监理工程师签字并盖项目监理机构印章。

4. 监理工作总结一式两份，建设单位、监理单位各保存一份。

（二）个人技术工作总结

项目监理人员宜编写个人技术工作总结，并随监理档案一起向公司移交。个人技术工作总结包括年度或阶段性技术工作总结、论文、案例等。

二、移交监理资料

1. 项目监理机构应按照《建设工程资料管理规程》DB11/T 695—2017 规定，向城建档案馆移交工程质量评估报告。

2. 项目监理机构按照建设工程监理合同约定和《建设工程资料管理规程》DB11/T 695—2017 规定向建设单位移交监理资料，移交数量不少于 1 套，并办理移交手续。

3. 《建设工程资料管理规程》DB11/T 695—2017 规定移交建设单位保存的监理资料包括：总监理工程师任命书、工程开工令、监理报告、监理规划、监理月报、监理会议纪要、监理工作总结、工程质量评估报告和工程联系单九类监理资料。

三、移交监理归档资料

1. 工程竣工后，总监理工程师应按照公司要求及《建设工程资料管理规程》

DB11/T 695—2017 编制监理档案。

2. 需要归档保存的监理档案包括：

①建设工程监理合同；

②总监理工程师授权书、总监理工程师质量终身责任制承诺书；

③工程质量评估报告；

④质量事故报告及处理资料；

⑤单位工程质量竣工验收记录、工程竣工验收记录；

⑥监理工作总结和个人技术工作总结；

⑦其他需要归档保存的监理档案。

3. 资料归档时尽量将保存期限相同的同类资料装于同一盒内，并附卷内资料目录，目录格式参考《建设工程资料管理规程》DB11/T 695—2017，档案盒标签应清晰标注卷内资料明细。

4. 项目监理机构依据公司的要求编制《工程监理档案移交清单》和《工程监理电子档案移交清单》，并经总监理工程师签字确认。

5. 监理档案移交前应先向公司提交一份填列完整的电子版《工程监理档案移交清单》和《工程监理电子档案移交清单》，审核合格后方可办理监理档案移交手续。

6. 项目监理部应将具备移交条件的监理档案移交至公司档案室，与公司档案管理人员办理档案移交手续。

四、审核竣工结算

当监理合同中包含审核竣工结算工作内容时，总监理工程师应及时与公司造价管理部门联系，开展竣工结算审核工作。

五、结清监理费

总监理工程师应按照建设工程监理合同约定办理项目监理费结清事宜。监理费涉及监理合同变更时，总监理工程师应主动配合公司经营部进行合同变更，并提供真实、准确的数据资料。

六、移交办公生活设施

监理工作结束后，项目监理部应分别向建设单位以及公司办理办公、生活设施移交手续。

1. 项目监理部应按照建设工程监理合同约定向建设单位移交其提供的办公、交通、通信、生活设施，并办理移交手续。

2. 向公司行政部移交项目部印章及见证取样章，移交借用的办公、交通、通信、生活设施，并办理移交手续。

项目监理人员撤离

1. 项目监理工作进入收尾阶段，总监理工程师应向公司人力资源部提交项目人员撤离计划。

2. 施工现场监理工作全部完成，总监理工程师应按照公司人力资源部要求，撤出项目监理人员。

3. 建设工程监理合同终止或合同解除，项目监理机构撤离施工现场前，应依据建设工程监理合同及其他相关约定处理好交接或移交事宜。

第十一章

工程保修阶段服务

项目监理机构应根据建设工程监理合同约定的相关服务范围，开展保修阶段的相关服务工作。

| 第一节　工程保修阶段监理工作内容 |

工程保修阶段的监理工作内容包括：

1. 汇编各相关单位的名单、负责人及联系方式；

2. 准备必要的检测表格；

3. 定期回访检查；

4. 对工程质量缺陷检查记录，监督整改；

5. 对工程质量缺陷原因进行调查，协商确认责任归属，对非施工单位原因造成的工程质量缺陷，核实施工单位申报的修复工程费用。

| 第二节　工程保修阶段监理工作方法 |

一、工程保修阶段定期回访检查

1. 定期检查

项目投入使用后，项目监理机构指定专人负责定期到现场检查.在此期间如有异常情况出现，及时缩短检查时间，必要时随时到现场检查。

2. 检查的方法和内容

主要为访问调查法、目测观察法、仪器测量法。

（1）访问调查法：向使用单位和物业管理人员询问建筑物使用和设备运行的情况，及时掌握第一手信息。

例如：对电梯、消防设施、给水排水泵、空调设备、电气设备等主要设备采用乘坐、观察等方法进行定性评价。对于主要机电设备的运行情况采用查阅运行记录或者直接测量等手段进行定性评价。

（2）目测观察法：主要观察结构的裂缝及防水的使用情况，做好记录和测量工作；

（3）仪器测量法：检测建筑物的沉降和垂直度、结构承重部位的位移等；

3.检查的重点

工程状况检查的重点是结构质量与其他不安全因素,对那些结构敏感部位和原先进行过补强返工的事故部位要进行重点观察。

4.工程质量缺陷的责任调查分析

与相关单位调查分析工程质量缺陷原因及责任归属。

二、督促和监督保修工作

1.对建设单位或使用单位提出的工程质量缺陷,项目监理机构安排监理人员进行检查和记录,并要求施工单位予以修复,同时应监督实施,合格后予以签认。

2.工程监理单位应对工程质量缺陷原因进行调查,并与建设单位、施工单位协商确定责任归属。

三、保修尾款的结算

对非施工单位原因造成的工程质量缺陷,应核实施工单位申报的修复工程费用,并签认工程款支付证书,同时报建设单位。

| 第三节　工程保修阶段监理工作程序与服务记录表 |

一、工程保修监理工作程序框图

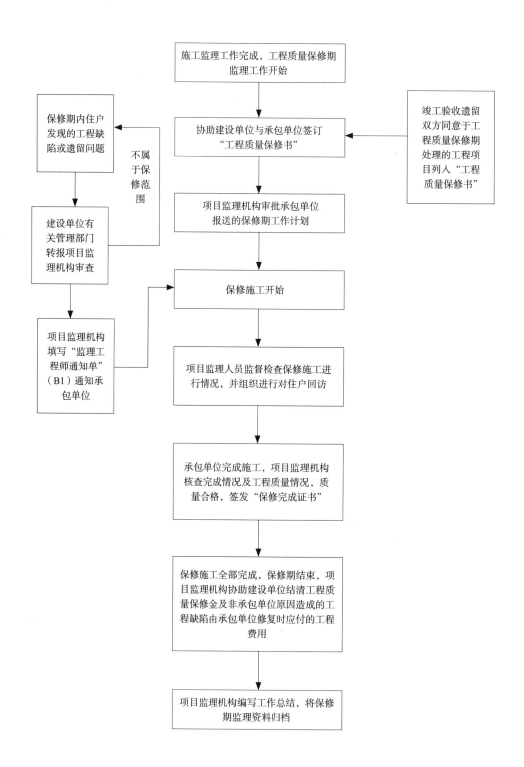

二、工程保修阶段服务记录表

工程保修阶段服务记录表

工程名称		总监姓名	
工程竣工日期		回访日期	
业主单位		接待人员	

工程使用情况：（该工程是否出现问题，如出现问题请写明是如何解决的）

项目监理机构：

检查人员签字：

日　期：　　年　月　日

附录一 施工阶段监理工作程序框图

1. 施工监理工作总程序框图

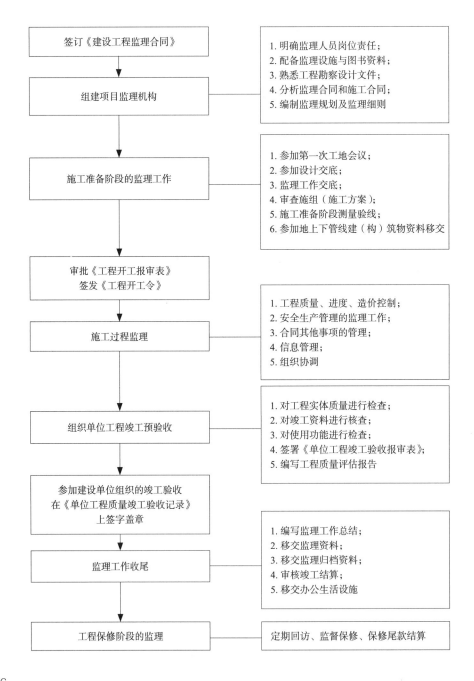

签订《建设工程监理合同》

1. 明确监理人员岗位责任；
2. 配备监理设施与图书资料；
3. 熟悉工程勘察设计文件；
4. 分析监理合同和施工合同；
5. 编制监理规划及监理细则

组建项目监理机构

施工准备阶段的监理工作

1. 参加第一次工地会议；
2. 参加设计交底；
3. 监理工作交底；
4. 审查施组（施工方案）；
5. 施工准备阶段测量验线；
6. 参加地上下管线建（构）筑物资料移交

审批《工程开工报审表》
签发《工程开工令》

施工过程监理

1. 工程质量、进度、造价控制；
2. 安全生产管理的监理工作；
3. 合同其他事项的管理；
4. 信息管理；
5. 组织协调

组织单位工程竣工预验收

1. 对工程实体质量进行检查；
2. 对竣工资料进行核查；
3. 对使用功能进行检查；
4. 签署《单位工程竣工验收报审表》；
5. 编写工程质量评估报告

参加建设单位组织的竣工验收
在《单位工程质量竣工验收记录》
上签字盖章

监理工作收尾

1. 编写监理工作总结；
2. 移交监理资料；
3. 移交监理归档资料；
4. 审核竣工结算；
5. 移交办公生活设施

工程保修阶段的监理

定期回访、监督保修、保修尾款结算

2. 施工组织设计 /（专项）施工方案审批程序框图

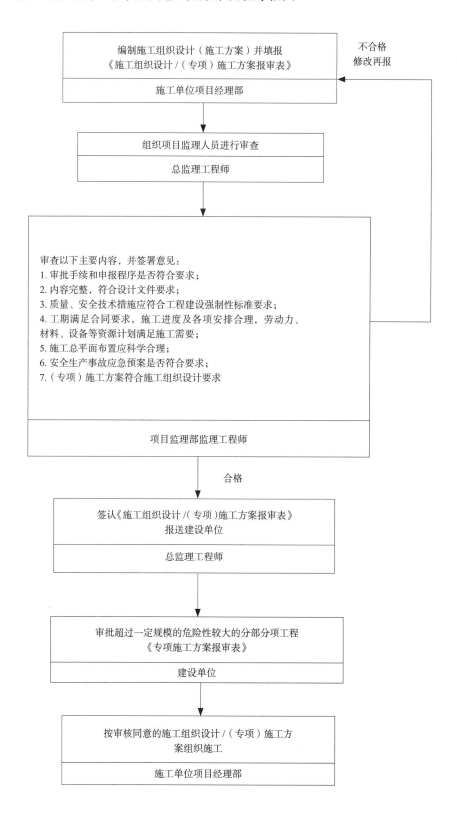

3. 分包单位资质审查流程

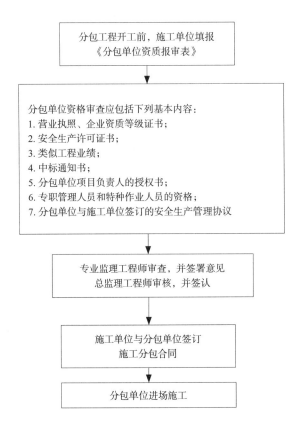

分包工程开工前，施工单位填报
《分包单位资质报审表》

分包单位资格审查应包括下列基本内容：
1. 营业执照、企业资质等级证书；
2. 安全生产许可证书；
3. 类似工程业绩；
4. 中标通知书；
5. 分包单位项目负责人的授权书；
6. 专职管理人员和特种作业人员的资格；
7. 分包单位与施工单位签订的安全生产管理协议

专业监理工程师审查，并签署意见
总监理工程师审核，并签认

施工单位与分包单位签订
施工分包合同

分包单位进场施工

4. 工程材料、构配件质量检验流程

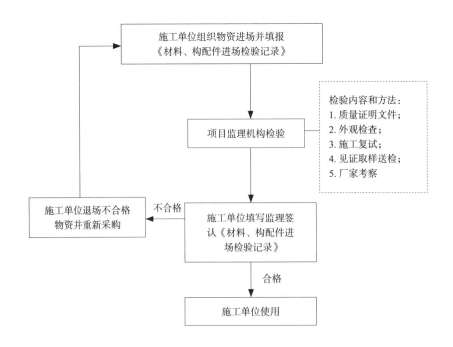

施工单位组织物资进场并填报
《材料、构配件进场检验记录》

项目监理机构检验

检验内容和方法：
1. 质量证明文件；
2. 外观检查；
3. 施工复试；
4. 见证取样送检；
5. 厂家考察

施工单位退场不合格
物资并重新采购

不合格

施工单位填写监理签
认《材料、构配件进
场检验记录》

合格

施工单位使用

5. 工序（隐蔽工程）、检验批验收流程图

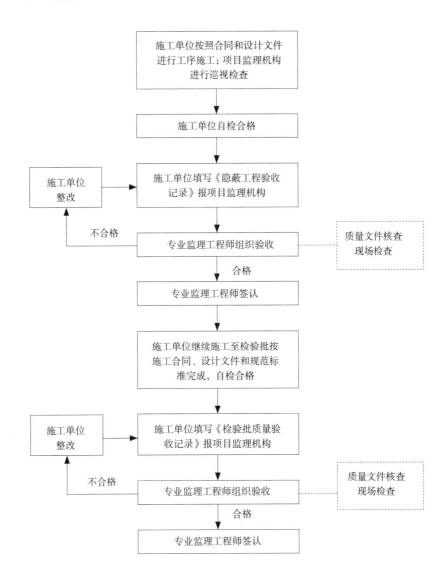

6. 分项、分部工程验收流程

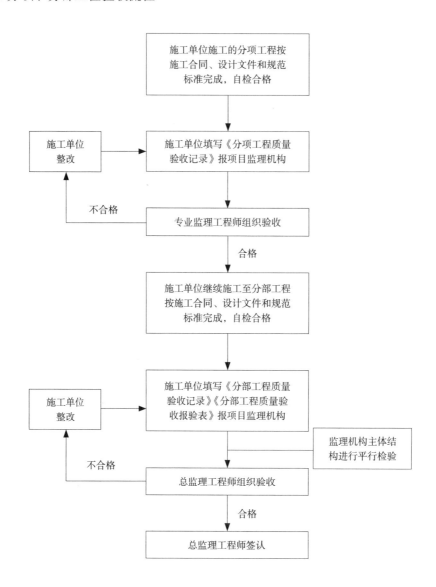

7. 单位工程验收流程

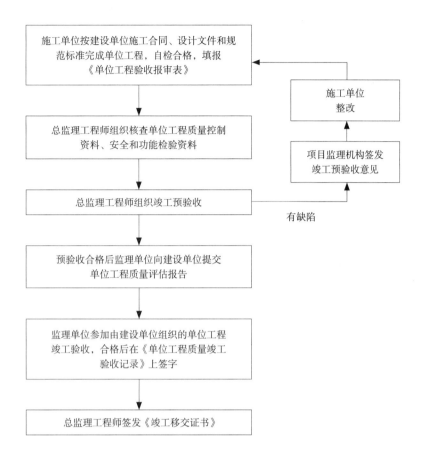

8. 工程进度控制流程

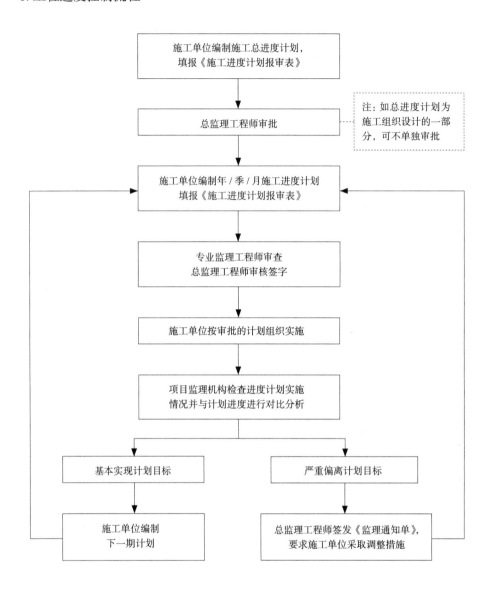

9. 工程款支付审批流程

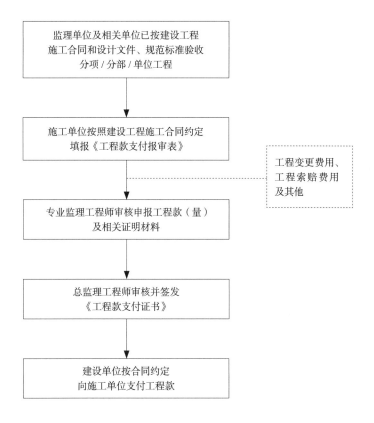

监理单位及相关单位已按建设工程施工合同和设计文件、规范标准验收分项/分部/单位工程

↓

施工单位按照建设工程施工合同约定填报《工程款支付报审表》

┈┈┈┈ 工程变更费用、工程索赔费用及其他

↓

专业监理工程师审核申报工程款（量）及相关证明材料

↓

总监理工程师审核并签发《工程款支付证书》

↓

建设单位按合同约定向施工单位支付工程款

10. 工程变更管理流程

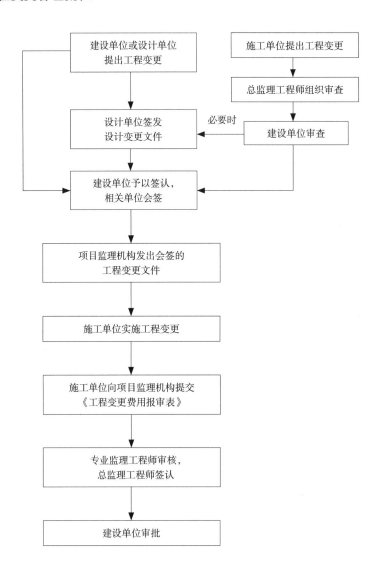

11. 工程延期管理流程

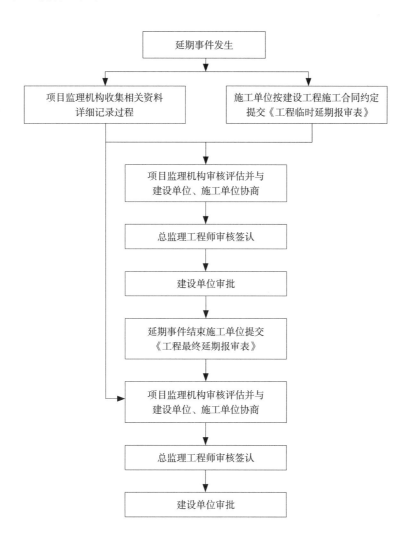

12. 施工费用索赔管理流程

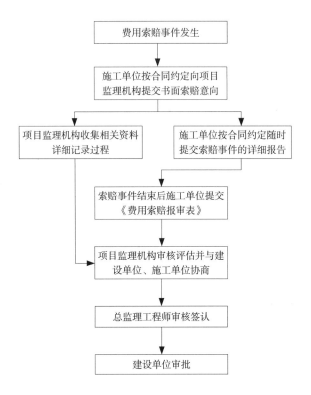

13. 合同争议处理流程

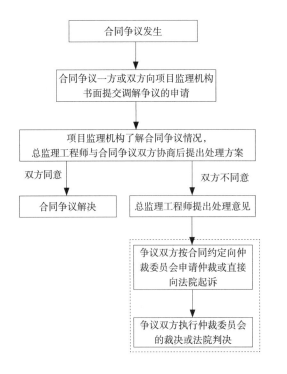

14. 工程暂停及复工管理流程

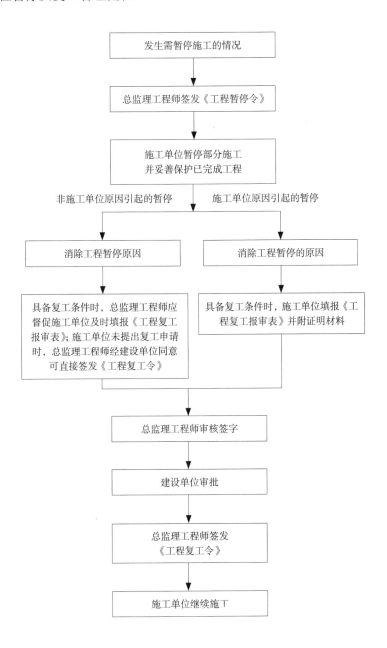

15. 监理文件资料管理流程

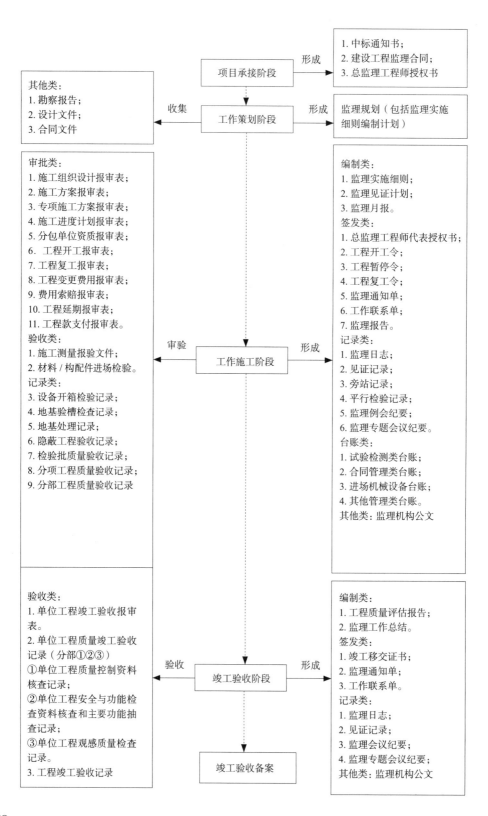

16. 信息管理工作流程

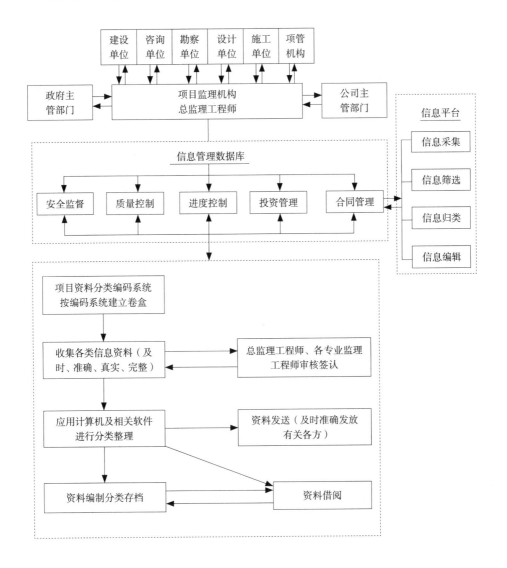

17. 危险性较大的专项施工方案的审查流程

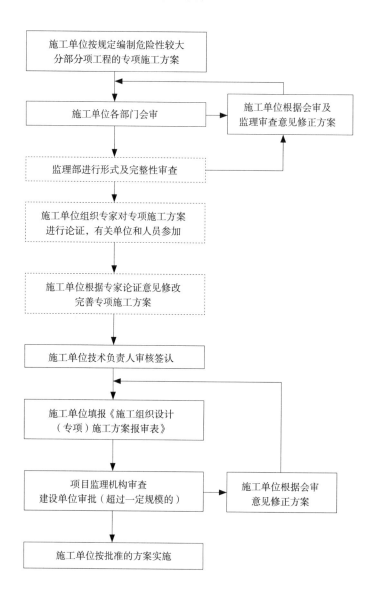

附录二 旁站监理专用表格

1. 钢结构安装旁站记录专用表

旁站记录（B-7）			资料编号		
工程名称					
旁站监理的关键部位、关键工序		钢结构安装	施工单位		
旁站开始时间		年月日时分	旁站结束时间		年月日时分
旁站关键部位、关键工序钢结构安装施工情况： 1. 钢构件是否已报验，是否有合格证，吊装单元主要尺寸是否与施工方案一致。 2. 施工机械设备、机具是否完好。　　　　　　　　　　　　　　□是　　□否 3. 钢构件吊装前是否进行小拼装。　　　　　　　　　　　　　　□是　　□否 4. 吊装位置脚手架是否搭设完成并通过验收。　　□不涉及　　□是　　□否 5. 安装螺栓定位销钉是否准备齐全，其材料是否已经报验。　□不涉及　　□是　　□否 6. 吊装钢构件编号及安装位置是否正确。　　　　　　　　　　　□是　　□否 7. 质检员、安全员、工长是否到岗。　　　　　　　　　　　　　□是　　□否 8. 安全、环保措施是否落实。　　　　　　　　　　　　　　　　□是　　□否 9. 安装操作共计多少人，其中持证多少人。　　　　　　　□落实　　□未落实					
监理工作 1. 检查钢结构支座是否弹出轴线、安装线，位置、标高是否符合设计要求。　　□是　　□否 2. 吊装构件时，是否有临时支撑以加强吊装单元的稳定性。　□不涉及　　□是　　□否 3. 构件吊装就位后，是否及时校正，检查构件的轴线、垂直度是否符合要求。　□是　　□否 4. 检查钢柱上下节是否对齐，其偏差值是否在允许偏差范围之内。　　　　　□是　　□否 5. 检查钢梁与牛腿是否对齐，其偏差值是否在允许偏差范围之内。　　　　　□是　　□否 6. 水平结构（网架、大梁）挠度值是否符合设计规定，偏差是否在规定范围内　□是　　□否 7. 垂直构件安装完后，临时支撑是否到位。　　　　　　　　　　　　　　　□是　　□否 8. 螺栓节点的安装质量是否符合相关规定。　　　　　　　　　　　　　　　□是　　□否 9. 焊接节点的焊缝质量是否符合设计和施工规范的相关规定。　　　　　　　□是　　□否					
发现问题及处理情况					
监理单位名称：北京建大京精大房工程管理有限公司					
旁站监理人员（签字）： 　　　　　　　　　　　年　月　日					

注：此表由旁站监理人员填写

2. 混凝土浇筑旁站记录专用表

旁站记录（B-7）		资料编号	
工程名称			
旁站监理的关键部位、关键工序	混凝土浇筑	施工单位	
旁站开始时间	年月日时分	旁站结束时间	年月日时分

旁站关键部位、关键工序混凝土浇筑施工情况：

1. 商品混凝土供应单位名称。

2. 本次浇筑混凝土强度等级、抗渗等级、坍落度设计值、本次混凝土浇筑量。

3. 施工通道是否畅通，通道及泵车地基是否坚实平整。　　　　　　□是　　　□否

4. 夜间施工照明是否充足。　　　　　　　　　□充足　□不充足　□非夜间施工

5. 施工机械设备及机具是否完好和运转正常，振捣的型、数量台。　　□是　　　□否；

6. 施工机具数量和操作人员数量是否满足施工要求。　　　　　　　　□是　　　□否

7. 质检员、工长、试验员等技术管理人员是否到位（质检员：）　　　□是　　　□否

8. 施工方法和浇筑顺序是否与批准的施工方案一致。　　　　　　　　□是　　　□否

9. 混凝土试块留置共计组；

　　　　其中见证：标养 7 天试块组，标养 28 天试块组，

　　　　　　　　　同条件试块 600℃·d 组；同转标组。

　　　　非见证：临界强度组，拆模试块组。

10. 混凝土浇筑开始时间，混凝土浇筑结束时间。

监理工作

1. 钢筋及预埋管线的隐检工作是否已报验签字。　　　　　　　　　□是　　　　　□否

2. 检查《混凝土浇灌申请书》、《预拌混凝土运输单》及《混凝土开盘鉴定》附水泥、砂石、掺和料检测报告（放射性、集料碱活性、混凝土碱含量、氯离子含量）资料是否齐全，是否与设计及规范要求一致。

　　　　　　　□资料齐全、符合设计规范要求　　□或资料不全、或不符合设计规范要求

3. 混凝土坍落度实测值。　　　　　　　　　　　　　□符合要求　　□不符合要求

4. 混凝土浇筑冬施入模温度。　　　　　　　　　　　□符合要求　　□不符合要求

5. 大体积混凝土测温孔留置数量和位置是否与方案一致。　□是　　　□否

6. 混凝土冬施期，测温孔留置数量与位置是否与方案一致。　□是　　　□否

7. 检查混凝土的振捣方法、浇筑顺序是否与施工方案一致。　□是　　　□否

8. 冲洗及湿润泵管稀水泥浆的处理方法，是否倒入结构混凝土中。　□是　　　□否

发现问题及处理情况

监理单位名称：北京建大京精大房工程管理有限公司

旁站监理人员（签字）：

年　　月　　日

注：此表由旁站监理人员填写

3. 装配式构件驻厂旁站记录专用表

旁站记录（B-7）			资料编号	
工程名称				
旁站监理的关键部位、关键工序		装配式构件驻厂	施工单位	
旁站开始时间		年月日时分	旁站结束时间	年月日时分

旁站关键部位、关键工序监理工作：
1、进场材料质量证明文件、报告、合格证是否齐全。　　　　□是　□否；
2. 生产车间排产时间；生产线编号，台车编号。
3. 台车底膜清理是否干净。□是 □否；脱模剂涂刷是否到位。　　□是　□否；
4. 混凝土缓凝剂涂刷是否均匀。□是 □否；构件脱模后，混凝土缓凝剂是否高压水清洗干净。□是　□否
5. 水平及竖向构件钢筋规格、强度、安装及预留钢筋锚固长度是否符合规范要求。　　□是　□否
6. 计划浇筑方量 m³，混凝土设计强度 C，塌落度设计值 mm，实测值 mm，是否符合要求。　□是　□否
7. 竖向构件保温是否采用混凝土夹心法。□是　□否；构件与保温板连接是否采用了以下连接件：①不锈钢针刺连接件。□是　□否。② PVC 倒刺连接件。□是　□否。是否符合设计要求。□是　□否
8、竖向构件预埋高压注浆套筒的规格、强度、预埋位置是否符合设计要求。　　□是　□否
9、混凝土入模温度℃，自然标养℃，蒸汽标养℃，标养设施是否符合规范要求。　□是　□否
10. 水平大于等于 4m 的构件，是否采取防止挠度变形措施。　　□是　□否
11. 车间生产线长、质检员是否到位。　　□是　□否

发现问题及处理情况

监理单位名称：

北京建大京精大房工程管理有限公司
旁站监理人员（签字）：
年　月　日

本表由监理单位填写并保存

4. 装配式结构安装旁站记录专用表

旁站记录（B-7）		编号	
工程名称			
旁站部位和工序	装配式结构安装	施工单位	
旁站开始时间		旁站结束时间	

旁站部位和工序施工情况：

1. 施工现场构件码放场地是否平整坚固，强度是否有承载构件的能力。	□是	□否
2. 竖向构件、水平构件码放，是否符合《装配式构件安装专项方案》技术要求。	□是	□否
3. 施工单位现场管理人员、安装工人是否有相关资质或上岗证书。	□是	□否
4. 构件吊装前，安装构件部位是否测量放线是否验收合格；安全设施是否符合要求。	□是	□否
5. 构件吊装前，施工单位安装工人是否已进行安全技术交底和安装技术交底。	□是	□否
6. 构件的型号、几何尺寸是否与工程实体安装部位相符合。	□是	□否
7. 吊装过程中，施工单位安全管理人员、质量管理人员是否在场。	□是	□否
8. 构件吊装就位工人人数名，是否能够满足施工过程需要。	□是	□否
9. 构件安装后支撑是否符合《装配式构件安装专项方案》技术要求。	□是	□否

监理工作

1. 构件表面标有型号和驻厂监理确认验收合格的标识。	□是	□否
2. 各种规格、型号构件进场质量证明文件 齐全，且与构件相对应。	□是	□否
3. 构件进场后已进行强度等级复查。	□是	□否
4 构件表面有裂纹、孔洞、伤痕等缺陷。	□是	□否
5. 吊环受力后，锚固区域混凝土有异常现象。	□是	□否
6. 吊装前、构件预留筋有严重弯曲和断裂，缺少等异常现象。	□是	□否
7. 构件就位后，预留筋进入现浇混凝土构件的锚固长度符合要求。	□是	□否
8. 构件安装就位位置、标高、垂直偏差符合相关规范、标准规定的允许偏差。	□是	□否
9. 构件就位吊钩卸载前，构件支撑体系符合要求，牢固可靠。	□是	□否

发现问题及处理情况

监理单位名称：北京建大京精大房工程管理有限公司

旁站监理人员（签字）：

年　月　日

注：此表由旁站监理人员填写

5. 装配式构件灌浆旁站记录专用表

旁站记录（B-7）		编号	
工程名称			
旁站部位和工序	装配式构件灌浆	施工单位	
旁站开始时间		旁站结束时间	

旁站部位和工序施工情况：	
1. 施工现场质检员是否到岗。	□是　　□否
2. 施工机具和操作人员数量是否满足施工要求。	□是　　□否
3. 施工环境温度是否灌浆要求。	□是　　□否
4. 夜产照明是否充足。非夜间施工。	□是　　□否
5. 灌浆料批号，灌浆料配合比，流动度，灌浆料使用总量。	
6. 灌浆料试块制作组，其中同条件试块组，28 天标养组。	

监理工作	
1. 检查灌浆孔及出浆孔是否存在堵塞。	□是　　□否
2. 检查灌浆料规格及出厂合格证等资料是否符合规范要求。	□是　　□否
3. 检查施工机具是否运行正常。	□是　　□否
4. 检查灌浆料是否按配合比要求进行拌合，流动度是否符合规范要求。	□是　　□否
5. 灌浆施工过程中是否发生封仓漏浆，或出浆口不出浆，采用的补灌浆工艺是否符合规范要求。	□是　　□否
6. 灌浆完成，现场施工是否按规范要求进行保压。	□是　　□否
7. 施工影像录制工作是否符合要求。	□是　　□否

发现问题及处理情况

监理单位名称: 北京建大京精大房工程管理有限公司

旁站监理人员（签字）:

年　月　日

6. 梁柱节点旁站记录专用表

旁站记录（表 B-7）		编号	
工程名称			

旁站部位和工序	梁柱节点	施工单位	
旁站开始时间		旁站结束时间	

旁站部位和工序施工情况：

1. 预拌混凝的供应单位为。

2. 浇筑混凝土部位的钢筋、模板、水电预留预埋已验收合格。   □是   □否

3. 柱核心钢筋加密区箍筋是否加密，间距是否符合设计要求。   □是   □否

4. 钢骨柱在梁柱节点钢筋连接方式符合设计要求。   □无钢骨柱   □是   □否

5. 混凝土的强度等级梁柱，坍落度设计值 mm。

6. 不同标号混凝施工缝是否做分隔处理。   □是   □否   □采用与梁同标号

7. 施工员、质检员、试验员等技术管理人员是否到位。   □是   □否

监理工作：

1. 模板工程检验批已办理验收手续。   □是   □否

2. 混凝土坍落度实测值 mm（与同期混凝土旁站记录相同）。

3. 梁柱核心区混凝土振捣是否密实。   □是   □否

4. 夜间施工照明是否充足。   □充足   □不充足   □非夜间施工

5. 施工机具数量和操作人员数量是否满足施工要求。   □是   □否

6. 施工方法和浇筑顺序与经审批的施工方案一致，施工正常。   □是   □否

发现问题及处理情况

监理单位名称：北京建大京精大房工程管理有限公司

旁站监理人员（签字）：

年   月   日

注：此表由旁站监理人员填写

7. 预应力张拉旁站记录专用表

旁站记录（B-7）		编号	
工程名称			
旁站部位和工序	预应力张拉	施工单位	
旁站开始时间		旁站结束时间	

旁站部位和工序施工情况：		
1. 张拉时混凝土的抗压强度是否达到设计要求数值或不低于混凝土设计强度的 75%。	□是	□否
2. 构件张拉端是否达到设计要求和施工规范相关要求。	□是	□否
3. 构件张拉时，工作面是否达到安全要求，安全措施是否到位。	□是	□否
4. 预应力筋或预应力钢丝束的品种、规格与数量、安装位置是否符合设计要求。	□是	□否
5. 锚具、夹具和连接器是否准备齐全。	□是	□否
6. 张拉设备校验工作是否满足相关要求。	□是	□否
7. 锚具进场后按规定抽样送试，试验结果是否合格。	□是	□否
8. 预应力筋张拉的操作人员的上岗证是否符合相关规定。	□是	□否

监理工作		
1. 锚具安装的偏差是否符合相关规定。	□是	□否
2. 预应力张拉设备安装是否符合相关规定。	□是	□否
3. 张拉程序是否为 0 → 105% 6 con →（持荷 2 分钟）100% 6 con（锁定）。	□是	□否
4. 张拉程序是否为 0 → 103% 6 con（锁定）。	□是	□否
5. 最大张拉力实际值 kN。		
6. 锚具变形和预应力筋内缩量 mm。		
7. 张拉完毕后预应力筋的外露长度是否符合设计及规范要求。	□是	□否
8. 后张法有粘结预应力筋张拉后在孔道灌浆前对孔道是否进行清洗。	□是	□否
9. 后张法有粘结预应力构件孔道灌浆的水灰比是否在 0.4 ~ 0.45。	□是	□否
10. 孔道灌浆时，灌浆顺序是否从构件中央开始。	□是	□否
11. 灌浆孔是否从中央向两端逐个出水泥浆后再封赌直至排气孔出浆为止。	□是	□否
12. 是否采用二次灌浆工艺。	□是	□否

发现问题及处理情况

监理单位名称：北京建大京精大房工程管理有限公司

旁站监理人员（签字）：

年 月 日

注：此表由旁站监理人员填写

8. 卷材防水旁站记录专用表

旁站记录（B-7）		编号	
工程名称			
旁站部位和工序		施工单位	
旁站开始时间		旁站结束时间	

旁站部位和工序施工情况：

1. 旁站部位：(轴线) 至 (轴线) 或区段。

2. 防水工程分包单位名称。
   防水卷材生产厂家名称。

3. 防水卷材名称型号、厚度 mm、胎基。是否与报验的材料一致。	□是	□否
4. 质检员、工长或技术管理人员是否到位。	□是	□否
5. 防水施工工艺是否与防水施工方案一致。	□是	□否
5. 防水施工的工艺及技术要求是否进行了书面交底。	□是	□否
7. 使用机具工具数量是否满足施工需求。	□是	□否
8. 防水施工前穿过防水层的管道、设备和预埋件是否已安装完成或处理完毕。	□是	□否

监理工作

1. 防水施工工艺做法是否符合规范及施工方案的要求。	□是	□否	
2. 基层清理、阴阳角的处理是否经报验合格。	□是	□否	
3. 检查防水基层的表面处理剂是否漏刷。	□是	□否	
4. 阴阳角、管根、变形缝等细部构造的附加层处理是否符合要求。	□是	□否	
5. 卷材长边搭接（较短处）mm；短边搭接（较短处）mm；是否符合要求。	□是	□否	
6. 铺贴卷材是否有翘边、空鼓、皱折现象。	□有	□无	□基本无
7. 立面卷材收头是否符合施工方案和设计要求。	□是	□否	

发现问题及处理情况

监理单位名称：北京建大京精大房工程管理有限公司

旁站监理人员（签字）：

年　月　日

注：此表由旁站监理人员填写

附录三　住宅工程质量常见问题监理要点

住宅工程质量不仅仅涉及人民的生命财产安全，同时也影响着和谐社会的发展与稳定。因此，不断努力提高住宅工程质量，是监理工作的长期课题与永恒的主题。

一、工作目标

以科学发展观为指导，坚持以人为本，突出质量常见问题专项治理重点，准确把握常见问题产生的根源，坚持技术与管理并重、质量行为与工程实体质量齐抓，严格质量责任落实，强化激励约束措施，构建质量常见问题治理长效机制，有效预防和治理质量常见问题，全面提升住宅工程质量水平。

二、主要任务

治理范围：新建住宅工程特别是保障性安居工程。

治理重点：渗漏、裂缝以及水暖、电气、节能保温等方面影响使用功能的质量常见问题。各项目监理部要结合实际，在上述治理重点基础上补充、细化确定住宅工程质量常见问题专项治理重点。

三、常见的住宅工程质量问题

1. 裂缝。包括墙体裂缝及楼板裂缝。裂缝分为强度裂缝、沉降裂缝、温度裂缝、变形裂缝，产生的原因包括材料强度不够，结构、墙体受力不均，抗拉、抗挤压强度不足，楼体不均匀沉降，建筑材料质次，砌筑后干燥不充分等。

2. 渗漏。由于防水工艺不完善、防水材料质量不过关等导致屋面渗漏，厨房、卫生间向外的水平渗漏，以及向楼下的垂直渗漏，垂直渗漏多见于各种管线与楼板接合处。在雨季及厨房、卫生间用水量大时，渗漏严重会影响使用人的正常生活，破坏地面装修，影响楼上楼下的邻里关系。

3. 墙体空，墙皮脱落。墙体内部各砌块、层面之间连接不好，在压力、温差等作用下形成中空，致使墙体整体抗压能力降低，表面粉刷层易于脱落。有时在没有形成空鼓的情况下，由于墙表面粉刷材料质次，粉刷工艺不合要求，也会造成墙皮大面积脱落。

4. 隔声、隔热效果差。住宅楼内户与户之间、户内各厅室之间隔断墙及楼板隔声、减震效果不好,达不到私密性的要求;屋面、外墙冬天降温快,夏天升温快,达不到保温、隔热的要求。上述现象产生的原因在于墙体、屋面隔声、隔热材料厚度不够,材料质次,或者施工工艺不合要求。

5.门、窗密闭性差、变形。有的门窗自安装开始,有的在使用一段时间后即出现密闭不好、部分材质或整体变形的问题,严重者起不到隔断视线、挡风遮雨的效果,有的无法关闭、开启。产生上述问题的原因在于选用材料质量不好,木材干燥程度不够或在安装后受到潮湿侵袭,做工粗糙。门窗质量问题一般危害性不大,只需局部修整或替换即可。

6.上下水跑冒滴漏。跑冒滴漏现象浪费资源,影响人的正常生活,形成的原因在于上下水管线水平、垂直设计不够合理,水龙头、抽水马桶等质量不过关。

7.水、电、暖、气的设计位置不合理。包括水池、浴盆、蹲(坐)便器、水表、地漏、电源开关、电源插座、电表、暖气片、煤气灶、煤气表等设计种类不完善,设计位置与日常生活要求不符,影响家具布置。有的用电设备甚至存在漏电、火灾隐患。

四、住宅工程质量常见问题防治措施

（一）各参建方的管理措施

目前建筑工程的施工仍然是以手工操作为主,工程施工过程中同时进行操作的专业工程多,使用的建筑材料、建筑构配件规格品种繁杂;工种间的相互配合情况、操作人员的素质和责任心;工程质量管理制度是否健全,是否认真执行各种技术规范和规程,是否按建筑工程施工质量验收规范规定的责任、程序、方法进行严格的验收;以及个别建设单位、施工单位片面地追求工期和经济效益,以低于工程成本的价格承发包工程或肢解发包工程的行为,都是引起工程质量通病的因素。所以,消除工程质量通病,首先就要从加强质量管理入手,防控通病的发生。重点采取以下措施:

1.建设单位

（1）建设单位在组织项目实施过程中,应严格遵守国家的法律、法规要求,将项目的施工或监理业务发包或委托给具有相应资质等级的施工、监理单位;不得肢解发包工程;应向施工单位提出质量目标要求,并不得随意压缩住宅工程建设的合理工期。

（2）由建设单位自行采购的建筑材料、建筑构配件,应遵守国家的有关规定,严格按合同约定督促供货单位保证建筑材料、建筑构配件的质量;由建设单位委托的构、配件制作、安装单位,应服从总包单位按规定对其进行管理。

2.设计单位

设计单位在住宅工程设计中,应采取控制质量通病的相应设计措施,并将通病控制的设计措施和技术要求向相关单位进行设计交底。

3.施工单位

（1）要求施工单位加强宣传力度,提高施工管理和操作人员对工程质量通病危害性的认识。治理通病重在预防。要提高有关管理人员在思想上对防控工程质量通病重要意义的认识，广泛宣传工程质量通病对建筑工程产生的影响和危害，并通过典型案例宣传、实例剖析等方式，提高有关人员对通病危害性的认识，切实把防控工程质量通病作为工程建设管理中的一件大事来抓，尤其是对一些常见的、危害性较大的质量通病，更要进行大力宣传，形成人人皆知、老鼠过街人人喊打、人人诛之的局面。

（2）要求施工单位加强从业人员的岗位培训，提高施工管理人员和操作者的专业技术水平，增强其责任心。要使其掌握防控通病的主要方法，并能严格按批准的施工组织设计、施工方案和技术措施进行精心管理和操作，真正做到内业指导外业；施工组织设计，施工方案和技术措施要统筹兼顾各专业的相关问题，尤其是各专业工种间的相互配合问题。施工方案和技术措施中有防治通病的专篇，且针对性要强，措施要具体。

（3）要求施工单位建立健全各项施工质量管理的规章制度，完善质保体系。以制度做保障，加强施工过程中的质量控制。做到每个分项的每个施工部位都能责任到人，且留有记录，使其具有可追溯性。

（4）要求施工单位认真编写《住宅工程质量通病控制施工措施》，经监理单位审查、建设单位批准后实施。

监理单位应审查施工单位提交的《住宅工程质量通病控制方案和施工措施》，提出具体要求和监控措施，并列入《监理规划》和《监理实施细则》。

（5）要求施工单位严格按照国家和地方施工质量验收标准所规定的质量验收责任、程序和验收方法进行验收。施工单位要严格执行三检制，并严格履行验收签字程序，对于验收不合格的，坚决不允许进入下道工序的施工。

（6）要求施工单位加强对搅拌站和计量器具的管理，严格按照规定的搅拌管理制度进行操作和控制，对所有材料都要采用重量比，并计量准确；对有试配要求的砂浆、混凝土等，必须先进行试配，调整合格后方可按确定的配比进行施工。

（7）要加强对原材料，建筑构配件和建筑设备的现场验收。重点检查合格证、试化验单；按规定应进行复试的材料须在投入使用前及时复试，经检验合格后方可投入使用。建筑原材料、建筑构配件和建筑设备的现场验收一定要履行签字手续，做到责任到人。

（8）要加强对混凝土和预拌混凝土试块制作和养护工作的管理。混凝土和预拌混凝土试块的取样应具有代表性，严格按规范要求的组数留置试块，现场配备标养设备，并按规定要求进行养护，避免由于试块的制作、养护及留置数量不正确，影响对混凝土强度评价的准确性。

4. 监理单位

（1）项目监理部应针对工程特点，将易发生质量通病的检验批、分项工程或节点部位作为质量控制的重点，纳入《监理规划》或《监理实施细则》，并在施工中进行重点控制。

（2）监理人员应按规定认真做好巡视、旁站和检验批、分项工程、分部工程的质量验收工作；在材料、构配件进场、使用过程中，要通过外观检查、批量检查、证、物对照和见证取样、见证送检等监理活动，把好材料、构配件的验收、使用关；不合格的检验批不能流入下道工序，不合格的建筑材料不能进入施工现场。要保证监理活动的公正性、有效性和及时性，确保建筑工程质量。

（二）住宅工程质量常见问题技术防治措施

1. 地基基础工程

（1）质量问题：地基基础产生较大沉降、不均匀沉降

①对设计文件的控制

A. 地基基础设计应明确沉降控制值（沉降和差异沉降），对符合《建筑地基基础设计规范》GB 50007—2002 中第 3.0.2 条等规定的，必须进行变形验算，变形计算值不应大于表 1 的相应允许值。

建筑物的地基变形允许值　　　　　　　　　　　　　　　　表 1

变形特征		平均值	最大值
沉降量（mm）		150	—
砌体承重结构 基础的局部倾斜		中、低压缩性土 0.002t 高压缩性土 0.003t	0.003 0.004
框架结构相邻柱基沉降差（mm）		中、低压缩性土 0.002t 高压缩性土 0.003t	0.003t 0.004t
整体倾斜	$Hg \leqslant 24$	0.004	0.005
	$24 < Hg \leqslant 60$	0.003	0.004
	$60 < Hg \leqslant 100$	0.002	0.0025
	$Hg > 100$	0.0015	0.002
沉降速率（mm/天）	验收标准 （变形曲线逐步收敛且）	高层 0.06 多层及以下 0.10	0.08 0.12
	稳定标准	高层 0.01；多层及以下 0.04	

注：t 为相邻柱基的中心距离（mm）；Hg 为从室外地面算起的建筑物高度（m）。

B. 同一结构单元不应采用多种类型的地基基础设计方案（如天然地基、地基处理、摩擦桩、端承桩等），当必须采用两种或两种以上地基基础方案时，应采取设置沉降缝等措施控制差异沉降。

C. 建筑物地基基础采用桩基时，同一结构单元桩端应置于同一地基持力层上。

D. 层数超过相差超过 10 层或平面布置复杂的建筑物，应设置沉降缝；确有困难的，必须设置沉降后浇带。后浇带应在主体结构封顶或沉降速率达到稳定标准、预估沉降差异可满足设计要求，并经设计认可后方可封堵。

E.建筑物在施工和使用时间应进行沉降观测。设计等级为甲级、地质条件复杂、设置沉降后浇带及软土地区的建筑物，沉降观测应由有资质的检测单位检测，测量精度不低于Ⅱ级。工程竣工验收时，沉降没有达到稳定标准的，沉降观测应继续进行。

②对施工的控制

A.施工前，应编制详细的施工组织设计方案，并按规定程序审批。

B.施工机械必须鉴定合格，计量设备应经计量标定且能保证正常工作，主要工种施工人员应持证上岗。

C.施工中采用的钢材、水泥、砂子、外加剂、预制构件等材料应有出厂合格证，进场要进行外观等检查，需要进场检验的应按规定抽样检测，不符合要求的不得使用。

D.采用桩基和地基处理的，若缺乏地区经验时，必须在开工前进行施工工艺试验。设计等级为甲、乙级的建筑物，单桩竖向承载力特征值 Ra 或地基处理后承载力特征值 fspk 应按规范根据静载荷试验确定。试验数量不少于总桩数的 1% 且不少于 3 根（处）。

E.桩基（地基处理）工程施工，应保证有效桩长和进入持力层深度。当以桩长控制时，应有计量措施保证；当以持力层控制时，预制桩、沉管灌注桩等应严格控制压力值（电流值、锤击数），确保进入持力层和进入持力层深度，钻孔（人工挖孔）灌注桩应对持力层岩（土）性质进行鉴别验收，在清孔，孔底沉渣（虚土）厚度满足设计要求后，及时封底和浇筑混凝土。

F.桩基（地基处理）施工后，应有一定的休止期，挤土时砂土、黏性土、饱和软土分别不少于 14 天、21 天和 28 天，保证桩身强度和周边土体的超孔隙水压力的消散和被扰动土体强度的恢复。

G.桩基（地基处理）工程验收前，按规范和相关文件规定进行桩身质量（地基强度）、承载力检验。检验结果不符合要求的，在扩大检测和分析原因后，由设计单位核算出具处理方案进行加固处理。

（2）质量问题：桩身质量（地基处理强度）不符合要求

①对设计文件的控制

A.人工挖孔桩不应用于软土或易发生流砂的场地。地下水位高的场地，应先降水后施工。有砂卵石、卵石或流塑淤泥夹层土层中，在没有可靠措施时，不宜采用挖孔桩。

B.水泥土搅拌法不应用于泥炭土、有机质土、塑性指数 Ip 大于 25 的黏土、地下水具有腐蚀性土的处理。无工程经验的地区，必须通过现场试验确定基适用性。

C.当桩尖位于基岩表面且岩层坡度大于 10% 时，桩端应有防滑措施。

②对施工的控制

A.桩基施工时应严格监测，垂直偏差应小于 0.5%；采用沉管复打时，应保证两次沉管的垂直度的一致；施工中遇大块石等障碍物导致桩身（管）倾斜时，应及时予以清除或处理。

B.对预制桩进场检验结果有怀疑时，应进行破损和抗弯试验（管桩，同一生产厂家、同一规格的产品，每进场 300 节必须各抽一节做破损检验和见证取样抗弯验），对桩身开裂等超过规定的不合格桩不应使用。

C. 灌注桩混凝土浇筑

a. 浇筑顶面应高于桩顶设计标高和地下水位 0.5 ~ 1.0m 以上，确有困难时，应高于桩顶设计标高少于 2m，混凝土浇筑测量桩顶标高，当混凝土充盈系数异常（小于 1.0 或大于 1.3）时，应分析原因并采取措施进行处理。

b. 在有承压水的地区，应采用坍落度小、初凝时间短的混凝土，混凝土的浇筑标高应考虑承压水头的不利影响。

c. 钢筋笼应焊接牢固，并采用保护块（水下混凝土每 2 ~ 3m 设立一层，每层 3 ~ 4 块）、木棍、吊筋固定，以控制钢筋笼的位置。

D. 沉管灌注桩

a. 预制桩尖的强度和配筋应符合要求，拔管之前先测量孔内深度，以防预制桩尖进入桩管。

b. 严格控制拔管速度，一般土层 1 ~ 1.2m/min，软土地区 0.6 ~ 0.8m/min，在地质软硬层分界处，可采用停震反插。

c. 复打桩复打拔管后，应清除管壁泥土；反插时，反插深度不应大于活瓣桩尖的 2/3 或不大于 0.5 ~ 1.0m。

E. 钻孔灌注桩

a. 护筒底部应安放在不透水层并保证稳定。

b. 泥浆护壁钻孔桩在钻进过程中及清孔前，应在泥浆顶部和孔底分别测量泥浆性能，泥浆比重一般为 1.1 ~ 1.3，在卵石、砂卵石或塌孔回填重钻孔时，应为 1.3 ~ 1.5；在钻进过程中应保证护筒内的水头高度高于地下水位 1 ~ 2m 以上。

c. 成孔后应采用井径仪和沉渣仪分别测量孔径和沉渣厚度，数量均不少于总桩数的 10%；挤扩桩成孔后，应采用井径仪全数检查扩径尺寸。

d. 泥浆护壁钻孔桩二次清孔后 2 小时内（嵌入遇水软化、膨胀岩中的桩基 0.5 小时内）必须浇筑混凝土，否则应重新清孔；混凝土浇筑前应对导管连接密封性进行水压试验，浇筑过程中导管埋深应控制在 1 ~ 6m，每次拆除导管长度不应大于 5m，在每次拔管和拆除导管前，应测量导管内外的混凝土标高。

F. 人工挖孔桩

a. 采用砖砌护壁时，不应干码堆砌，砌体、砌筑质量及砂浆试块的留置应符合砌体验收规范的要求，砌体与土体之间必须用 M5.0 以上的砂浆填实。

b. 持力层为泥岩等遇水软化岩土层时，验孔后应采用高于桩身强度一个等级或以上，且不低于 C30 的干硬混凝土封底。

c. 混凝土浇筑前应对孔中积水排除干净，混凝土浇筑时，应采用串筒或溜槽，每次浇筑混凝土的厚度不大于振捣棒影响深度的 1.5 倍，当孔中积水或帮淋水较多时，必须采用水下混凝土浇筑。

G. 水泥搅拌桩

a. 施工前对局部泥炭土、有机质土、暗塘（浜）进行挖除换土，对松散填土区宜采取压实处理措施。

b. 计量（压力、灰浆泵入量、深度等）器具应经标定并保证正常工作。

c. 施工中保证供浆的连续性，控制水灰比、喷浆压力（0.4 ~ 0.6MPa）、喷浆提升速度（0.3 ~ 0.5m/min）和每米每次的喷浆量并专人记录；因故停浆时，应将搅拌头下沉至停浆点以下 0.5 米处，待恢复时提升喷浆。

d. 水泥土搅拌桩应在成桩 7 天内，按总桩数的 2%，用轻便触探检查桩身均匀性和判断桩身强度；成桩 7 天后，按总桩数的 5%，开挖桩头检查搅拌均匀性和成桩直径。

H. 桩基（地基处理）施工中，应合理安排机械行走路线，避免压坏（偏）已施工的桩基等；表层土应有足够的承载力保证机械行走过程中的稳定性；承载力不满足要求时，应在表层采取铺垫等压实处理措施。

2. 地下防水工程

（1）质量问题：地下防水混凝土结构裂缝、渗水

①对设计文件的控制

A. 设计中应充分考虑地下水、地表水和毛细管水对结构的作用，以及根据人为因素引起的周围水文地质变化的影响确定设防高度。

B. 地下室墙板宜优先采用变形钢筋，配筋应细而密，网片钢筋间距应小于等于150mm，分布宜均匀；水分布钢筋设置在竖向钢筋外侧。对水平断面较大变化处，宜增设抗裂钢筋。

C. 地下结构用混凝土，应采用防水混凝土；自防水混凝土设计时，应采取预防混凝土收缩的措施。

D. 结构设计时，应根据平面形状、荷载、地区变化等合理设置后浇带和变形缝。

E. 设计图中应注明或绘制加强带、后浇带、变形缝和施工缝等构造详图。

②对材料的控制

防水混凝土掺入的外加剂掺合料应按规范复试符合要求后使用，其掺量应经试验确定。

③对施工的控制

A. 浇筑混凝土前应考虑混凝土内外温差的影响，采取适当的措施。

B. 防水混凝土结构内部设置的各种钢筋或绑扎的低碳钢丝不应接触模板。固定模板穿过的螺栓应加焊止水环。拆模后，将留下的凹槽封堵密实，并在迎水面涂刷防水涂料。

C. 采用预拌混凝土，其质量指标应在合同条款中明确，施工时加强现场监控力度，安排专人检测混凝土的坍落度，其和易性应满足要求。

D. 混凝土采用分层浇筑，泵送混凝土每层厚度宜为 500 ~ 700mm，插入式振动器分层捣固，板面应用平板振动器振捣，排除泌水，进行二次收浆压实。

E. 防水混凝土水平构件表面覆盖塑料薄膜或双层草袋浇水养护，竖向构件宜采用喷涂养护液进行养护，养护时间不少于 14 天。

（2）质量问题：变形缝渗、漏水

①对设计文件的控制

A. 地下工程的变形缝宜设置在结构截面的突变处、地面荷载的悬殊段和地质明显不同的地方。

B. 地下工程宜减少变形缝。当必须设置时，应根据该地下水压、水质、防水等级、地基和结构变形情况，选择合适的构造形式和材料。

②对材料的控制

当地下水压大于 0.03MPa，环境温度在 50℃以下，且不受强氧化剂作用，变形量较大时，可采用埋入式止水带和表面附贴式橡胶止水带相结合的防水形式，变形缝内还可嵌止水条止水；对环境温度高于 50℃外的变形缝，可采用 2mm 厚的紫铜片或 3mm 厚的不锈钢等金属止水带；有油类侵蚀的地方，可选用相应的耐油橡胶止水带或塑料止水带；无水压的地下工程，可用卷材防水层防水。

③对施工的控制

A. 地下工程在施工过程中，应保持地下水位低于防水混凝土 500mm 以上，并应排除地下水。

B. 金属止水带宜折边，连接接头应满焊、焊缝严密。

C. 用木丝板和麻丝或聚氯乙烯泡沫塑料板作填缝材料时，随砌随填，木丝板和麻丝应经沥青浸湿。

D. 埋入式橡胶或塑料止水带施工时，严禁在止水带的中心圆圆环处穿孔，应埋设在变形缝横截面的中部，木丝板对准圆环中心。止水带接长时，其接头应锉成斜坡，毛面搭接，并用相应的胶粘剂粘结牢固。金属止水带接头应采用相应的焊条仔细满焊。

E. 采用膨胀止水带嵌缝，止水带必须具有缓胀性能，使用时应防止先期受水浸泡膨胀。

F. 表面附贴式橡胶止水带的两边，填防水油膏密封。金属止水带压铁上下应铺垫橡胶垫条或石棉水泥布，以防渗漏。

（3）质量问题：后浇带部位渗漏、漏水

①对设计文件的控制

A. 后浇带部位应采取加强防水措施，并有构造详图。

B. 后浇带混凝土应采取抗裂措施。

C. 后浇带缝处应采取防水措施。

②对施工的控制

A. 底板、顶板不宜留施工缝，底拱、顶拱不宜留纵向施工缝。

B. 墙体不应留垂直施工缝。墙体水平施工缝不应留在剪力与弯矩最大处或底板与侧墙交接处，应留在高出底板不小于 300mm 的墙体上。

C.后浇带施工缝浇筑混凝土前，应将其表面浮浆和杂物清除，并凿到密实混凝土，再铺设去石水泥砂浆。浇筑混凝土时，先浇水湿润，再及时浇灌混凝土，并振捣密实。

D.后浇带混凝土应进行养护。

（4）质量问题：柔性防水层空鼓、裂缝、渗漏水

①对设计文件的控制

A.应选用耐久性和延伸性好的防水卷材或防水涂料作地下柔性防水层，且柔性防水层设置在迎水面。

B.柔性防水层的基层宜采用 1∶2.5 水泥砂浆找平。

②对施工的控制

A.找平层表面应清理干净、干燥，如有污物、油渍等，应洗刷干净，晒干后方可施工。

B.柔性防水层施工期间，地下水位应降至垫层 300mm 以下。

C.柔性防水层前，先涂刷基层处理剂，卷材宜采用满贴法铺贴，确保铺贴严密；防水材料应薄涂多遍成活。

D.柔性防水层的施工应符合相关规范和操作规程的要求。

E.柔性防水层施工完毕后，应采取可靠的保护措施。

3.砌体工程

（1）质量问题：砌体裂缝

①对设计文件的控制

A.建筑物外围结构应采用符合节能规范和标准要求的保温措施，且优先采用外墙外保温措施。

B.建筑物长度大于 40m 时，应设置变形缝；当有其他可靠措施时，可在规范范围内适当放宽。

C.顶层圈梁、卧梁高度不宜超过 300mm。有条件时（防水及建筑节点处理较好）宜在顶屋盖和墙体间设置水平滑动层。外墙转角处构造柱的截面积不应大于 240mm×240mm；与楼板同时浇筑的外墙圈梁，其截面积高度应不大于 300mm。

D.砌体工程的顶层和底层应设置通长现浇钢筋混凝土窗台梁，高度不宜小于 120mm，纵筋不少于 $4\phi10$，箍筋 $6\phi@200$；其他层在窗台标高处，应设置通长现浇钢筋混凝土板带，板带的厚度不小于 60mm，混凝土强度等级不应小于 C20，纵向配筋不宜少于 $3\phi8$。

E.顶层门窗洞口过梁宜结合圈梁通长布置，若采用单独过梁时，过梁伸入两端墙内每边不少于 600mm，且应在过梁上的水平灰缝内设置 2～3 道不小于 $2\phi6@300$ 通长焊接钢筋网片。

F.顶层及女儿墙砌筑砂浆的强度等级不应小于 M7.5。粉刷砂浆中宜掺入抗裂纤维或采用预拌混凝土砂浆。

G.混凝土小型空心砌块、蒸压加气混凝土砌块等轻质墙体，当墙长大于 5m 时，应增设间距不大于 3m 的构造柱；每层墙高的中部应增设高度为 120mm，与墙体同宽

的混凝土腰梁，砌体无约束的端部必须增设构造柱，预留的门窗洞口应采取钢筋混凝土框加强。

H. 当框架顶层填充墙用灰砂砖、粉煤灰砖、混凝土空心块、蒸压加气混凝土砌块等材料时，墙面粉刷应采取满铺镀锌钢丝网等措施。

I. 屋面女儿墙不应采用轻质墙体材料砌筑。当采用砌体结构时，应设置间距不大于 3 m 的构造柱和厚度不少于 120mm 的钢筋混凝土压顶。

J. 洞口宽度大于 2m 时，两边应设置构造柱。

②对材料的控制

A. 砌筑砂浆应采用中、粗砂，严禁使用山砂和混合粉。

B. 蒸压灰砂砖、粉煤灰砖、加气混凝土砌块的出釜停放期不应小于 28 天，不宜小于 45 天；混凝土小型空心砌块的龄期不应小于 28 天。

③对施工的控制

A. 填充墙砌至接近梁底、底板时，应留有一定的空隙，填充墙砌筑完并间隔 15 天以后，方可将其补砌挤紧；补砌时，对双侧竖缝用高强度等级的水泥砂浆嵌填密实。

B. 框架柱间填充墙拉结筋应满足砖模数要求，不应折弯压入砖缝。拉结筋宜采用预埋法留置。

C. 填充墙采用粉煤灰砖、加气混凝土砌块等材料时，框架柱与墙的交接处宜用 15mm×15mm 木条预先留缝，在加贴网片前浇水湿润，再用 1∶3 水泥砂浆嵌实。

D. 通长现浇钢筋混凝土板带应一次浇筑完成。

E. 砌体结构砌筑完成后宜 60 天再抹灰，并不少于 30 天。

F. 每天砌筑高度宜控制在 1.8m 以下，并应采取严格的防风、防雨措施。

G. 严禁在墙体上交叉埋设和开凿水平槽；竖向槽须在砂浆强度达到设计要求后，用机械开凿，且在粉刷前，加贴钢丝网片等抗裂材料。

H. 宽度大于 300mm 的预留洞口应设钢筋混凝土过梁，并且伸入每边墙体的长度应不小于 250mm。

（2）质量问题：砌筑砂浆饱满度不符合规范要求

①对材料的控制

砌筑砂浆宜优先用预拌砂浆，预拌砂浆的性能应满足莎江苏省工程建设强制性标准《预拌砂浆技术规程》DGJ32 的规定。加气混凝土、小型砌块等砌筑砂浆宜使用专用砂浆。

②对施工的控制

A. 砖砌体工程应采用"三一法"砌筑；砌块工程当采用铺浆法砌筑时，铺浆长度不应超过 500mm，且应保证顶头缝砂浆饱满密实。

B. 应严格控制砖砌筑时的含水率。应提前 1 ~ 2 天浇水湿润，砌筑时块体材料表面不应有浮水，各种砌体砌筑时，块体材料含水率应符合以下要求：

a. 黏土砖、页岩砖：10% ~ 15%。

b. 灰砂砖：8% ~ 12%。

c. 轻骨料混凝土小型空心砌块：5% ~ 8%。

d. 加气混凝土砌块：≤ 15%。

e. 粉煤灰加气混凝土砌块：≤ 20%。

f. 混凝土砖和小型砌块：自然含水率。

砌筑施工时，监理人员应在现场对含水率进行抽查。

C. 施工洞、脚手眼等后填洞口补砌时，应将接槎处表面清理干净，浇水湿润，并填实砂浆。外墙等防水墙面的洞口应采用防水微膨胀砂浆分次堵砌，迎水面表面采用1：3 防水砂浆粉刷。孔洞填塞应由专人负责，并及时办理专项隐蔽验收手续。

（3）质量问题：砌体标高、轴线等几何尺寸偏差

①对设计文件的控制

A. 卧室、起居室（厅）室内净高不应低于 2.4m，局部净高不应低于 2.1m（其面积不应大于室内使用面积的 1/3）；走道、楼梯平台及作贮藏间、自行车库和设备用房的（半）地下室，其净高不应低于 2m；楼梯梯段净高不应低于 2.2m。

B. 住宅公用外门、进户门及其他内门的门洞最小尺寸应符合《住宅设计规范》GB 50096 的要求，其尺寸不应包括装饰面层厚度的净尺寸。

②对施工的控制

A. 砌体施工时应设置皮数杆，皮数杆上应标明皮数及竖向构造的变化部位。砌筑完基础或每一楼层后，应及时弹出标高和轴线控制线。施工人员应认真做好测量记录，并及时报监理验收。

B. 装饰施工前，应认真复核房间的轴线、标高、门窗洞口等几何尺寸，发现超标时，应及时进行处理。

C. 室内尺寸允许偏差应为符合下列规定：

a. 净高度为 ±18mm；

b. 室内与垂直线偏差小于 0.3%，且小于 15mm；

c. 楼板水平度：5mm/2m。

4. 混凝土结构工程

（1）质量问题：混凝土结构裂缝

①对设计文件的控制

A. 住宅的建筑平面应规则，避免平面形状突变。当平面有凹口时，凹口周边楼板的配筋应适当加强。当楼板平面形状不规则时，应调整平面或采取构造措施。

B. 钢筋混凝土现浇楼板（以下简称现浇板）的设计厚度不宜小于 120mm，厨房、浴厕、阳台板不应小于 90mm。

C. 当阳台挑出长度 L ≥ 1.5m 时，应采用梁式结构；当阳台挑出长度 L < 1.5m

且需采用悬挑板时，其根部板厚不小于 L/10 且不小于 120mm，受力钢筋直径不应小于 10mm。

D. 建筑物两端开间及变形缝两侧的现浇板应设置双层双向钢筋，其他开间宜设置双层双向钢筋，钢筋直径不应小于 8mm，间距不应大于 100mm。其他外墙阳角处应设置放射形钢筋，钢筋的数量不应少于 7ϕ10，长度应大于板跨的 1/3，且不应小于 2000mm。

E. 在现浇板的板宽急剧变化、大开洞削弱处等易引起应力集中处，钢筋直径不应小于 8mm，间距不应大于 100mm，并应在板的上表面布置纵横两个方向的温度收缩钢筋。板的上、下表面沿纵横两个方向的配筋率均应符合规范要求。

F. 室外悬臂板挑出长度 L ≥ 400mm、宽度 B ≥ 3000mm 时，应配抗裂分布钢筋，直径不应小于 6mm，间距不应大于 200mm，抗裂分布筋如图。

G. 梁腹板高度 hw ≥ 450mm 时，应在梁两侧面设置腰筋，钢筋直径不应小于 12mm，每侧腰筋配筋率 As > bhw/1000，间距不大于 200mm。

H. 钢筋混凝土现浇墙板长度超 20m 时，钢筋应采用细而密的布置方式，钢筋的间距宜 ≤ 150mm。

I. 现浇板混凝土强度等级不宜大于 C30。

J. 现浇板混凝土强度等级不宜大于 C30。

②对材料的控制

A. 水泥宜优先采用早期强度较高的硅酸盐水泥、普通硅酸盐水泥，进场时应对其品种、级别、包装或批次、出厂日期和进场的数量等进行检查，并应对其强度、安定性及其他必要的性能指标进行复验。

B. 混凝土应采用减水率高、分散性能好、对混凝土收缩影响较小的外加剂，其减水率不应低于 12%。掺用矿物掺合料的质量应符合相关标准规定，掺量应根据试验确定。

C. 现浇板的混凝土应采用中、粗砂。

D. 预拌混凝土的含砂率、粗骨料的用量应根据试验确定。

E. 预拌混凝土应检查入模坍落度，取样频率同混凝土试块的取样频率，但对坍落度有怀疑时应随时检查，并作检查记录。高层住宅混凝土坍落度不应大于 180mm，其他住宅不应大于 150mm。

③对施工的控制

A. 模板和支撑的选用必须经过计算，除满足强度要求外，还必须有足够的刚度和稳定性，边支撑立杆与墙间距不应大于 300mm，中间不宜大于 800mm。根据工期要求，配备足够数量的模板，拆模时的混凝土强度应满足规范要求。

B. 现场自拌混凝土时，其配合比应根据砂石的含水率进行调整，每盘材料要进行计量（重量）。

C. 严格控制现浇板的厚度和现浇板中钢筋保护层的厚度。阳台、雨篷等悬挑现浇板负弯矩钢筋下面，应设置间距不大于 500mm 的钢筋保护支架，在浇筑混凝土时，保证钢筋不位移。

D. 现浇板中的管线必须布置在钢筋网片之上（双层双向配筋时，布置在下层钢筋之上），交叉布线处应采用线盒，线管的直径应小于 1/3 楼板厚度，沿预埋管线方向应增设 $\phi 6@150$、宽度不小于 450mm 的钢筋网带。水管严禁水平埋设在现浇板中。

E. 楼板、屋面混凝土浇筑前，必须搭设可靠的施工平台、走道，施工中应派专人护理钢筋，确保钢筋位置符合要求。

F. 现浇板浇筑时，在混凝土初凝前应进行二次振捣，在混凝土终凝前进行两次压抹。

G. 施工缝的位置和处理、后浇带的位置和混凝土浇筑应严格按设计要求和施工技术方案执行。后浇带应在其两侧混凝土龄期大于 60 天后再施工，浇筑时，宜采用补偿收缩混凝土，其混凝土强度应提高一个等级。

H. 预制楼板安装时，必须先找平，后坐浆。相邻底下口必须留缝，缝隙宽为 15～20mm，预制楼板的板缝宜用强度等级不小于 C20 细石混凝土隔层灌缝，并分二次浇捣灌实，板缝上、下各留 5～10mm 凹槽，待细石混凝土达到 70% 后，方可加荷载；其板底缝隙宜在平顶抹灰前加贴 200mm 的耐碱网格布，再进行平顶灰施工。

I. 应在混凝土浇筑完毕后的 12 小时以内，对混凝土加以覆盖和保湿养护：

a. 根据气候条件，淋水次数应能使混凝土处于湿润状态。养护用水应与拌制用水相同。

b. 用塑料布覆盖养护，应全面将混凝土盖严，并保持塑料布内有凝结水。

c. 日平均气温低于 5℃时，不应淋水。

d. 对不便淋水和覆盖养护的，宜涂刷保护层（如薄膜养生液等）养护，减少混凝土内部水分蒸发。

J. 混凝土养护时间应根据所用水泥品种确定：

a. 采用硅酸盐水泥、普通硅酸盐水泥拌制的混凝土，养护时间不应少于 7 天。

b. 对掺用缓凝型外加剂或有抗渗性能要求的混凝土，养护时间不应少于 14 天。

K. 现浇板养护期间，当混凝土强度小于 1.2MPa 时，不应进行后续施工。当混凝土强度小于 10MPa 时，不应在现浇板上吊运、堆放重物。吊运、堆放重物时应采取措施，减轻对现浇板的冲击影响。

5. 楼地面工程

（1）质量问题：水泥楼地面起砂、空鼓、裂缝

①对设计文件的控制

A. 面层为水泥砂浆时，应采用 1:2 水泥砂浆。

B. 细石混凝土面层的混凝土强度等级不应小于 C20。

②对材料的控制

A. 宜采用早强型的硅酸盐水泥和普通硅酸盐水泥。

B. 选用中、粗砂，含泥量 ≤ 3%。

C. 面层为细石混凝土时，细石粒径不大于 15mm，且不大于面层厚度的 2/3；石子含泥量应 ≤ 1%。

③对施工的控制

A. 浇筑面层混凝土或铺设水泥砂浆前，基层应清理干净并湿润，消除积水；基层处于面干内潮时，应均匀涂刷水泥素浆，随刷随铺水泥砂浆或细石混凝土面层。

B. 严格控制水灰比，用于面层的水泥砂浆稠度应≤35mm，用于铺设地面的混凝土坍落度应≤30mm。

C. 水泥砂浆面层要涂抹均匀，随抹随用短杆刮平；混凝土面层浇筑时，应采用平板振捣或辊子滚压，保证面层强度和密实。

D. 掌握和控制压光时间，压光次数不少于2遍，分遍压实。

E. 地面面层24小时后，应进行养护，并加强对成品的保护，连续养护时间不应少于7天；当环境温度低于5℃时，应采用防冻施工措施。

（2）质量问题：楼梯踏步阳角开裂或脱落

①对设计文件的控制

应在阳角处增设护角。

②对施工的控制

A. 踏步抹面（或抹底糙）前应将基层清理干净，并充分洒水湿润。

B. 抹砂浆前应先刷一度素水泥浆或界面剂，并严格做到随刷随抹。

C. 砂浆稠度应控制在35mm左右。抹面工作应分次进行，每次抹砂浆厚度应控制在10mm之内。

D. 踏步平、立面的施工顺序应先抹立面，后抹平面，使平立面的接缝在水平方向，并将接缝搓压紧密。

E. 抹面（或底糙）完成后应加强养护。养护天数为7～14天，养护期间应禁止行人上下。正式验收前宜用木板或角钢置于踏级阳角处，以防碰撞损坏。

③踏步尺寸质量问题现象：踏步尺寸不一致

A. 楼梯结构施工阶段，踏步、模板应用木模板制作，尺寸一致。

B. 计算楼梯平台处结构标高与建标高差值，经此差值控制地面面层厚度。

C. 统一楼梯面层做法，若平台与踏步面层做法不一致，应在梯段结构层施工时调整结构尺寸。

D. 面层抹灰时，调整楼面面层厚度使楼梯踏步尺寸统一。

（3）质量问题：厨、卫间楼地面渗漏水

①对设计文件的控制

A. 厨卫间和有防水要求的建筑地面必须设置防水隔离层。

B. 厨卫间和有防水要求的楼板周边地面除门洞外，应向上做一道高度不小于200mm的混凝土翻边，与楼板一同浇筑，地面标高应比室内其他房间地面低30mm以上。

C. 主管道穿过楼面处，应设置金属套管。

②对施工的控制

A. 上下水管等预留洞口坐标位置应正确，洞口形状上大下小。

B.PVC管道穿过楼面,宜采用预埋接口配件的方法。

C.现浇板预留洞口填塞前,应将洞口清洗干净、毛化处理、涂刷加胶水水泥浆作粘结层。洞口填塞分二次浇筑,先用掺入抗裂防渗的微膨胀细石混凝土浇筑至楼板厚度的2/3处,待混凝土凝固4小时蓄水试验;无渗漏后,用掺入抗裂防渗剂的水泥砂浆填塞。管道安装后,应在管周进行24小时蓄水试验,不渗不漏后再做防水层。

D.防水层施工前应先将楼板四周清理干净,阴角处粉成小圆弧。防水层的泛水高度不得小于300mm。

E.地面找平层朝地漏方向的排水坡度为1%~1.5%,地漏要比相邻地面低5mm。

F.有防水要求的地面施工完毕后,应进行24小时蓄水试验,蓄水高度为20~30mm,不渗不漏为合格。

G.烟道根部向上300mm范围内宜采用聚合物防水砂浆粉刷,或采用柔性防水层。

H.卫生间墙面应用防水砂浆分2次刮糙。

(4)质量问题:底层地面沉陷

①对设计文件的控制

A.应根据不同的土质确定基土的压实系数。

B.软弱基土厚度不大时,宜采用换填土;当软弱土层较厚时,宜采用石灰桩加固或表层夯实后铺设200mm厚毛石,再铺碎石。

C.软弱基土上的混凝土垫层厚度不宜小于100mm,并应配置Φ6及以上双向钢筋网片,钢筋间距不应大于200mm。

②对施工的控制

A.地面基土回填应分层夯实,分层厚度应符合规范要求。

B.回填土内不得含有有机物及腐质土。

C.回填土应按规范要求分层取样做密实度实验,压实系数必须符合设计要求。当设计无要求时,压实系数不应小于0.9。

6.装饰装修工程

(1)质量问题:外墙空鼓、开裂、渗漏

①基层处理

A.混凝土面凹凸明显部位应事先剔平或用1:3聚合物水泥砂浆补平。

B.粉刷或化学毛化前,均应清除墙面污物,前提前浇水湿润(内湿面干)。

C.混凝土基层应采用人工凿毛或进行化学毛化处理;轻质砌块基层应采取化学毛化或满铺网片等措施来增强基层的粘结力。

D.外墙脚手孔及洞眼应分层塞实,并在洞口外侧先加刷一道防水增强层。

E.不同材料基体交接处必须铺设抗裂网或玻纤网,与各基体间的搭接宽度不应小于150mm。

②外墙抹灰

A.对设计文件的控制

a.面层粉刷宜掺入聚丙烯抗裂纤维。

b.抹灰面层必须设置分格缝。

B.对施工的控制

a.刮糙不少于两遍，每遍厚度宜为 7～8mm，但不应超过 10mm；宜为 7～10mm。

b.外墙抹灰用砂含泥量应低于 2%，细度模数不小于 2.5。严禁使用石粉和混合粉。

c.混凝土或烧结砖基体上的刮糙层应为 1:3 水泥防水砂浆，轻质砌体上宜为 1:1:6 防水混合砂浆。

d.每一遍抹灰前，必须对前一遍的抹灰质量（空鼓、裂缝）检查处理（空鼓应重粉，只裂不空应用水泥素浆封闭）后才进行；两层间的间距时间不应少于 2～7 天，达到冬期施工条件时，不应进行外墙抹灰施工，各抹灰层接缝位置应错开，并设置在混凝土梁、柱中部。

e.抹灰层总厚度大于等于 35mm 且小于等于 50mm（含基层修补厚度）时，必须采用挂大孔钢丝网片的措施，且固定网片的固定件锚入混凝土基体的深度不应小于 25mm，其他基体的深度不小于 50mm；抹灰层总厚度超过 50mm 时，应由设计单位提出加强措施。

f.外窗台、腰线、外挑板等部位必须粉出不小于 2% 的排水坡度，且靠墙体根部处应粉成圆角；滴水线宽度应为 15～25mm，厚度不小于 12mm，且应粉成鹰嘴式。

③外墙饰面砖

A.对设计文件的控制

a.应选择吸水率小、强度高的饰面砖。

b.外墙保温层上不宜粘贴饰面砖，否则按有关规定试验合格后方可使用。

B.对施工的控制

a.饰面砖粘贴前对基层质量应进行检查、修补，基层应无空鼓、裂缝，清理干净、浇水湿润（面干内潮）后才进行铺贴。

b.饰面砖铺贴应先选择专用胶粘剂或粘结砂浆，粘结砂浆应饱满，缝隙内的粘结砂浆必须及时清除干净。

c.饰面砖嵌缝材料宜选用嵌缝剂或 1:1～1.5 水泥砂浆，嵌缝时必须采用抽缝条反复抽压密实、光滑，严禁出现砂眼和裂纹。

d.外墙饰面砖应按规定进行粘结强度检测。

④外墙饰面板

A.对设计文件的控制

a.设有外保温的墙面不得采用湿做法饰面板。

b.干挂饰面板安装的预埋件和连接件安装固定后，外墙面宜设置一道防水层（抹防水砂浆或做柔性防水）。

c.砌体上设置的后置埋件必须采用穿墙螺栓。

d.湿做法饰面板工程必须设置钢筋网，其固定点间距不应大于 500mm。钢筋网设置在空心砖或轻质砌块的墙体上时，固定点应采用穿墙钢筋或预埋混凝土预制块的方法固定，其混凝土预制块上应设置预埋件。

B. 对施工的控制

a. 采用湿做法施工的饰面板工程，其板材应进行防碱背涂处理。

b. 饰面板铺贴（干挂）时，应剔除有色纹、暗缝和隐伤等缺陷的板材。

c. 后置埋件必须做现场拉拔强度试验，符合要求后才能铺贴装饰面板。

d. 干挂饰面板应采用中性硅酮耐候密封胶封缝，胶缝厚度不应小于 3mm。

e. 湿做法饰面板采用不锈钢丝或钢丝固定，采用大理石胶或生石膏浆座缝，并及时清理缝隙外表面的胶液或浆液。

f. 湿做法饰面板灌浆前，应用聚合物水泥砂浆从内侧将缝隙堵实后，再灌 1:3 干硬性水泥砂浆，并分层浇灌，分层振捣密实，且分层高度不宜大于板高的 1/3，也不宜大于 200mm。

（2）质量问题：顶棚裂缝、脱落

①顶棚粉刷

A. 对于平整度好且无外露钢筋或铁丝的混凝土板底，宜采用免粉刷直接批腻子的做法（厨房、卫生间等湿度较大的房间不宜采用）。

批腻子前应先清理干净板底污物，并先批一至两遍聚合物青水泥腻子，再批聚合物白水泥腻子。每遍厚度不应大于 0.5mm，总厚度不宜大于 2mm。

B. 抹灰顶棚摇混凝土基层应采用人工凿毛，或批界面剂，或甩聚合物砂浆毛点等措施进行毛化处理，基层修补同外墙。

C. 混凝土的刮糙层宜采用 1:3 聚合物水泥砂浆，面层宜采用掺有抗裂纤维的 1:1:6 混合砂浆。

D. 木质基层必须铺设一层钢丝网片，并钉压牢固。用 1:1:6 混合砂浆打底，再用掺有抗裂纤维的 1:1:6 混合粉面。

E. 混凝土基层采用化学毛化处理和抹灰前，应清除干净污物，喷水湿润（面干内潮）后，才能进行毛化处理或抹灰。化学毛化处理后应喷水养护。

②纸面石膏板吊顶

A. 对设计文件的控制

a. 应采用 $\phi6$ 及以上的金属吊杆，其吊杆间距为 800 ~ 1000mm，距主龙骨端部不应大于 300mm；吊杆长度 1.5m 时，应设置反支撑。

b. 宜优先选用轻钢龙骨，其主龙骨壁厚不应小于 1.2mm，安装在吊顶龙骨上。

B. 对材料的控制

应选择强度高、韧性好、发泡均匀、边部成型饱满的石膏板。

C. 对施工的控制

a. 石膏板的纵向应垂直通长覆面龙骨，相邻板块端部应错开。

b. 自螺栓间距为 150 ~ 170mm，但不得大于 200mm。应采用自攻枪一次性垂直打入并紧固，螺钉头埋入石膏板表面不小于 0.5mm。

c. 板与板之间的缝隙应为八字缝，宽度宜为 8 ~ 10mm，采用专门的石膏腻子嵌缝，待嵌缝腻子基本干燥后，再贴抗拉强度高的接缝带。

（3）质量问题：门窗变形、渗漏、脱落

①对设计文件的控制

A. 设计应明确外门窗抗风压、气密性和水密必性三项性能指标。1 ~ 6 层的抗风压性能和气密性不低于 3 级，水密性不低于 2 级；7 层以上的抗风压性能和气密性不低于 4 级，水密性不低于 3 级。

B. 组合门窗拼樘料必须进行抗风压变形验算。拼樘料应左右或上下贯通，并直接锚入洞口墙体上。拼樘料与门窗框之间的拼樘应不插接，插接深度不小于 10mm。

C. 铁合金窗的型材壁厚不得小于 1.4mm，门的型材壁厚不得小于 2mm。

D. 塑料门窗的型材必须选用与其匹配的热镀锌增强型钢，型钢壁厚应满足规范和设计要求，但不小于 1.2mm。

E. 选用五金配件的型号、规格和性能应符合国家现行标准和有关规定要求，并与门窗相匹配。平开门窗的铰链或撑杆等选用不锈钢或铜等金属材料。

②对施工的控制

A. 安装完毕后，按有关规定、规程委托有资质的检测机构进行现场检验。

B. 门窗框安装固定前，应对预留墙洞尺寸进行复核，用防水砂浆刮糙处理后，再实施外框固定。外框与墙体间的缝隙宽度应根据饰面材料确定。

C. 门窗安装应采用镀锌钢片连接固定，镀锌钢片厚度不小于 1.5mm，固定点从距离转角 180mm 处开始设置，中间间距不大于 500mm。严禁用长脚膨胀螺栓穿透型材固定门窗框。

D. 门窗洞口应干净干燥后，施打发泡剂，发泡剂应连续施打，一次成型，充填饱满。溢出门框外的发泡剂应在结膜前塞入缝隙内，防止发泡剂外膜破损。

E. 门窗框外侧应留 5mm 宽的打胶槽口；外墙装饰面为粉刷层时，应贴"⊥"型塑料条做槽口。

F. 打胶面应清理干净干燥后方可施打，并应选用中性硅酮密封胶。严禁将密封胶施打在涂料面层上。

G. 塑料门窗五金安装时，必须设置金属衬板，其厚度不应小于 3mm。紧固件安装时，必须先钻孔，后拧入自攻螺钉。严禁直接锤击打入。

H. 为防止推拉门窗扇脱落，必须设置限位块，其限位块间距应不小于扇宽的 1/2。

（4）质量问题：栏杆高度不够、间距过大、连接固定不够、耐久性差

①对设计文件的控制

A. 栏杆抗水平荷载：住宅建筑不应小于 500N/m，人流集中的场所不应小于 1000N/m。

B. 栏杆材料应选择具有良好耐候性和耐久性材料，阳台、外走道和屋顶等遭受日

晒雨淋的地方不得选用木材和易老化的复合塑料等。金属型材壁厚应符合以下要求：

a. 不锈钢：主要受力杆件壁厚不应小于 1.5mm，一般杆件不宜小于 1.2mm。

b. 型钢：主有受力杆件壁厚不应小于 3.5mm，一般杆件不宜小于 2.0mm。

c. 铁合金：主要受力杆件壁厚不应小于 3.0mm，一般杆件不宜小于 2.0mm。

C. 栏杆高度及立杆间距必须符合《住宅设计规范》GB 50096 的规定。即多层住宅及以下的临空栏杆高度不低于 1.05m，中高层住宅及以上的临空高度不低于 1.1m，楼梯楼段栏杆和落地窗维护栏杆的高度不低于 0.9m，楼梯水平段栏杆长度大于 0.50m 时，其高度不低于 1.05m。栏杆垂直杆件的净距不大于 0.11m，采用非垂直杆件时，必须采取防止儿童攀爬的措施。

D. 栏杆设计除应明确式样、高宽尺寸、材料品种外，还应有制作连接和安装固定的构造详图以及明确杆件的规格型号及壁厚等。

E. 砌体栏杆压顶应设现浇钢筋混凝土压梁，并与主体小立柱可靠连接。压梁高度不应小于 120mm，宽度不宜小于砌体厚度，纵向钢筋不宜小于 $4\phi10$。

②对施工的控制

A. 金属栏杆制作和安装的焊缝，应进行外观质量检验，其焊缝应饱满可靠，不禁点焊。

B. 预制埋件或后置埋件的规格型号、制作和安装方式除应符合设计要求外，尚应符合以下要求：

a. 主要受力杆件的预埋件钢板厚度不应小于 4mm，宽度不应小于 80mm，锚筋直径不小于 6mm，每块预埋件不宜少于 4 根钢筋，埋入混凝土的锚筋长度不小于 100mm，锚筋端部为 180° 弯钩。当预埋件安在砌体上时，应制作成边长不小于 100mm 的混凝土预制块，混凝土强度等级不小于 C20，将埋件浇筑在混凝土预制块上，随墙体砌块一同砌筑，不得留洞后塞。

b. 主要受力杆件的后置埋件钢板厚度不小于 4mm，宽度不宜小于 60mm；立杆埋件不应小于两颗螺栓，并前后布置，其两颗螺栓的连线应垂直相邻立柱间的连线，膨胀螺栓的直径不宜小于 10mm；后置埋件必须直接安装在混凝土结构或构件上，已装饰部位应先清除装饰装修材料（含混凝土和水泥找平层）后，才能安装后置埋件。

C. 碳素钢和铸铁等栏杆必须进行防腐处理，除锈后应涂刷（喷涂）两度防锈漆和两度及以上的面漆。

（5）质量问题：玻璃安全度不够

①玻璃栏杆

A. 对设计文件的控制

a. 住宅工程和人流集中的场所严禁设计承受水平荷载的玻璃栏杆。

b. 不承受水平荷载的临空栏杆玻璃，应具有一定的抗冲击性能，必须选用钢化玻璃或钢化夹胶玻璃，其厚度不应小于 12mm，当临空高度为 5m 及以上时，应使用钢化夹胶玻璃。室内非临空的栏杆玻璃，可选用厚度不小于 5mm 的钢化玻璃或厚度不小于 6.38mm 的夹胶玻璃。

B. 对施工的控制

a. 临空栏杆玻璃安装前，应做抗冲击性能试验。试验方法详见附录 A。

b. 栏杆玻璃的镶嵌深度：两对边固定不小于 15mm，四边固定不小于 10mm，并用硅酮耐候胶封严。

c. 螺栓固定：每块玻璃不小于四颗，螺栓直径不小于 8mm，且是不锈钢或铜质螺栓。安装时，玻璃孔内和两侧均应垫尼龙垫圈或垫片，金属不得直接接触玻璃。

②屋面玻璃和地面玻璃

A. 对设计文件的控制

a. 屋面玻璃的厚度应按《建筑玻璃应用技术规程》JGJ 113—2003 第 8.2.6 条规定计算后确定，并应保证玻璃有足够的刚度，安装后，单块玻璃的挠度变形不宜大于 L/400，且不大于 2.5mm。

b. 承受荷载的地面玻璃厚度应按结构受荷载要求计算确定，其最小不应小于 16.76mm。

c. 屋面玻璃必须采用安全玻璃一，当最高点离地面大于 5m 时必须采用夹胶玻璃。

d. 地面玻璃必须采用钢化夹胶玻璃。

e. 地面和屋面夹胶玻璃的夹胶厚度不应小于 0.76mm。

f. 两边支承的屋面玻璃，应支撑在玻璃的长边上；地面玻璃必须四边支承，在型材上的支承宽度不小于 40mm。

g. 采用型材支承玻璃时，型材截面尺寸必须通过计算确定，其型材壁厚：铝合金型材不应小于 3.0mm，钢型材不应小于 3.5mm。

h. 采用点支承式屋面玻璃时，必须选用不锈钢爪件。

i. 屋面玻璃悬挑长度不宜大于 150mm。

B. 对施工的控制

a. 支撑玻璃的结构或构架应进行专项验收，符合设计和有关规定后方可进行玻璃安装。

b. 型材支承的屋面玻璃安装时，应先使用带溶剂的擦布和干擦布，将型材表面的污物清除干净。再用宽度不宜小于 12mm、厚度不宜小于 6mm 的双面胶带将玻璃临时固定，然后在双面胶带的两侧施打总宽度不小于 6mm 的硅酮结构密封胶。玻璃间的缝隙宽度不宜小于 10mm，嵌填泡沫棒后，施打厚度不小于 5mm 的硅酮耐候密封胶。

c. 点支承式屋面玻璃的玻璃板支承孔边与边的距离不宜小于 70mm，支承头的钢材与玻璃之间应设置弹性材料的衬垫或衬套，衬垫和衬套的厚度不宜小于 1mm。

③玻璃板隔断和门窗玻璃

A. 对设计文件的控制

a. 玻璃厚度的选择应符合《建筑玻璃应用技术规程》JGJ 113 第 6.1.2 条的规定。

b. 必须使用安全玻璃的门窗：

（a）无框玻璃门，且厚度不小于 10mm；

（b）有框门玻璃面积大于 0.5m²；

（c）单块玻璃大于 1.5m²；

（d）沿行街单块大于玻璃 1.2m²；

（e）7 层及 7 层以上建筑物外开窗；

（f）玻璃底边离最终装饰面小于 500mm 的落地窗。

c.室内玻璃板隔断应采用安全玻璃，无框玻璃厚度不小于 10mm。

d.落地窗、门和玻璃隔断等易于受到人体或物体碰撞的玻璃，应在视线高度设醒目标志或护栏，碰撞后可能发生高处人体或玻璃坠落的部位必须设置可靠的护栏。

B.对施工的控制

a.玻璃安装时，玻璃周边不得有缺陷。

b.玻璃不得直接与各种接触，必须设置橡胶尖支承垫块和定位垫块，严禁使用木质垫块。

c.固定玻璃的钉子或卡件以及压条的固定点间距不得大于 300mm，且每块玻璃不少于 8 个固定点。

d.采用密封胶进行密封处理时，应选用中性硅酮密封胶，其注胶厚度不应小于 3mm。

7.屋面工程

（1）质量问题：找平层起砂、起皮

①对设计文件的控制

A.水泥砂浆找平层配合比应符合设计要求，宜采用 1∶2.5 ～ 1∶3 的水泥砂浆体积配合比，水灰比应小于 0.55。

B.松散材料保温层上找平层，宜选用细石混凝土，其厚度不宜小于 30mm，混凝土强度等级不应小于 C20；面积较大时，宜在混凝土内配置双向 ϕ b4@200mm 的钢丝网片。

②对施工的控制

A.水泥砂浆应用机械搅拌，严格控制水灰比，搅拌时间不应少于 1.5 分钟，随拌随用。

B.水泥砂浆摊铺前，基层应清扫干净，用水充分湿润；摊铺时，应用水泥净浆涂刷并及时铺设水泥砂浆。

C.水泥摊铺和压实时，应用靠尺刮平，木抹子搓压，并在初凝收水前用铁抹子分两次压实和收光。

D.施工后，应及时用塑料薄膜或草帘覆盖浇水养护，使其表面保持湿润，养护时间不少于 7 天。

（2）质量问题：屋面防水渗漏

①对设计文件的控制

A. 对于体积吸水率大于 2% 的保温材料，不得设计倒置式屋面。

B. 刚性防水层应采用细石防水混凝土，其强度等级不应小于 C30，厚度不应 50mm，分格缝间距不宜大于 3m，缝宽不应大于 30mm，且不小于 12mm。刚性防水屋面的坡度宜为 2% ～ 3%，并应采用结构找坡；混凝土内配间距 100 ～ 200mm 钢筋网片；钢筋网片应位于防水层的中上部，且在分格缝处断开。

C. 柔性材料防水层的保护层宜采用撒布材料或浅色涂料。当采用刚性保护层时，必须符合细石混凝土防水层的要求。

D. 对女儿墙、高低跨、上人孔、变形缝和出屋面管道、井（烟）道等节点应设计防渗构造详图；变形缝宜优先采用现浇钢筋混凝土盖板的做法，其强度等级不得低于 C30；伸出屋面井（烟）道周边应同屋面结构一起整浇一道钢筋混凝土防水圈。

E. 膨胀珍珠岩类及其他块状、散状屋面保温层必须设置隔气层排气系统。排气道应纵横交错、畅通，其间距应根据保温层厚度确定，最大不宜超过 3m；排气口应设置在不易损坏和不易进水的位置（即高出屋面的墙体和女儿墙）。

②对施工的控制

屋面工程施工前，应编制详细，经监理确认后组织施工。

A. 卷材防水层

a. 基层处理剂涂刷均匀，对屋面节点、周边、转角等用毛刷先行涂刷，基层处理剂、接缝胶粘剂、密封材料等应与铺贴的卷材材料相容。

b. 防水层施工前，应将卷材表面清刷干净；热铺贴卷材时，玛蹄脂应涂刷均匀、压实、挤密，确保卷材防水层与基层的粘贴能力。

c. 不应在雨天、大雾、雪天、大风天气和环境平均湿度低于 5℃时施工，并应防止基层受潮。

d. 应根据建筑物的使用环境和气候条件选用合适的防水卷材和铺贴方法，上道工序施工完，应检查合格方可进行下道工序。

e. 卷材大面积铺贴前，应先做好节点密封处理、附加层和屋面排水较集中部位（如屋面与水落口连接处、檐口、天沟、檐沟、屋面转角处、板端缝等）细部构造处理、分格缝的空铺条处理等，应同屋面最低标高处向上施工；铺贴天沟、檐沟卷材时，宜顺天沟檐沟方向铺贴，从水落口处向分水线方向铺贴，尽量减少搭接。

f. 上下层卷材铺贴方向应正确，不应相互垂直铺贴。

g. 相邻两个幅卷材的接头相互错开 300mm 以上。

h. 叠层铺贴时，上下卷材间的搭接应错开；叠层铺设的各层卷材，在开沟与屋面的连接处应采取叉接法搭接，搭接缝应错开；接缝宜留在屋面或天沟侧面，不宜留在沟底，搭接无滑移、无翘边。

i. 高聚物改性沥青防水卷材和合成高分子防水卷材的搭接缝，宜用材料性能相容的密封材料封严。

j. 屋面各道防水层或隔气层施工时，伸出屋面各管道、井（烟）道及高出屋面的结构处均应用柔性防水材料做泛水，高度不应小于 250mm。管道泛水不应小于 300mm，最后一道泛水应用卷材，并用管箍或压条将卷材上口压紧，再用密封材料封口。

B. 刚性防水屋面

a. 刚性防水层与山墙、女儿墙以及突出屋面结构的交接处应留缝隙，并做柔性密封处理。

b. 细石混凝土防水层不应直接摊铺在砂浆基层上，与基层间应设置隔离层，隔离层可用纸胎油毡、聚乙烯薄膜、纸筋灰 1∶3 石灰砂浆。

c. 在出屋面的管道处与防水层相交的阴角处应留设缝隙，用密封材料嵌填，并加设柔性防水附加层；收头固定密封，其泛水宜做成圆弧形，并适当加厚。

d. 在梯间四号防水层之间应设置分隔缝，缝宽 15 ~ 20mm，并嵌填密封材料，上部铺贴防水卷材，离缝边每边宽度不小于 100mm。

e. 细石混凝土防水屋面施工除应符合相关规范要求外，还应满足以下要求：

（a）钢筋网片应采用焊接型网片。

（b）混凝土浇捣时，宜先铺 2/3 厚度混凝土，并摊平，再放置钢筋网片，后铺 1/3 的混凝土，振捣并碾压密实，收水后分二次压光。

（c）格缝应上下贯通，缝内不得有水泥砂浆等杂物。待分格缝和周边缝隙干净干燥后，用与密封材料匹配的基层处理剂衬泡沫棒，分格缝上口粘贴不小于 200mm 宽的卷材保护层。

（d）混凝土养护不小于 14 天。

C. 屋面细部构造

a. 天沟、檐沟

（a）天沟、檐沟应增设附加层，采用沥青防水卷材时，应增设一层卷材；采用高聚物改性沥青防水卷材或合成高分子防水卷材时，宜采用防水涂膜增强层。

（b）天沟、檐沟与屋面交接处的附加层宜空铺，空铺宽度不应小于 200mm；天沟、檐沟卷材收头处应密封固定。

（c）斜屋面的檐沟应增设附加层，附加层在屋面檐口处要空铺 200mm，防水层的收头用水泥钉钉在混凝土斜板上，并用密封材料封口，檐沟下部做鹰嘴和宽度 10mm 的滴水槽。

b. 女儿墙泛水、压顶防水处理应符合下列要求：

（a）女儿墙为砖墙时卷材收头可直接铺压在女儿墙的混凝土压顶下，如女儿墙较高时，可在砖墙上留凹槽，卷材收头应压入槽内并用压条钉压固定后，嵌填密封材料封闭，凹槽距屋面找平层的高度不应小于 250mm。

（b）女儿墙为混凝土时，卷材的收头采用镀锌钢板压条或不锈钢压条钉压固定，钉距小于等于 900mm，并用密封材料封闭严实；泛水宜采取隔热防晒措施，在泛水卷材面砌砖后抹水泥砂浆或细石混凝土保护，或涂刷浅色涂料，或粘贴铝箔保护层。

c. 水落口处防水处理应符合下列要求：

（a）水落口杯埋设标高应正确，应考虑水落口设防时增加的附加层和柔性密封层的厚度及排水坡度加大的尺寸。

（b）水落口周围500mm范围内坡度不应小于5%，并应先用防水涂料或密封涂料涂封，其厚度为2～5mm，水落口杯与基层接触处应留宽20mm、深20mm的凹槽，以便填嵌密封材料。

d. 变形缝的防水构造处理应符合下列要求：

（a）变形缝的泛水高度不应小于250mm。

（b）防水层应铺贴到变形缝两侧砌体的上部。

（c）变形缝内应填充聚苯乙烯泡沫塑料，上部填放衬垫材料，并用卷材封盖。

（d）变形缝顶部应加扣混凝土或金属盖板，混凝土盖板的接缝应用密封材料嵌填。

e. 伸出屋面管道周围的找平层应做成圆锥台，管道与找平层间应留凹槽并嵌填密封材料；防水层收头处应用金属箍箍捆，并用密封材料封严，具体构造应符合下列要求：

（a）管道根部500mm范围内，砂浆找平层出高30mm坡向周围的圆锥台，以防根部积水。

（b）管道与基层交接处预留200mm×200mm的凹槽，槽内用密封材料嵌填严密。

（c）管道根部周围做附加增加层，宽度和高度不小于300mm。

（d）防层贴在管道上的高度不应小于300mm，附加层卷材应剪出砌口，上下层砌缝粘贴时错开，严密压盖。

（e）附加层及卷材防水层收头处用金属箍箍紧在管道上，并用密封材料封严。

8. 给水排水及采暖工程

（1）质量问题：给水、热水系统管道渗漏

①对设计文件的控制

A. 给水、热水系统应注明管材、管件的材质、连接方式。

B. 给水、热水系统必须明确系统工作压力，应明确管材、管件、阀门的公称压力。

C. 给水、热水系统管道采用塑料管材时，必须明确管材管系列（S）值和壁厚。

②对材料的控制

A. 给水、热水系统管道必须采用与管材相适应的管件。

B. 管材、管件产品质量证明文件上的规格、型号等内容与进场实物上的标注必须一致。

C. 管材、管件进场后，应按照产品标准的要求对其品种、规格、外观（如：管径、壁厚）等进行现场验收，包装应完好，表面无划痕及外力冲击破损。合格后方可使用。

D. 进场的阀门应对其强度和严密性能进行抽样检验，抽样数量为同批次进场总数的10%，且每一个批次不少于2只。安装在主干管上起切断作用的闭路阀门，应逐个做强度和严密性检验。阀门的公称压力要满足系统试验压力的要求。

③对施工的控制

A. 给水、热水管道系统施工时，应复核冷、热水管道的压力等级和类别；不同种类的塑料管道不得混装，安装时管道标记应朝向易观察的方向。

B. 用于管道熔接连接的工艺参数（熔接温度、熔接时间）、施工方法及施工环境条件应能够满足管道工艺特性的要求。

C. 引入室内的埋地管其覆土深度，不得小于当地冻土线深度的要求。管沟开挖应平整，不得有突出的尖硬物体，塑料管道垫层和覆土层应采用细砂土。

D. 埋地、嵌墙敷设的管道，在进行隐蔽工程验收后应及时填补，在墙表面或地表面上标明暗管的位置和走向，管道经过处严禁局部重压或尖锐物体冲击。做好成品保护工作。

E. 管道系统水压试验时，特别要仔细检查是否存在渗漏问题。

F. 选择满足防结露要求的保温材料，认真检查防结露保温质量，按要求做好保温，保证保温层的严密性。

（2）质量问题：消防隐患

①对材料的控制

防火套管、阻火圈本体应标有规格、型号、耐火等级和品牌，合格证和检测报告必须齐全有效。

②对施工的控制

A. 消灭栓箱的施工图设置坐标位置，施工时不得随意改变，确需调整，应经设计单位认可。

B. 消火栓箱中栓口位置应确保接驳顺利。

C. 管道穿过隔墙、楼板时，应采用不燃材料将其周围的缝隙填塞密实。

D. 高层建筑中明设排水塑料管道应按设计要求设置阻火圈或防火套管。

（3）质量问题：卫生器具不牢固和渗漏

①对施工的控制

A. 卫生器具与相关配件必须匹配成套，安装时应采用预埋螺栓或膨胀螺栓固定，陶瓷器具与紧固件之间必须设置弹性隔离垫。卫生器具在轻质隔墙上固定时，应预先设置固定件并标明位置。

B. 卫生器具的支、托架必须防腐良好，安装平整、牢固，与器具接触紧密、平稳。检验方法：观察和手扳检查。

C. 有饰面的浴盆，应留有通向浴盆排水口的检修门。检验方法：观察检查。

D. 卫生器具交工前应做满水和通水试验。检验方法：满水后各连接件不渗不漏；通水试验给、排水畅通。

E. 连接卫生器具的排水管道接口应紧密不漏，其固定支架、管卡等支撑位置应正确、牢固，与管道的接触应平整。检验方法：观察及通水检查。

F. 地漏安装应平整、牢固，低于排水地面 5 ~ 10mm，地漏周边地面应以 1% 的坡度坡向地漏，且地漏周边应防水严密，不得渗漏。

（4）质量问题：排水系统水封不合格，卫生间返臭味

①对设计文件的控制

当卫生器具构造内无存水弯时，必须在排水口以下设存水弯。存水弯的水封深度不得小于 50mm，严禁采用活动机械密封替代水封。

②对材料的控制

卫生器具排水口以下的存水弯、排水管所采用的材质应符合设计要求，或符合设计指定的标准图集的要求。存水弯和地漏的水封深度不得小于 50mm。

③对施工的控制

A. 排水栓和地漏的安装应平整、牢固，低于排水表面，周边无渗漏。地漏水封高度不得小于 50mm。

B. 卫生器具排水管与排水支管连接的接口应封堵严密。

C. 卫生器具交工前应做满水和通水试验。

（5）质量问题：排水系统排水不畅

①对设计文件的控制

A. 自卫生器具至排出管的距离应最短，管道转弯应最少。

B. 排水立管宜设在排水量最大、最脏和杂质最多的排水点处。立管尽量不转弯，当条件限制时宜用乙字管或两 45° 弯头连接。

C. 室内排水横支管与排水横管的水平连接宜采用 45° 斜三通或 45° 斜四通。

D. 排水管道的横管与立管的连接，宜采用 45° 斜三通或 45° 斜四通和顺水三通或顺水四通。

E. 排水立管与排出管的连接，宜采用 45° 弯头或弯曲半径不小于 4 倍管径的 90° 弯头。

②对材料的控制

A. 管材、管件进场时应对品种、规格、外观等进行验收。包装应完好，表面无划痕及外力冲击破损。

B. 地漏、管道 S 弯、弯头、三通等管道配件，必须与管材配套，并满足相关产品标准要求。

③对施工的控制

A. 管道安装前，首先应认真清除管道和管件中的杂物，管道甩口特别是向上甩口应及时封堵严密，防止杂物进入管道中。

B. 排水管道的坡度必须符合设计或规范的规定。

C. 当卫生器具构造内无存水弯时，必须在排水口以下设存水弯。卫生器具排水管段上不得重复设置水封。洗面盆排水管水封宜设置在本层内。

D. 地漏安装应平整、牢固，低于排水地面 5 ~ 10mm，地漏周边地面应以 1% 的坡度坡向地漏，且地漏周边应防水严密，不得渗漏。

E. 在生活污水管道上设置的检查口或清扫口，当设计无要求时应符合下列规定：

a. 在立管上应每隔一层设置一个检查口，但在最底层和有卫生器具的最高层必须设置。如为 2 层建筑时，可仅在底层设置立管检查口；如有乙字弯管时，则在该层乙字弯管的上部设置检查口。检查口中心高度距操作地面一般为 1m，允许偏差 ±20mm；检查口的朝向应便于检修。暗装立管，在检查口处应安装检修门。

b. 在连接 2 个及 2 个以上大便器或 3 个及 3 个以上卫生器具的污水横管上应设置清扫口。当污水管在楼板下悬吊敷设时，可将清扫口设在上一层楼地面上，污水管起点的清扫口与管道相垂直的墙面距离不得小于 200mm；若污水管起点设置堵头代替清扫口时，与墙面距离不得小于 400mm。

c. 在转角小于 135° 的污水横管上，应设置检查口或清扫口。

d. 污水横管的直线管段，应按设计要求的距离设置检查口或清扫口。

F. 排水主立管及水平干管管道均应做通球试验，通球球径不小于排水管道管径的 2/3，通球率必须达到 100%。

卫生器具交工前应做满水和通水试验。检验方法：满水后各连接件不渗不漏；通水试验给、排水畅通。

（6）质量问题：排水管道渗漏

①对材料的控制

A. 建筑排水柔型接口铸铁管的每根管材、连接件上应有明显的标志，标明生产厂家名称或商标、执行标准的编号、规格和品种。

B. 建筑排水塑料管道管材、管件的表面应有符合国家有关产品标准规定的标志。管材的颜色应均匀一致，与管材配套的管件颜色宜与管材一致。管材、管件表面应光滑、整洁，无凹陷、气泡、明显的划痕和其他影响到产品性能的缺陷。管材端面应平整且与轴线垂直。

C. 管件宜与管材生产单位配套供应。塑料管材与管件粘接的胶粘剂，由管材生产单位配套供应，产品应有合格证明或检验报告。

②对施工的控制

A. 隐蔽或埋地的排水管道在隐蔽前必须做灌水试验，其灌水高度不低于底层卫生器具的上边缘或底层地面高度。检验方法：满水 15 分钟水面下降后，再灌满观察 5 分钟，液面不降，管道及接口无渗漏为合格。

B. 安装在室内的雨水管道安装后应做灌水试验，灌水高度必须到每根立管上部的雨水斗。

C. 排水塑料管必须按设计要求及位置装设伸缩节。如设计无要求时，伸缩节间距不得大于 4 米。

D. 与排水横管连接的各卫生器具的受水口和立管均应采取妥善可靠的固定措施；管道与楼板的接合部位应采取牢固可靠的防渗、防漏措施。

（7）质量问题：采暖效果差

①对设计文件的控制

A. 应明确不同采暖区域的设计温度。

B. 住宅工程内的热水采暖系统宜采用共立管的分户独立系统形式，分户独立系统入户装置应包括供回水锁闭调节阀、户用热量表，热量表前应设过滤器。

C. 共用立管和分户独立系统入户装置应设在公共部位。

②对施工的控制

A. 采暖水平管与其他管道交叉时，其他管道应避让采暖管道，当采暖管道被迫上下绕行时，应在绕行高点安装排气阀。热水干管变径应顶平偏心连接。

B. 热量表、疏水器、除污器、过滤器及阀门的型号、规格、公称压力及安装位置应符合设计要求。

C. 采暖系统入口装置及分户热计量系统入户装置应符合设计要求。安装位置应便于检修、维护和观察。

D. 采暖系统管道安装过程中，管口应临时封闭，防止杂物进入管道。管道系统竣工前按照规定进行冲洗。

E. 平衡阀及调节阀型号、规格、公称压力及安装位置应符合设计要求。安装完后根据系统平衡要求进行调试并做出标志。

F. 采暖系统安装结束、系统联运后，必须进行采暖区域内的温度场测定。

（8）质量问题：地面供暖系统盘管漏水

①对设计文件的控制

A. 施工图设计说明中应明确采暖热水系统选用的管材的工作压力，塑料管材的管系列（S）和壁厚。

B. 地面上的固定设备和卫生器具下方，不应布置加热部件。

C. 采用地面供暖时，房间内的生活给水管等其他水管，以及敷设在地面内的其他电气系统管线，不应与地面供暖加热部件在同一构造层内上下或交叉敷设。

②对材料的控制

A. 加热管的内外表面应该光滑、平整、干净，不应有可能影响产品性能的明显划痕、凹陷、气泡等缺陷。

B. 按照京建材（2008）718号文《关于加强民用建筑地板采暖工程塑料管材管件质量管理的通知》，塑料和铝塑复合管管材、管件进场后应进行复试，复试应为见证取样送检。

C. 应对地面供暖系统的管材、管件采取以下保护措施：

a. 加热部件应进行遮光包装后运输，不得裸露散装；在运输、装卸和搬运时，应小心轻放，不得抛、摔、滚、压、拖；

b. 不得暴晒雨淋，宜储存在温度不超过40℃，通风良好和干净的库房内；

c. 在施工过程中，不得刮、压、折管材和管件，杜绝任何损伤管材、管件的行为。

③对施工的控制

A. 施工时不得与其他工种交叉施工作业，所有地面预留洞应在填充层或保温板施工前完成。

B.施工过程中，严禁人员踩踏加热管。

C.现场敷设的地面面层下的加热管不应有接头。在敷设过程中管材出现死折、渗漏等现象时，应当整根更换，不应平拼接使用。

D.施工验收后，发现加热管损坏，需要增设接头时，应按下列要求处理：

a.要求施工单位提出书面补救方案，报建设单位和监理单位；

b.根据管道材质，增设的接头采用与管材相匹配的连接方式，在装饰层表面应有检修标识；

c.应在竣工图上清晰表示接头位置，并记录归档。

E.填充层施工应具备以下条件：

a.加热管安装完毕且水压试验合格、加热管处于有压状态下；

b.加热管验收合格，已通过隐蔽工程验收。

F.填充层的施工中，应保证加热管内的水压不低于0.6MPa，养护过程中，系统内的水压应保持不小于0.4MPa。

（9）质量问题：室内采暖管道和散热器漏水

①对设计文件的控制

A.设计说明中应明确采暖系统管材、管件的材质、连接方式。

B.设计说明中应明确采暖系统工作压力。

C.采暖系统管道采用塑料管材时，必须明确管材管系列（S）值和壁厚。

②对材料的控制

A.采暖系统管道必须采用与管材相适应的管件。

B.管材、管件产品质量证明文件上的规格、型号等内容与进场实物上的标注必须一致。

C.管材、管件进场后，应按照产品标准的要求对其品种、规格、外观（如：管径、壁厚）等进行现场验收，包装应完好，表面无划痕及外力冲击破损。合格后方可使用。

D.进场的阀门应对其强度和严密性能进行抽样检验，抽样数量为同批次进场总数的10%，且每一个批次不少于2只。安装在主干管上起切断作用的闭路阀门，应逐个做强度和严密性检验。阀门的公称压力要满足系统试验压力的要求。

③对施工的控制

A.采暖系统塑料管道施工时，应复核管道的压力等级和类别；不同种类的塑料管道不得混装。

B.用于管道熔接连接的工艺参数（熔接温度、熔接时间）、施工方法及施工环境条件应能够满足管道工艺特性的要求。

C.采暖立管上的补偿器型号、安装位置和预拉伸，以及固定支架的构造和安装位置应符合设计要求。

D.散热器支管长度超过1.5m时，应在支管上安装管卡。

E.塑料管及复合管除必须使用直角弯头的场合外应使用管道直接弯曲转弯。

F. 散热器组对后，以及整组出厂的散热器在安装之前应做水压试验。试验压力如设计无要求时应为工作压力的 1.5 倍，但不小于 0.6MPa。

G. 采暖系统安装完毕，管道保温之前应进行水压试验。试验压力应符合设计和规范要求。

H. 系统试压合格后，应对系统进行冲洗并清扫过滤器及除污器。

I. 系统冲洗完毕应充水、加热，进行试运行和调试。

9. 电气工程

（1）质量问题：防雷、等电位联结不可靠，接地故障保护不安全

①对设计文件的控制

A. 住宅电气工程接地故障保护应采用 TN-C-S、TN-S 或 TT 接地保护形式。在各区域电源进线处设置总等电位联结。

B. 设有洗浴设备的卫生间应预设局部等电位联结板（盒）做局部等电位联结。

C. 有裸露金属部分的灯具距地面高度低于 2.4m 时，应设置（PE）线保护。

②对材料的控制

A. 等电位联结端子板宜采用厚度不小于 4mm 的铜质材料，当铜质材料与钢质材料连接时，应有防止电化学腐蚀措施。

B. 当设计无要求时，防雷及接地装置中所使用材料应采用经热浸镀锌处理的钢材。

③对施工的控制

A. 防雷、接地网（带）应根据设计要求的坐标位置和数量进行施工，焊缝应饱满，搭接长度符合相关规范的要求。

B. 房屋内的等电位联结应按设计要求安装到位，设有洗浴设备的卫生间内应按设计要求设置局部等电位联结装置，保护（PE）线与本保护区内的等电位联结箱（板）连接可靠。

C. 金属电线桥架及其支架和引入或引出的金属电缆导管必须接地（PE）或等电位联结线连接可靠。金属电缆桥架及其支架全长应不少于二处与接地（PE）或等电位联结装置相连接；非镀锌电缆桥架间连接板的两端跨铜芯连接线，其最小允许截面积不小于 4mm²；镀锌电缆桥架间连接板的两端不跨接连接线，但连接板两端不应小于两个有防松螺帽或防松垫圈的连接固定螺栓。金属桥架（线槽）不应作为设备接地（PE）的连接导体。

D. 在金属导管的连接处，管线与配电箱体、接线盒、开关盒及插座盒的连接处应连接可靠。可挠柔性导管和金属导管不得作为保护线（PE）的连接导体。

（2）质量问题：电导管引起墙面、楼地面裂缝，电导管线槽及导线损坏

①对材料的控制

埋设在墙内或混凝土结构内的电导管英符合设计要求，如是绝缘导管应符合强度和阻燃要求；金属导管宜选用镀锌管材。

②对施工的控制

A. 严禁在混凝土楼板中敷设管径在于板厚 1/3 的电导管，敷设在垫层的线缆保护导管最大外径不应大于垫层厚度的 1/2。混凝土板内电导管应敷设在上下层钢筋之间，成排敷设的管距需参照土建专业要求，不得小于 20mm，如果电导管上方无上层钢筋布置应参照土建要求采取加强措施。

B. 墙体内暗敷电导管时，墙体内导管保护层厚度不应小于 15mm。消防设备线缆保护导管暗敷时，外护层厚度不应小于 30mm。

C. 不得随意在结构上开槽开孔。如确需在墙体或楼板上后开槽敷设管线的，需有施工方案及相应的监理细则，落实施工单位各专业职责分工界面，确保建筑结构强度要求。

（3）质量问题：电气产品无安全保证，电气线路连接不可靠

①对材料的控制

A. 进场的开关、插座、配电箱（柜、盘）、电缆（线）、照明灯具等电气产品必须具有 3C 标记，随带技术文件必须合格、齐全有效。电气产品进场应按规范要求验收。对涉及安全和使用功能有开关、插座、配电箱以及电缆（线）应见证取样，委托有资质的检测单位进行电气和机械性能复试。

B. 安装高度低于 1.8m 的电源插座必须选用防护型插座，卫生间和阳台的电源插座应采用防溅型，洗衣机、电热水器的电源插座应带开关。

②对施工的控制

A. 芯线与电器设备的连接应符合下列规定：

a. 截面积在 10mm² 及以下的单股铜芯线直接与设备、器具的端子连接。

b. 截面积在 2.5mm² 及以下的多股铜芯线拧紧搪锡或接续端子后与设备、器具的端子连接。

c. 截面积大于 2.5mm² 的多股铜芯线，除设备自带插座接式端子外，接续端子后与设备或器具的端子连接；多股铜芯线与插接式端子连接前，端部拧紧搪锡。

d. 每个设备和器具的端子接线不多于 2 根电线；不同截面的导线采取续端子后方可压在同一端子与电气器具连接。

e. 接线应牢固并不得损伤线芯。导线的线径大于端子孔径时，应选用接续端子与电气器具连接。

B. 配电箱（柜、盘）内应分别设置中性（N）和保护（PE）线汇流排，汇流排的孔径和数量必须满足 N 线和 PE 线径汇流排配出的需要，严禁导管在管、箱（盒）内分离或并接。配电箱（柜、盘）内回路功能标识齐全准确。

C. 同一回路电源插座间的接地保护线（PE）不得串联连接。插座处连接应采用如下措施：

a. "T" 型或并线铰接搪锡后引出单根线插入接线孔中固定。

b. 选用质量可靠的压接帽压接连接。

（4）质量问题：照明系统未进行全负荷试验

照明系统通电连续试运行必须不小于 8 小时，所有照明灯具均应开启，且每 2 小时记录运行状况 1 次，连续试运行时段内无故障。

（5）质量问题：住宅进户线截面积不够

对设计文件的控制。建筑面积小于或等于 $60mm^2$ 且为一居室的住户，进户线不应小于 $6mm^2$；建筑面积大于 $60mm^2$ 的住户，进户线不应小于 $10mm^2$。

（6）质量问题：电线导管管壁厚度不符合要求

对设计文件的控制。住宅建筑套内配电线路布线可采用金属导管或塑料导管，暗敷的金属导管管壁厚度不应小于 1.5mm，暗敷的塑料导管管壁厚度不应小于 2.0mm；潮湿地区的住宅建筑及住宅建筑内的潮湿场所，配电线路布线宜采用管壁厚度不小于 2.0mm 的塑料导管或金属导管，明敷的金属导管应做防腐、防潮处理。

（7）质量问题：线缆导管与采暖管的相对位置不符合要求

①当电源线缆导管与采暖热水管同层敷设时，电源线缆导管宜敷设在采暖热水管的下面，并不应与采暖热水管平行敷设。电源线缆与采暖热水管相交处不应有接头。

②当采暖系统是地面辐射供暖或低温热水地板辐射供暖时，考虑其散热效果及对电源线的影响，电源线导管最好敷设于采暖水管层下混凝土现浇板内。

（8）质量问题：卫生间导管插座敷设位置不符合要求

①与卫生间无关的线缆导管不得进入和穿过卫生间。

②卫生间的线缆导管不应敷设在 0、1 区内，并不宜敷设在 2 区内（装有浴盆或淋浴的卫生间，按离水源从近到远的距离分为 0、1、2、3 四个区）。

③装有淋浴或浴盆的卫生间，电热水器电源插座底边距地不宜低于 2.3 米，排风机及其他电源插座宜安装在 3 区。

④卫生间的灯具位置不应安装在 0、1 区内及上方。灯具、浴霸开关宜设于卫生间门外。

（9）质量问题：设备专业空调室内机位置与其所配的插座位置不配合

在施工准备阶段电专业需要和设备专业协调，以样板间的方式落实。

（10）质量问题：设备专业暖气位置和电气专业插座位置不符合要求

在施工准备阶段电专业需要和设备专业协调，以样板间的方式落实。

（11）质量问题：燃气专业管线与电气专业管线距离不符合要求

①对设计文件的控制

在施工准备阶段，需要看到燃气专业管线设计路由和向电气专业设计人提资签字。

②施工阶段

需要在土建施工阶段依据燃气专业的预留孔洞位置确定电气管线路由。

10. 通风与防排烟工程

质量问题：风管系统漏风、系统风量和风口风量偏差大

①对设计文件的控制

A. 通风与防、排烟系统设计说明应明确风管的材质、风管接口的连接方式、系统

设计总风量和每个送风口的风量，风管系统应做阻力平衡计算。

B. 排烟系统应明确每个系统开启排烟口的数量和每个排风口的排烟量。

②对材料的控制

A. 风管的材料品种、规格、性能与厚度等应符合设计和现行国家产品标准的规定。当设计无规定时，应符合规范关于板材厚度的规定。

B. 防火风管的本体、框架与固定材料、密封垫料必须为不燃材料，其耐火等级应符合设计的规定。

C. 复合材料风管的覆面材料必须为不燃材料，内部的绝热材料应为不燃或难燃 B1 级，且对人体无害的材料。

D. 防排烟系统柔性短管的制作材料必须为不燃材料。

③对施工的控制

A. 风管必须通过工艺性的检测或验证，其强度和严密性要求应符合设计或规范的规定。金属风管制作在批量加工前，应对加工工艺进行验证，并应进行强度与严密性试验。

B. 风管接口的连接应严密、牢固。风管法兰的垫片材质应符合系统功能的要求，厚度不应小于 3mm。垫片不应凸入管内，亦不宜突出法兰外。

C. 可伸缩性金属或非金属软风管的长度不宜超过 2m，并不应有死弯或塌凹。

D. 风管与砖、混凝土风道的连接接口，应顺着气流方向插入，并采取密封措施。

E. 砖、混凝土风道内表面水泥砂浆应抹平整、无裂缝，不渗水。

F. 风管系统安装后，必须进行严密性检验，合格后方能交付下道工序。在加工工艺得到保证的前提下，低压风管系统可采用漏光法检测。

④系统调试

A. 通风与空调工程安装完毕，必须进行系统的测定和调整（简称调试）。系统总风量调试结果与设计风量的偏差不应大于 10%；系统经过平衡调整，各风口或吸风罩的风量与设计风量的允许偏差不应大于 15%；

B. 防排烟系统联合试运行与调试的结果（风量及正压），必须符合设计与消防的规定。

11. 建筑节能

（1）质量问题：外墙外保温裂缝、保温效果差

①对设计文件的控制

A. 设计应采用成熟的外墙外保温系统。

B. 外保温工程的密封与防水必须有构造设计图和节点详图。

C. 基层墙体上应设置一道防水砂浆。

D. 抗裂保护层厚度不应小于 4mm，也不宜大于 6mm。

E. 保护层外侧宜再设置一道掺有抗裂纤维的防水砂浆。

F. 优先选用弹性涂料饰面层；饰面层不宜选用粘贴面砖，当必须选用饰面砖，应

按规定进行试验，合格后方可使用。

②对材料的控制

保温材料应按国家有关标准和江苏省工程建设标准《民用建筑节能工程质量验收规程》的要求对材料进行复验。

③对施工的控制

A. 外墙外保温应按设计要求施工。采用松散材料施工时，应严格控制配合比，确保保温层厚度符合设计要求；采用板块保温材料时，应按设计或相应图集设置固定点，并保证设计厚度。

B. 凸出外墙面的各类管线及设备的安装必须采用预埋件直接固定在基层墙体上，预留洞口必须埋设套管并与装饰面齐平。严禁在饰面完成的外保温墙面上开孔或钉钉。

C. 外墙预埋件或预埋套管周围应逐层进行防水处理。

D. 外保温抗裂保护层采用玻纤网时，应在保温层表面先批刮 1 ~ 2 遍聚合物浆，再铺贴玻纤网，应使玻纤网居于抗裂保护层中部。

E. 保温层与面层应粘结牢固，严禁空鼓、裂缝。

F. 墙体热桥部位应单独进行处理，严禁与墙体混同施工，降低热桥位置传热阻值。

G. 外墙面砖作为保温系统面层时，应进行粘贴强度检测。检测断缝应从饰面砖表面切割至基体或加强层表面，深度一致。

（2）质量问题：外窗隔热性能达不到要求

①对设计文件的控制

外墙金属窗应有隔断热桥的措施。

②对材料的控制

外墙窗的玻璃宜采用中空玻璃。

12. 电梯工程

（1）质量问题：电梯导轨码架和地坎焊接不饱满

对施工的控制。高强度螺栓埋设深度应符合要求，张拉牢固可靠，锚固应符合要求；门固定采用焊接时严禁使用点焊固定，搭接焊长度应符合要求。

（2）质量问题：电控操作和功能安全保护不可靠

对施工的控制

①电梯接地干线宜从接地体单独引出，机房内所有正常不带电的金属物体应单独与总接地排连接。

②所有电气设备及导管、线槽的外露、外部可导电的部分必须与保护（PE）线可靠连接。接地支线应分别直接接至地干线，不得串联连接后再接地。绝缘导线作为保护接地时必须采用黄绿相间双色线。

③型钢应防腐处理并做接地，配电柜（箱）接线整齐，绑扎成束，导线连接应按电气要求进行。回路功能标识齐全准确。

④电缆头应密封处理，电缆按要求挂标志牌，控制电缆宜与电力电缆分开敷设。

⑤层门强迫关门装置必须动作正常，层门锁钩必须动作灵活，在证实锁紧的电气安全装置动作之前，锁紧元件的最小啮合长度为7mm。

⑥动力电路、控制电路、安全电路必须配有负载匹配的短路保护装置；动力电路必须有过载保护装置。

13. 智能建筑工程

（1）质量问题：系统故障，接地保护不可靠

①对设计文件的控制

A. 应明确接地形式以及保护接地电阻值。

B. 进入机房内的各种系统线路应设计防雷电入侵设施。

②对材料的控制

建筑智能化系统保护接地必须采用铜质材料。如果是异种材料连接时，应采取措施防止电化学腐蚀。有线电视线缆宜选用数字电视屏蔽电缆。

③对施工的控制

A. 金属导管、线槽应接地可靠。

B. 机房地板（地毯）的防静电、室内温度和湿度应满足设计和相关规范要求。

（2）质量问题：系统功能可靠性差，调试和检验偏差大

①对设计文件的控制

A. 电源线与智能化布线系统线缆应分隔布放，明确智化线缆与电源线、其他管线之间的距离。

B. 应明确各系统技术参数、使用功能、检测方法。

②对材料的控制

A. 家庭多媒体信息箱、语音、数据、有线电视的线缆、信息面板等合格证明文件应齐全、有效，应对同批次、同牌号的家庭多媒体信息箱以及线缆进行进场检验。

B. 进场的缆线应在同品牌、同批次和规格的任意三盘中各抽100m，见证取样后送有资质的检测，合格后方可投入使用。

③对施工的控制

A. 施工单位应具有相应的施工资质。

B. 智能化布线系统线缆之间及其他管线之间的最小间距应符合设计要求。

C. 导线连接应按智能电气要求进行，线路分色符合规范。接线模块、线缆标志清楚，编号易于识别。机房内系统框图、模块、线缆标号齐全、清楚。

④对系统检测的控制

A. 检测单位应有相应的检测资质。

B. 系统检测项目及内容应符合验收规范的要求，检测前应编制相应检测方案，经监理（建设）单位确认后实施。

C. 系统调试、检验、评测和验收应在试运行周期结束后进行。

附录四　工程质量安全相关文件索引

1. 北京市建设工程施工现场管理办法

（北京市人民政府令第 247 号 2001 年 5 月 1 日起施行）

2. 关于加强北京市建设工程质量施工现场管理工作的通知

（京建发 [2010]111 号）

3. 全面规范本市建筑市场进一步强化建设工程质量安全管理工作的意见的通知

（京政办发 [2011]46 号）

4. 关于加强房屋建筑和市政基础设施工程施工技术管理工作的通知

（京建法 [2018]22 号）

5. 房屋建筑工程和市政基础设施工程实行见证取样和送检的规定

（建建 [2000]211 号）

6. 北京市关于在本市建设工程增加 7 天混凝土见证检测项目的通知

（京建法 [2014]18 号）

7. 房屋建筑工程施工旁站监理管理办法（试行）

（建市 [2002] 189 号）

8. 危险性较大的分部分项工程安全管理规定

（住房城乡建设部令第 37 号）

9. 危险性较大的分部分项工程安全管理规定有关问题的通知

（建办质 [2018]31 号）

10. 北京市危险性较大的分部分项工程安全管理实施细则

（京建法 [2019]11 号）

11. 北京市建设工程施工现场安全生产标准化管理图集（2019 版）

12. 北京市建设工程安全文明施工费管理办法（试行）

（京建法 [2019]9 号）

13. 建筑施工企业主要负责人、项目负责人和专职安全生产管理人员安全生产管理规定

（住房城乡建设部第 17 号令）

14. 建筑施工企业主要负责人、项目负责人和专职安全生产管理人员安全生产管理规定实施意见

（建质 [2015]206 号）

15. 建筑施工企业安全生产管理机构设置及专职安全生产管理人员配备办法

（建质 [2008]91 号）

16. 建筑施工企业负责人及项目负责人施工现场带班暂行办法

（建质 [2011]111 号）

17. 建筑施工特种作业人员管理规定

（建质 [2008]75 号）

18. 生产安全事故应急预案管理办法

（国家安全监管总局令第 17 号）

19. 大型工程技术风险控制要点

（建质函 [2018]28 号）

20. 北京市安全风险分级管控技术指南（试行）

（北京住建委 2018 年 9 月 4 日）

21. 施工安全风险分级管控和隐患排查治理暂行办法

（京建法 [2019]3 号）

22. 重大生产安全事故隐患判定导则

（京建发 2018[297] 号）

23. 工程质量安全手册

（住房城乡建设部 2018 年 9 月）

24. 北京市房屋建筑和市政基础设施工程质量安全手册实施细则

（北京住建委 2019 年 4 月）

25. 强制性产品认证管理规定

（总局令第 117 号）

26. 强制性产品认证目录（2020 版）

（国家市场监督管理总局公告 2020 年第 18 号）

27. 消防产品监督管理规定

（公安部 工商总局 质检总局令第 122 号）

28. 强制性认证与消防产品信息网

国家认可认证监督管理委员会（http：//www.cnca.gov.cn）

中国消防产品信息网（http：//www.cccf.com.cn）

应急管理部消防产品合格评定中心（http：//www.cccf.net.cn）

29. 北京市禁止使用建筑材料目录（2018 年版）

30. 北京市工程监理企业及人员违法违规行为记分标准（2020 版）

31. 关于做好住宅工程质量分户验收工作的通知

（建质 [2009]291 号）

32. 关于加强住宅工程质量分户验收管理工作的通知

（京建质 [2009]383 号）

33. 北京市住宅工程质量分户验收管理规定

（京建质 [2005]999 号）

34.房屋建筑工程和市政基础设施工程竣工验收备案管理办法

（住房和城乡建设部令第 2 号）

35.房屋建筑和市政基础设施工程竣工验收规定

（建质 [2013]171 号）

36.北京市房屋建筑和市政基础设施工程竣工验收管理办法

（京建法 [2015]2 号）

37.建筑起重机械安全监督管理规定

（建设部令第 166 号）

38.建筑起重机械备案登记办法

（建质 [2008]76 号）

39.北京市建筑起重机械安全监督管理规定

（京建施 [2008]368 号）